高等职业教育“新形态”一体化精品教材
高等职业学校“十四五”规划机电类专业特色教材

DIANZHAN CHAIYOUJI DAXIU SHIXUN

电站柴油机大修实训

主　编　王　凡
副主编　陈　安
主　审　张友荣
编　委　杨　光　朱子梁
　　　　姚晓山　范雨璐
　　　　胡　亮

華中科技大學出版社
http://www.hustp.com
中国·武汉

内容提要

本书以康明斯C系列柴油机为主要介绍对象，全面系统地介绍了电站柴油机维修基本知识，柴油机总体及部件识别，柴油机的分解、检验、修配、装配，柴油机的日、周、月、年维护，特殊环境条件下的使用与维护规范，以及柴油机常见故障的判断与排除等。此外，书中还提供了大量的柴油机维修数据，具有较强的针对性、实用性和可操作性。通过阅读本书，读者可以快速掌握柴油机维修方法，提高维修操作技能。

本书适用于院校电站装备保障专业类课程教学，也适用于电站装备保障人员开展各类集中培训和自学参考，也可作为开展电站装备维修保障的参考工具书。

图书在版编目(CIP)数据

电站柴油机大修实训/王凡主编. —武汉:华中科技大学出版社,2021.12
ISBN 978-7-5680-7886-3

Ⅰ.① 电… Ⅱ.① 王… Ⅲ.① 电站-柴油机-维修 Ⅳ.① TK428

中国版本图书馆CIP数据核字(2021)第271605号

电站柴油机大修实训 王 凡 主编
Dianzhan Chaiyouji Daxiu Shixun

策划编辑:王汉江
责任编辑:王汉江
封面设计:原色设计
责任监印:周治超
出版发行:华中科技大学出版社(中国·武汉) 电话:(027)81321913
武汉市东湖新技术开发区华工科技园 邮编:430223
录 排:华中科技大学出版社美编室
印 刷:武汉市籍缘印刷厂
开 本:787mm×1092mm 1/16
印 张:18
字 数:481千字(含数字资源)
版 次:2021年12月第1版第1次印刷
定 价:68.00元

華中出版

资源网使用说明

学员可在 PC 端完成注册、登录,也可以直接用手机扫码,注册并登录。

扫描看视频、动画

一、PC 端学员操作步骤

登录网址 http://dzdq. hustp. com,完成注册后点击登录。输入账号、密码(读者自设)后,提示登录成功。

点击“课程”→“电站柴油机大修实训”,进入课程详情页,浏览“相关资源”→“视频”,点击即可观看相关视频和动画,进入习题页,选择具体章节开始做题,做完之后点击“我要交卷”按钮,学员即可看到本次答题的分数统计。

二、手机端学员操作步骤

手机扫描二维码,完成注册后点击登录,即可观看相关视频和动画。

可扫描每章思考题旁边的二维码做习题,答题完毕后提交,即可看到本次答题的分数。

若遇到操作上的问题可咨询陈老师(QQ:514009164)和王老师(QQ:14458270)。

PREFACE

前言

本书着眼电站装备保障工作的实际需求，围绕电站维修流程进行内容单元设计，在介绍柴油机维修基础知识以及总体和部件识别的基础上，重点以康明斯C系列柴油机为轴线介绍其使用维护保养知识、规范和技能，以图示教、以图示范，以期起到举一反三、触类旁通的效果。

本书聚焦典型、针对性强。鉴于康明斯系列柴油机型谱繁杂的特点，本书选取最具代表性，同时也是目前电站主力机型的康明斯C系列柴油机展开编写，以保养规范和维修工艺过程为重点，辅助编写了使用规范、常见故障的诊断排除方法，同时也收录了相关机型的维修参数和标准，以期秉要执本、以点带面。

本书理实一体、实操为重。参照柴油机大修流程，分单元着重阐述了零部件分解、检验、修配与装配的规范流程，详细介绍了维护保养的技术要求和标准，以期解决院校学员和电站保障人员如何维修、规范维修的问题，充分展现了工具书的价值。

本书按图索骥、图文并茂。考虑到读者文化层次和阅读习惯的不同，本书大篇幅采用图示、图解、图说和知识链接的形式，虽然增加了编写难度和工作量，但能改善阅读体验并提升学习效果，这也是本书的价值所在。

本书由空军预警学院王凡副教授主编、张友荣教授主审。本书共分七章。第1章由杨光讲师编写，第2章由王凡副教授和姚晓山副教授共同编写，第3～5章由王凡副教授编写，第6章由陈安讲师和范雨璐讲师共同编写，第7章由朱子梁讲师编写。参加编写和数字资源制作的还有空军预警学院的刘谊露副教授、胡亮讲师、陶铖助教和马杰助教等。

本书于2018年开始立项编写，2019年完成初版，经过2年的试用和不断修改完善，最终定稿成书，并在空军预警学院、雷达士官学校和华中科技大学出版社的大力支持下正式出版，在此特向为本书出版付出辛苦努力的同仁致谢！

由于编者水平有限，书中难免有错误和不妥之处，敬请读者批评指正。

编　者

2021年12月

CONTENTS

目录

Chapter 01

第1章 柴油机维修基本知识

电站装备通常采用柴油机作为动力源。随着柴油机使用时长的累积，各零件或组合件因磨损、疲劳、腐蚀、老化和使用维护不当等原因，导致柴油机技术状态变坏，出现故障甚至不可逆的恶性损坏。柴油机出现故障损坏后，必须认真分析原因，准确定位故障部位，及时加以解决，本章将沿着这一主线从故障基本知识、原因机理、维修方法和使用维护规程等方面作重点阐述。

1.1 故障基本知识

当柴油机技术性能指标偏离正常值、变差、不能满足正常使用要求时，意味着出现了故障。故障现象如：柴油机功率下降，燃油、机油消耗量增多，机油压力下降，起动困难，排气烟色变浓，机体内出现敲击声，漏气、漏油、漏水等。

柴油机故障按程度不同大致可以分为三类情况：一类是轻微程度故障，此类故障轻微影响柴油机的技术性能状态，柴油机尚可继续运行，可预期通过简单维护保养即可解决故障，恢复柴油机正常技术性能；二类是中等程度故障，此类故障会导致柴油机正常运行受限或不能正常运行，需要中级保养或换件维修方可解决问题；三类是严重程度故障或事故性损坏，此类故障或损坏程度往往超出一般维修能力所及，需送厂或送店进行大修方可恢复柴油机正常技术性能。

故障具有关联性、连锁性和隐蔽性等属性。由于柴油机原理、系统结构相互关联，往往一个零部件的损坏会引起其他相关零部件的损坏，特别是当柴油机故障不能及时发现时，会引发多个零部件损坏。引发故障的零部件有时很难被识别，或者说现场发现的被损坏零部件不一定是真正导致故障的起因，特别是一些小的故障往往在初期不被注意到或被忽略，从而导致柴油机重大故障或事故发生。

柴油机发生故障后会导致柴油机功能的丧失，直接影响相关武器装备的正常运行。那么如何有效预防和避免柴油机故障呢？一是严守柴油机的使用规范，并按规范做定期维护保养；二是及时处理故障隐患和轻微故障，最大限度地避免累积效应和连锁反应引发的柴油机重大故障或不可逆转损坏是关键所在；三是发生故障或损坏后，要认真分析原因，找准故障部位，按标准规范排故维修是重中之重。

1.2 故障原因

柴油机故障的成因，大致可分以下几类：

1.2.1 磨损

磨损对于高速运转的柴油机来说不可避免，其磨损程度通常与柴油机零部件的运动速度、运动时间、相对运动部件接触面的大小、有无采用主动润滑以及润滑油的品质、运动件的材质和生产精度等许多因素有关。比如柴油机活塞与气缸套之间的磨损，其磨损量取决于柴油机活塞与气缸套的材质、运行时间、负荷大小、运行温度、润滑油品质、空气及油品的过滤质量等因素条件。

1. 零件的磨损类型

磨损类型通常可归纳为以下四种：

(1)磨料磨损

在摩擦面间存在着磨料颗粒而引起的类似金属磨削过程的磨损，称为磨料磨损。

柴油机上许多运动配合件，表面虽然经过加工处理，看起来十分光滑，但如果将零件局部放大则可清楚看到其表面实际上还是凹凸不平的。在摩擦过程中表面的凸出部分逐渐剥落，这些剥落的微粒混入润滑油中，再加上外来的空气和燃料中的硬质微粒，便形成了磨料。在零件相对运动时，磨料会引起摩擦面局部的微观塑性变形或表面出现微观划痕并脱落碎屑，从而加速了零件表面的磨损，如图 1-1 所示。

磨料磨损在柴油机运行过程中普遍存在，如曲轴轴颈与轴瓦、气缸与活塞以及活塞与活塞环等，几乎都有磨料磨损存在。图 1-2 所示就是磨料嵌入软质轴承后对轴颈的刮削情况。

磨料磨损的强度较高，它与零件材料的机械性能(特别是屈服极限)、表面光洁度、工作压力、相对运动速度、装配质量和润滑条件等因素有关。零件的机械性能、表面硬度和光洁度越好，其抵抗磨料磨损的能力越好；载荷和速度越高，磨料磨损的强度也就越高。

因此，在维修工作中，为避免或减轻零件的磨料磨损，应特别注意燃料、空气和润滑油的品质和滤清质量，在装配过程中要洁净再洁净，防止带入金属屑和杂质。

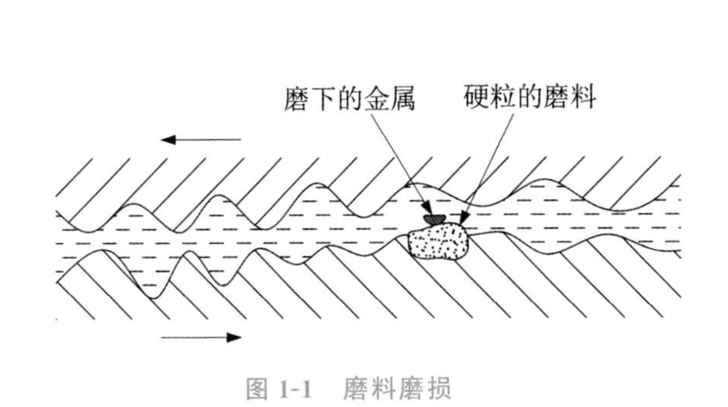

图1-1　磨料磨损

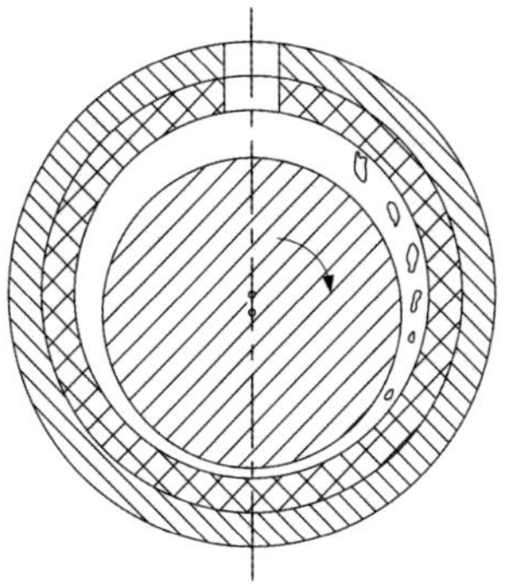

图1-2　磨料嵌入软质轴承后的情况

(2)粘附磨损

由于两摩擦面分子或原子极为接近而粘合在一起产生类似金属的冷焊(冷粘附)，或由于高温使摩擦面熔焊在一起(热粘附)，又在相对运动中被撕开而产生的零件表面损坏，称为粘附磨损。

粘附磨损的产生，取决于材料的塑性、工作条件和配合件的表面光洁度。材料塑性越大、工作温度越高、载荷越重、速度越快、表面光洁度越差，产生粘附磨损的几率越大。由于粘附磨损是一种极其危险的磨损，它会在很短的时间内使零件表面遭到严重的破坏，柴油机的“拉缸”“抱轴”就属于这类磨损，因此应尽量避免。

(3)腐蚀磨损

摩擦副在腐蚀性的气体或液体环境中工作时，摩擦表面会发生化学或电化学反应，并产生反应物，继续摩擦就会使其剥落，这种现象称为腐蚀磨损。

金属直接与周围介质起化学作用所引起的腐蚀，叫做化学腐蚀。金属在高温气体中的氧化和金属与酸碱等物质的化学作用，所产生的腐蚀都是化学腐蚀。例如，润滑油中的酸、碱介质或机油氧化产生有机酸，都会对金属零件产生化学腐蚀。又如燃油燃烧过程中产生二氧化碳、二氧化硫等气体，会对缸壁和气门产生化学腐蚀。

电化学腐蚀是金属与电解液(能导电的溶液，如酸、碱、盐的水溶液)起化学作用引起的腐蚀。钢铁零件生锈主要是由电化学腐蚀引起的。柴油机低温工作时，燃油中的硫或燃烧产物二氧化碳、二氧化硫等与缸壁表面冷凝水形成酸，使缸壁表面受到电化学腐蚀而破坏。由于活塞环的机械刮削作用又将缸壁表面腐蚀性产物刮掉造成腐蚀磨损。

腐蚀磨损的强度与温度有关。气缸腐蚀强度与气缸壁温度的关系如图1-3所示，图中 t_k 是在一定压力下水蒸气可以凝结的露点，在温度低于 t_k 的第一区域内为电化学腐蚀，腐蚀强度很高。温度高于 t_k 时，主要是化学腐蚀(也称气体腐蚀)，随后随着温度的升高腐蚀愈强，在 t_k～t_n 之间有个腐蚀最小的理想区。

金属的腐蚀强度除与温度有关系外，还取决于金属的塑性和润滑条件，塑性变形和润滑不良都能强化腐蚀磨损。

(4)疲劳磨损

零件表面材料微观体积受循环应力作用，产生重复变形，导致裂纹和碎片微粒脱落的磨损称为疲劳磨损。

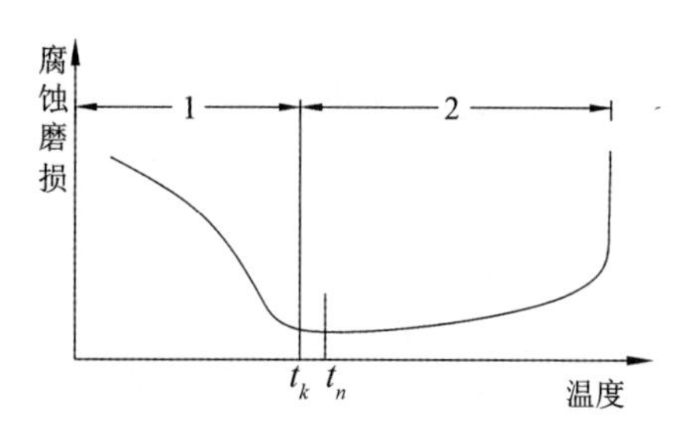

图 1-3 气缸壁温度与腐蚀强度的关系

形成疲劳磨损的原因，主要是由于零件的单位载荷大于其屈服极限。由于载荷的重复作用，表层金属经多次塑性变形而趋于疲劳。首先产生微观裂纹，在润滑油油楔的作用下产生应力集中，从而加速裂纹的扩大，最终使金属剥落形成麻点凹坑。

柴油机中的滚动轴承和齿轮轮齿的表面，经常可以见到麻点凹坑，就是疲劳磨损导致的。

疲劳磨损的程度与材料的机械性质、接触面单位压力和载荷循环次数等因素有关。材料的塑性变形越易、接触面单位压力越大、循环次数越多，越容易造成疲劳磨损。

2. 零件的磨损特性

零件的磨损程度随使用时间变化而变化的规律，称为零件的磨损特性。为减轻零件的磨损，避免或延缓柴油机发生故障，应研究零件的磨损特性，特别应掌握主要零件的磨损特性。

动配合件在正常工作条件下的磨损特性如图 1-4 所示，其磨损过程大致可分三个阶段。

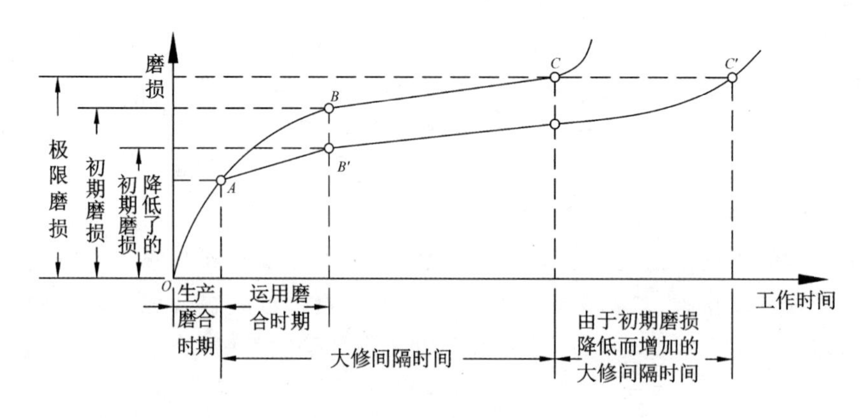

图 1-4 零件的磨损曲线图

(1)磨合阶段(曲线 OB 段)

磨合阶段包括生产磨合和运用磨合(初始磨合)两个时期。磨合阶段曲线的斜率较大，表示磨损量增长得较快。这是因为新柴油机或大修后的柴油机零件表面比较粗糙，加工后的几何形状和装配位置存在着一定的偏差，致使相配零件接触面减小、单位面积负荷重、润滑油易被挤出而产生半干摩擦或干摩擦；同时，新装配的零件表面凸凹部分嵌合紧密，在摩擦作用下将有大量的金属屑落入润滑油中，使磨损加剧；并且，零件表面还将产生较大的热量，使润滑油的黏度降低，润滑条件恶化。因此，磨合阶段零件的磨损比较严重。

(2)正常工作阶段(曲线 BC 段)

零件经过磨合后，其工作表面凸出的金属尖点部分已被磨掉，凹陷部分由于塑性变形而填平，零件的工作表面已达到较为光洁的程度，润滑条件也有相当的改善。因此，磨损速度较为缓慢，磨损量在较长时间内均匀平缓地增长。这一阶段零件的磨损属于自然磨损。

(3)极限磨损阶段

在正常磨损阶段的后期，零件磨损增大到 C 点时，曲线斜率爬升。这是由于配合零件间隙已达到最大允许限度，随着运行时间的增加，冲击负荷增大，润滑油膜受到破坏，零件磨损速度急剧增加，甚至使零件损坏。因此，零件达到 C 点时的磨损称为极限磨损。零件达到极限磨损后，柴油机技术性能将迅速恶化，故障和事故性损坏的概率也急剧增加。

柴油机运行不可避免地会发生磨损直至损坏，这是事物发展的客观规律。把握这一客观规律并采取必要的措施，不但可以降低故障率，避免事故性损坏，而且还能减轻其磨损，延长使用期限。图 1-4 中下面的一条曲线就是柴油机在运用磨合期(新柴油机和刚经过大修的柴油机最初使用的 50 小时)，采取了限载、限速、及时检查和调整以及良好的润滑条件等措施，使零件磨损减轻，从而延长了大修间隔时间。

1.2.2　疲劳损坏

柴油机运动件在运动时会产生周期性的应力变化，特别是受重负荷应力影响，一些机件如气缸体、气缸盖、曲轴连杆机构、配气机构等组件，所受应力超过其屈服极限时，随时间的积累，会出现疲劳损坏。故柴油机使用过程中，要按规范要求定期检查，及早发现疲劳损坏故障隐患。

1.2.3　振动损坏

柴油机运行有轻微振动是正常的，不会损坏机件，但若出现剧烈振动，甚至受其他因素干扰出现共振时，机件的损坏概率就显著增加了。轻则外挂件、焊接件、连接件等松动裂纹损坏，重则主机运动件、承力件会出现不可逆的致命损坏。为了减轻振动对柴油机产生的影响，除柴油机本体安装弹性支承外，有些零部件采用了防振动措施，如弹性橡胶连接、电气线路热塑套连接和波纹管连接等。

1.2.4 环境因素

高温、风沙、湿潮盐雾和强电磁辐射等恶劣环境下，也容易造成柴油机的各种故障。如在高温环境下工作，容易引起柴油机过热和可靠性变差；在重粉尘和风扬沙条件下工作，容易损害进气和油品质量，使柴油机动力性和经济性指标迅速变坏；在盐雾潮湿情况下，容易导致柴油机零部件腐蚀损坏；在复杂的电磁环境下，容易造成柴油机电控器件发生紊乱或失灵。

1.2.5 操作问题

操作不当或不按规范维护柴油机也是柴油机故障的诱因，如不按规范要求加注润滑油和防冻液；不按规范要求定期更换柴油滤清器、机油滤清器和空气滤芯（简称“三滤”）；开机即大油门、大负荷运行；卸载即停机；低机温运行时间过长；频繁超负荷运行等不良操作习惯，久而久之也会造成柴油机故障增多和早期损坏。

综上所述，柴油机故障既有自然因素造成，亦有非自然因素所致。柴油机正常磨损，包括环境因素变化和工作条件改变所引发的故障均属于自然故障范畴，这类故障是有规律可循的，可以通过采取措施减小故障概率，延长柴油机使用寿命；柴油机使用操作、维护保养的一些错误习惯、不规范操作，包括制造方面的瑕疵所引发的故障属于非自然故障范畴，这类故障既有显性的，也有隐性的，隐性与显性之间有一个量变到质变的过程，这一过程往往对柴油机的性能指标影响更直接，破坏性也更大，这是我们在实际工作中必须力图避免、尽力杜绝的。

1.3 维修基本方法

柴油机故障损坏后，要及时进行排故或维修。排故通常带有简单、直接、即时解决问题的特征；维修往往具备有计划、有组织、全面、系统解决问题的属性。基于柴油机零部件磨损规律、工作条件和现实环境因素综合考量，柴油机维修方式通常分为就机维修、换件维修和预防性维修三类。

1.3.1 就机维修

就机维修，是指对柴油机个别零部件进行修复、调整和完善，不致于更换总成件或组合件，指向明确的一种修理方法。通常有以下几种方法：

1. 机械加工修复法

机械加工修复法是通过车、镗、磨等机械加工方式来恢复零件正确的几何形状和配合特性。它包括修理尺寸法、镶套法、转向和翻转修理法。

(1)修理尺寸法

修理尺寸法是将配合件中较重要的零件或较难加工的零件进行机械加工，消除其工作表面的损伤和几何形状误差，使之具有正确的几何形状和新的基本尺寸，即修理尺寸，并依此修理尺寸制造或加工与之配合的另一零件，使二者具有原设计配合间隙值。它适用于孔的扩大和轴的缩小两种情况。

如气缸与活塞修配时，先按一定修理尺寸加工气缸，然后再配以加大相应修理尺寸的活塞。曲轴轴颈与曲轴主轴承修配时，先按一定修理尺寸光磨曲轴轴颈，然后再配以缩小相应修理尺寸的轴承。

由于受零件强度、成本和可靠性等其他指标的限制，行业内通常规范二～三级修理尺寸，且约定每加大或缩小 0.25 mm 为一级，二级为 0.50 mm，三级为 0.75 mm。

修理尺寸法的主要优点是可以延长构造复杂以及比较贵重零件的使用寿命，能节省费用；其主要缺点是修理精度和质量难以控制，过多的修理尺寸级别限制了备件的互换性，也降低了可靠性。因此，现一般不推荐进行二、三级修理。

(2)镶套修理法

将零件的磨损部位首先加工到适当尺寸，然后加装衬套，再用机械加工恢复其标准尺寸(或修理尺寸)，这种方法称为镶套修理法。对于磨损较大或用完最后一级修理尺寸的零件，只要零件强度允许，都可选用这种方法修复。如镶配气门座圈和气缸套、修复损坏的螺孔等。

衬套与原零件的结合，常采用静配合、螺纹和焊接的方法。镶套零件的材料一般与原材料相同。为了保证衬套压入座孔后不因收缩而松动，要求衬套有一定的厚度，通常钢质衬套为 2.0～2.5 mm、铸铁衬套为 4～5 mm。压入时，最好采用热压法，预热温度一般为 150～200 ℃。必要时可在衬套与座孔间铆 1～2 个销钉，以防因受力过大而产生位移。为了使衬套与原零件结合方便，衬套的端面应有一定的倒角。

镶套法可以把磨损较大的轴颈或轴孔恢复到标准尺寸(或修理尺寸)，但由于镶配前，零件需要切削较多的金属，因此对零件强度的限制较大。

(3)转向和翻转修理法

将磨损的零件转一角度或翻面，用未磨损的部位代替磨损的部位，这种方法称为转向和翻转修理法。如飞轮齿圈一端磨损后，可将齿圈拆下，翻面后重新压装在飞轮上使用；轴的键槽磨损，可将轴转动90°～180°后重新开键槽，如图1-5(a)所示。零件上均匀分布的光孔或螺孔磨损后，可将旧孔焊合，再旋转一定的角度重开光孔或攻出新螺孔，如图1-5(b)所示。这种方法工艺较简单，但一般只适用于形状比较规则和对称的零件。

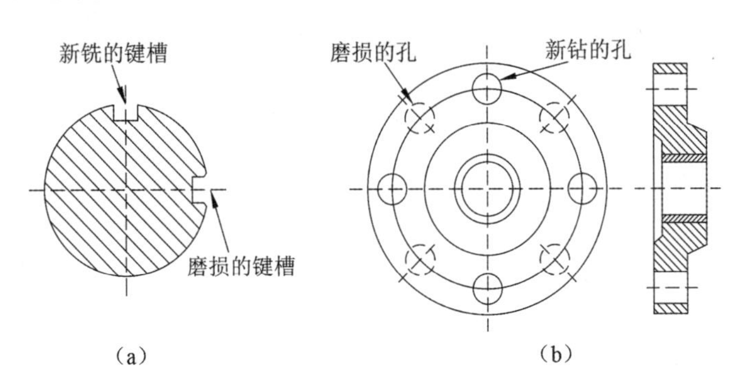

图1-5　转向和翻转修理法

2. 压力加工修复法

压力加工修复法是在加热或常温下，利用外力使一部分金属产生塑性变形或位移以恢复零件的几何形状或得到所需要的尺寸。它适用于弯曲和扭曲零件的校正以及恢复磨损零件表面的原有形状和尺寸。

根据加工时外力作用的方向和零件变形的方向，可分为镦粗、涨大、缩小、伸长和校正五种主要方法。

鉴于现代柴油机生产技术的进步发展，零部件的材质和机械特性越来越好，加工精度越来越高，压力加工修复机件已难以保证其维修质量，故不推荐使用这种方法。

3. 焊接修复法

焊接方法有电焊、气焊、氩弧焊和锡焊等，利用高温将焊补材料及零件局部金属熔化，再凝固结合成一个整体，这种修复失效零件的方法称为焊接修复法。用于修补零件缺陷时称为补焊，用于修复磨损零件的几何尺寸或在零件表面熔敷特殊金属时称为堆焊。具体焊接方法的选择应工具柴油机零部件的材质和功能确定。一般中低碳钢，如柴油机上的外挂件支架和撑脚可用电焊焊接；中高碳钢、合金钢、铸铁件等也可用电焊焊接，但焊接工艺比较复杂，对焊条的材质、施焊电流的大小、被焊零件的预热保温、施焊时长和及时锤击消除应力都有较高要求，难以掌握，不推荐盲目实施；一般水管和油管的接头以及受力不大的小零件可选择气焊修复；铜制水箱、铜制管件通常选择气焊或锡焊修复。

4. 其他修复法

其他修复法，包括金属喷涂修复、电镀修复和胶粘修复等方法。

金属喷涂就是把熔化的金属用高速气流喷敷在已经准备好的粗糙的零件表面上。用电弧熔化金属的叫电喷涂；用乙炔火陷熔化金属的叫气喷涂；用高频感应电流熔化金属的叫高频电喷涂。金属喷涂主要用于恢复或加大曲轴和凸轮轴等零件的尺寸(见图1-6)。

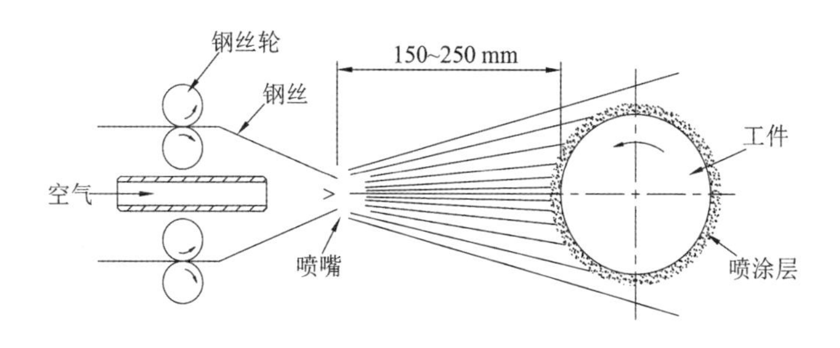

图1-6 金属喷涂示意图

电镀修复是利用直流电通过电解液时发生氧化还原反应的原理，使被镀零件表面附上一层金属，以恢复零件尺寸，改善表面性能。

胶粘修复是利用化学胶粘剂与零件之间所起的化学、物理等综合作用力来胶接零件或粘补裂纹和孔洞等缺陷的一种修复工艺。

此类方法技术工艺要求高，修复质量精度难以把握，修复后的实用性、可靠性还有待提高，故仅作参考学习内容，不再赘述。

1.3.2 换件维修

换件维修，是用已修复的或新的总成、组合件或仪表，更换柴油机上需要修理的总成、组合件或仪表的修理方法。对换下来的总成、合件或仪表等再进行修理，修复后可作为周转的贮备部件。

这种修理方法可以缩短停修期，以利于急时之需，因此它是柴油机修理的发展方向。但是，由于目前新型号柴油机，如康明斯柴油机采用结构优化、强化、模块化和免维护设计理念的影响，大多数零配件无须修理，也不易拆解，如有故障损坏，通常直接更换总成件，这就需要备件储备充足。

1.3.3 预防性维修

预防性维修指的是根据柴油机运行工况，零部件寿命周期，预先采取相应的措施进行维护和保养，从而有效的降低故障率，延长柴油机的使用寿命，提高经济性。与就机维修和换件维修以解决问题、排除故障为目的不同，预防性维修的目的是消除问题隐患，让柴油机尽量不发生故障或少发生故障，其理念和模式无疑是先进的。

保障人员要仔细地阅读有关的使用维护保养说明书，按说明书的要求进行各级检查、维护、保养。在使用中应坚持“三检查”制度，特别是柴油机的燃油、润滑油、润滑脂、冷却液，是否符合标准，既不能缺少，也不能超量；同时要注意各种油液有无渗漏、变质现象，发现问题应及时查明原因并正确处置。在运行中，应经常地注意各仪表或报警信号指示灯的指示情况，若有异常应及时处置。在停机后，应查看柴油机周围有无漏油、漏水、漏气的现象，同时注意感知气味、声音、温度、外观等是否正常。对于自己无法确认是否正常的情况应及时报告并做好记录，以待下一步维修。

1.4　电站柴油机基本操作规程

柴油机的操作人员，必须熟悉并严格遵守操作规程和各随机说明书中的有关细则。柴油机开机前、工作中、关机后的检查(通称“三检查”)，是确保柴油机安全运转的有效措施，务必认真执行。

1.4.1　首次启用操作

柴油机的首次启用，应确保正确的操作。

1.启用前的准备

(1)清洁柴油机的外表面，检查柴油机有无漏液、表面有无锈蚀等现象。

(2)检查所有外挂件是否有破损或松动。

(3)加注柴油，卸松回油管紧固螺钉，用手泵泵油直至柴油从接头处无气泡流出，再紧固回油管螺钉。可视情卸下柴油滤清器，注满柴油后再装回。

(4)检查喷油泵油量调节机构运行是否正常。

(5)加注符合标准的防冻液至规定高度，并排除气阻。

(6)加注符合标准的润滑油至规定刻度线，并拆下增压器进油管接头，向增压器内加注适量润滑油，确保预润滑。

(7)检查蓄电池的性能好坏，导线连接及紧固情况。

(8)用起动机驱动柴油机转动(停供油，扳住停机手柄或断开燃油电磁阀)进行预润滑，每次起动持续时间不得超过15秒，两次转动间隔40秒以上。

(9)校定供油时间。

2.试运行

(1)操控起动和供油装置，起动柴油机并怠速运转3～5分钟，观察机油压力值是否正常。

(2)逐段提速至额定转速运行,直至水温、油温达到70 ℃以上。

(3)分别在1/4、1/2、3/4负载下各运行约10分钟。

(4)在额定负载下运行约30分钟。

试运行时若出现故障,应及时排除后再继续试运行。

1.4.2 常态操作

1.起动前的检查

(1)检查燃油、机油和冷却液是否符合要求,有无漏油、漏水的现象。

(2)检查各开关、旋钮和操纵手柄是否置于合适位置,各仪表指针是否指在正确位置,蓄电池导线接触是否良好。

(3)检查各附件装置是否牢靠,柴油机上有无异物。

(4)"盘车"转动曲轴,检查运动机件是否正常、灵活。

(5)对于新换的增压器或长时间停放未使用的柴油机,开机前必须向增压器轴承加注少许机油,确保进行预润滑。

2.起动

(1)采用电起动时,每次接通起动机的时间不得超过15秒,再次起动应间隔40秒以上(国产机),三次不能起动时应查明原因。

(2)环境气温低于5 ℃时,酌情先进行加温预热,然后起动。使用电热塞预热时,只允许连续通电30~40秒,起动后立即关掉电热塞开关。

(3)起动后,应立即观察机油压力,待油压正常后,先怠速(600~800 r/min)运转3~5分钟,待水温上升后,再逐渐提高转速。

3.柴油机的运行

待柴油机的温度、机油压力等均趋于正常后,带部分负荷运行(负荷可分级的情况下),待水温度高于70 ℃后,再进入全负荷运行,除非是紧急情况,应尽量避免突加或突卸负荷。(若厂家设置了机组控制器和电子调速器,起动过程由此装置执行时,上述起动、运行过程将按程序自动完成。)

柴油机正常运行后,值班人员必须坚守岗位,不得擅自离开,并用看、听、嗅、摸四结合的方法,随时检查其工作状况,发现异常应及时应对。若危及柴油机、其他设备和人身安全时,应迅速停机,及时查明原因,按程序正确处置。

看:各仪表读数,排气烟色,有无漏油、漏水、漏气等现象。

听:柴油机的运转声有无异常。

嗅：有无橡胶、胶木及其他物品的烧焦气味。

摸：柴油机的振动和温升变化情况，有无机件，导线松动等情况。

4.关机

柴油机在卸掉负荷后，应缓慢降低转速至怠速，怠速运行3～5分钟后，再行停机，避免卸载即停机。

5.关机后的检查

(1)检查柴油机外部机件及油管、水管接头等机件有无松动并紧固。

(2)检查燃油、机油和冷却水的消耗情况，不足时应进行补充。

(3)不常用的柴油机停机后，应卸掉蓄电池导线或断开接地开关。

(4)环境温度低于5 ℃时，应采取保温防冻措施，否则须将冷却水放尽(防冻液除外)。

(5)擦拭柴油机，做好登记(包括工作时间、工作状况、消耗油料等)和下次开机的准备工作。

1.4.3 应急操作

应急操作是指电站柴油机出现重大事故征兆时采取的操作，主要是迅速按下急停按钮，切断柴油机的控制电路电源，或者使用扳手卸松油管切断柴油机的高压燃油管路，从而保证柴油机能迅速停机，防止发生严重损坏柴油机和危及操作人员人身安全的事故发生。采取应急操作后应当及时报告并记录故障现象，以便进行后续的维修工作。

当柴油机发生下列情况时，应采取应急操作。

声音反常：柴油机运行中突现撞击擦碰声、运转不稳的喘气和啸叫声等。

外观反常：柴油机运行中突冒大量浓烟，严重漏油、漏水、漏气等。

气味反常：柴油机运行中突感严重的橡胶、绝缘材料的烧焦味或出现火灾征兆等。

1.4.4 长期停机再次启用操作

当柴油长期停机封存，再次启用时，其操作应视同首次启用，其操作可参看“1.4.1 首次启用操作”。

1.5　电站柴油机维护类别

电站柴油机的维护类别通常分为定期维护和视情维护两类。定期维护是指按照固定周期和项目对柴油机进行的维护;视情维护是指在没有达到相应的定期维护周期时,按照装备使用实际需求(通常是发生故障后)进行的维护。

定期维护分为日维护、周维护、月维护和年维护。康明斯柴油机由引进美国康明斯公司技术生产,其维护保养特点有别于传统的国产柴油机,如康明斯C系列柴油机维护保养分为A级(每日、每周)、B级、C级和D级保养共四种,应遵循康明斯柴油机《使用及维护保养说明书》要求,找准与我们通常要求的维护制度的对应关系,确保柴油机有效运转,延长使用时间,降低运行成本。如果柴油机工作环境比较恶劣时,应据实缩短相应维护保养周期。

1.5.1　日维护

日维护每天进行一次(累计工作8小时左右),所含项目及操作规程见本书“6.1 柴油机日维护”。

1.5.2　周维护

周维护每周进行一次(累计工作100小时左右),维护时间通常安排为4小时,所含项目及操作规程见本书“6.2 柴油机周维护”。

1.5.3　月维护

月维护每月进行一次(累计工作250～400 h),维护时间通常安排为8 h左右,所含项目及操作规程见本书“6.3 柴油机月维护”。

1.5.4 年维护

年维护每年进行一次(累计工作 1200～2000 小时)。年维护时间通常安排六天左右,除了进行周、月维护的项目外,还应对发电机组进行周密检查和彻底维护,修理或更换不合要求的零部件。所含项目及操作规程见本书“6.4 柴油机年维护”。

1.5.5 封存维护

长期备用封存的电站柴油机应存放在平整清洁、温湿度适宜的室内。不得已存放在室外者,应选择平整的地面并铺上枕木,再用优质防雨布覆盖扎好。

1.润滑系统的封存

柴油机工作时,机油会被金属屑、尘垢和酸性气体因受热氧化而形成的胶状物质所污染,长期备用时会逐渐腐蚀柴油机的机件并堵塞油道。因此,对于备用 6～24 个月的柴油机,封存时应换用防锈机油;对于备用 3～6 个月的柴油机,则可不用换防锈机油。防锈机油是一种具有润滑和防锈双重性能的两用油,具有较好的低温安定性、低挥发度和油膜除锈性好等特点,并且在柴油机启封后,可以直接使用而不必更换标准机油。

更换防锈机油前应先起动柴油机,在额定转速下空载运行至油温达到 70 ℃。此时,机油的流动性好,杂质又尚未沉淀,放油最为适宜。停机后将油底壳、机油冷却器、机油滤清器、喷油泵和调速器中的脏油放出。注入防锈机油前,必须清洗油底壳和机油滤清器,然后向油底壳中加入防锈机油至规定高度。

换油后应再次起动柴油机,在额定转速下空载运行至油温达到 70 ℃时停机,使防锈机油输送至润滑系统中的各摩擦表面,形成均匀而稳定的油膜以防锈蚀。

若无条件购买防锈机油,也可用新质标准机油代替,但备用中期应检查机油质量,并酌情再次更换。

2.气缸和气门组件的封存

由于输送到活塞环与气缸套、气门与气门导管、气门与气门座圈之间的防锈机油较少,气缸和气门组件需要额外采取防锈措施。

(1)拆下进气歧管(或中冷器总成)和排气歧管,向气缸盖进气口和排气口喷注防锈机油(备用 3～6 个月的为标准机油),每个气缸的喷注量为 100 mL(约为燃烧室容积的1/2),然后装复进排气歧管。

(2)拆下气门室罩,往每个气缸的摇臂总成、气门弹簧、气门杆、气门导管和推杆上喷注防锈机油(备用3～6个月的为标准机油),然后装复气门室罩。

(3)盘车2～3圈,使气缸和气门组件形成均匀的防锈油膜。

3.燃料系统的封存

为避免柴油结胶现象,燃料系统中应更换纯煤油。

(1)准备两个容器,一个装标准柴油,一个装煤油。拆下输油泵的进油管和喷油器的回油管,将它们都放到标准柴油的容器中。

(2)起动柴油机直到其运转平稳,然后将进油管放到装有煤油的容器中。从盛柴油的容器中取出喷油器的回油管,当煤油从该管中流出后停机。这样,燃料系统中便形成均匀的煤油油膜。

(3)清洗柴油箱、柴油滤清器和油水分离器,加注煤油后装复。

(4)将调速手柄扳至怠速位置,避免调速弹簧长期处于张紧状态。

4.冷却系统的封存

对于使用冷却水的柴油机,为防止锈蚀和冻裂机件,封存时必须放掉冷却水。放水应在热机且水温降至50 ℃以下时进行,打开机体、水箱、U形水管、水泵、机油冷却器等处的放水阀和放水螺塞,彻底排空冷却水,然后关闭放水阀,拧紧放水螺塞。

对于使用防冻液的柴油机,封存时不必放掉,只需补充防冻液至完全注满水箱,以防止水箱顶部锈蚀(补充时应打开中冷器上的放气阀,排出冷却系统中的空气)。此外,柴油机若装有冷却液滤清器,其阀门应处于开启位置。

5.其他机件的封存

(1)清洗空气滤清器,避免滤芯上的杂质粘附以致失效。

(2)水泵加注润滑脂,放松传动皮带至仅能带动水泵等机件旋转的程度,避免皮带长期处于张紧状态。对于康明斯等使用皮带张紧轮的柴油机则应拆下传动皮带,只需在定期保养时用手转动水泵等机件以防锈蚀。

(3)拆下蓄电池,用温热的苏打水溶液清洁蓄电池和电缆,并用干净水冲洗。清洁时应对蓄电池接线柱进行有效防水保护,以免遇水放电短路,造成事故。检查电解液比重和液面高度,电解液不足时补充蒸馏水。然后将蓄电池充满电,用黄油或凡士林涂抹正负极桩头,并用防雨布覆盖。

若不拆下蓄电池,则必须断开蓄电池电缆,再用防雨布覆盖。

(4)清洁并吹干柴油机的外表面。在所有未喷漆和已掉漆的外露表面喷涂防锈机油。

(5)用厚纸板(或木板、铁板等)和胶带封闭柴油机所有进出口以防灰尘和湿气侵蚀,然后用防雨布覆盖柴油机,防雨布要放松到足以使空气能在柴油机周围循环,以防止空气冷凝。

最后,贴上“禁止起动”警告标签,并注明封存日期、人员和下次保养日期。

6. 长期备用柴油机的定期保养

封存后的柴油机，为保证封存可靠，应每月进行一次检查，包括检查柴油机有无漏液、表面有无锈蚀、封闭用的厚纸板有无破损、防冻液是否过期，视情对蓄电池进行补充充电等。

封存时间若超过 24 个月，应重新执行封存程序。

检查保养完毕后，应注明检查保养日期、人员和下次检查保养日期。

/思考题/

1. 柴油机的故障原因有哪些?
2. 柴油机的维修方法有哪些?
3. 柴油机的基本操作规程有哪些?

扫码做习题

Chapter
02

第2章

柴油机总体及部件结构识别

熟悉柴油机的结构和工作原理，既是柴油机维修能力培养不可或缺的基础条件，也是快速维修、精准维修、高质量维修、经验形成的必然要求，虽然柴油机型号种类繁杂，但主体结构、零部件功能和工作要求大致相同，本章及后续章节主要以大量列装的康明斯 C 系列柴油机为例进行介绍，以期以点带面，触类旁通。

2.1 铭牌含义

康明斯柴油机铭牌中，标识了型号、额定功率、额定转速、排量、生产厂家、发动机号和制造日期等基本信息，如图 2-1、图 2-2 所示。

<table>
<tr><td rowspan="2">美国康明斯公司</td><td rowspan="2">排量
5.9 L</td><td rowspan="2">系列
B</td><td rowspan="2">怠速
1050 r/min</td><td>型号</td><td>6BT5.9-G1</td></tr>
<tr><td>发动机号</td><td>69411222</td></tr>
<tr><td rowspan="3">注意：若用户超出本发动机所规定的供油量/转速/海拔高度运转，由此引起的损坏，不在保修范围内。</td><td colspan="3">发火次序：　1-5-3-6-2-4</td><td>制造日期</td><td>2006-11-20</td></tr>
<tr><td colspan="3">气阀冷态间隙：　进气 0.25 mm 排气 0.50 mm</td><td>S.O.No.</td><td>6BT5.9-G1-05</td></tr>
<tr><td colspan="3">允许使用海拔高度限值：　1500 m</td><td colspan="2">额定功率/转速：　92 kW 1500 r/min</td></tr>
<tr><td>东风康明斯发动机有限公司制造　湖北 襄樊</td><td colspan="3">发动机总成号　3 4 1 5 6 0 0</td><td colspan="2">控制性能件表号：　1189 02</td></tr>
</table>

图 2-1　康明斯 B 系列柴油机的铭牌

基本含义如下：

排　　量：5.9 L（气缸工作总容积 5.9 L）

系 列 号：B 系列

型　　号：6BT5.9-G1（康明斯 B 系列 G1 型 6 缸排量为 5.9 L 涡轮增压柴油机）

额定功率：92 kW（额定转速条件下输出的有效功率）

额定转速:1500 r/min

发火顺序:1-5-3-6-2-4

气门冷态间隙:进气 0.25 mm,排气 0.50 mm

发动机总成号:采用数字表示

制造日期:采用 8 位数字(前 4 位为年,中间 2 位为月,后 2 位为日)

美国康明斯公司	排量 8.3 L	系列 C	怠速 850 r/min	型号	6CT8.3-G2
				发动机号	69595771
注意:若用户超出本发动机所规定的供油量/转速/海拔高度运转,由此引起的损坏,不在保修范围内。 4992260	发火次序:	1-5-3-6-2-4		制造日期	2009.10.07
	气阀冷态间隙:	进气 0.30 mm 排气 0.61 mm		控制性能件表号:	1786
	订单号	20731		额定功率/转速:	163 kW 1500 r/min
东风康明斯发动机有限公司制造 湖北 襄樊	发动机总成号	S020734		允许使用海拔高度限值:	1500 m

图 2-2 康明斯 C 系列柴油机的铭牌

基本含义如下:

排　　量:8.3 L

系列号:C 系列

型　　号:6CT8.3-G2

额定功率:163 kW

额定转速:1500 r/min

发火顺序:1-5-3-6-2-4

气门冷态间隙:进气 0.30 mm,排气 0.61 mm

发动机总成号:采用数字表示

制造日期:采用 8 位数字(前 4 位为年,中间 2 位为月,后 2 位为日)

知识链接

美国康明斯(CUMMINS)与国内厂家合资组建了东风康明斯、重庆康明斯和西安康明斯发动机有限公司,它们生产的 B、C、L、M、N、K 等系列柴油机均保留了原产品型号,其编制规则如图 2-3 所示。

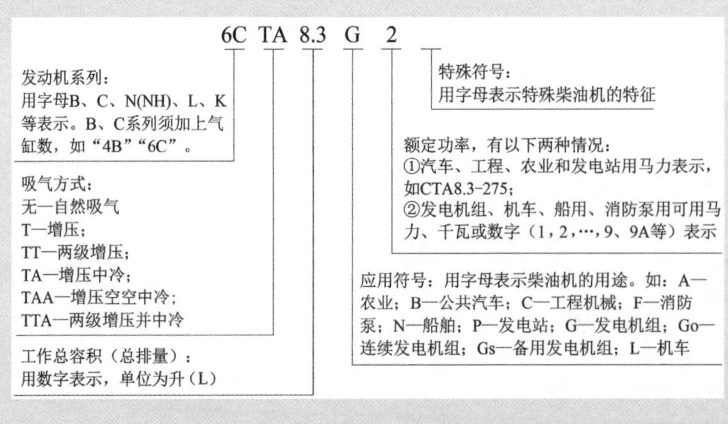

图 2-3 康明斯柴油机型号编制规则

需要注意的是，重庆康明斯生产的 N 系列柴油机型号中排量的单位是 in^3（立方英寸）。如 NTAA-855-G7 型柴油机，型号含义为：康明斯 N 系列、增压空空中冷、排量为 855 in^3（14 L），发电机组用柴油机，额定功率“7”（343 kW）。

2.2　主要技术性能参数

康明斯部分柴油机的结构和性能参数如表 2-1、表 2-2 和表 2-3 所示。

表 2-1　康明斯系列柴油机主要结构参数表

系列号	型号	缸径	排列-缸数	排量	活塞行程
B	4B3.9 6B5.9	102 mm	直列 4 缸 直列 6 缸	3.9 L 5.9 L	120 mm
C	6C8.3	114 mm	直列 6 缸	8.3 L	135 mm
M	M11	125 mm	直列 6 缸	10.8 L	147 mm
N	N855	140 mm	直列 6 缸	14 L	152 mm
K	K19 K38 K50	159 mm	直列 6 缸 V-12 缸 V-16 缸	18.9 L 37.8 L 50.3 L	159 mm

表 2-2　康明斯 B 系列柴油机技术特性参数

型号/名称	4B3.9	4BT3.9	4BTA3.9	6B5.9	6BT5.9	6BTA5.9
形式	四冲程，水冷，直列，顶置气门，直喷式柴油机					
压缩比	18.5∶1	17.5∶1	16.5∶1	18.5∶1	17.5∶1	16.5∶1
吸气方式	自然吸气	涡轮增压	增压中冷	自然吸气	涡轮增压	增压中冷
喷油次序	1-3-4-2			1-5-3-6-2-4		
喷油泵	国产 A 型泵					
额定转速/(r/min)	车用：2600；发电机组：1500					
静态供油提前角	上止点前 20°					
有效燃油消耗率/(g/kW·h)	228	217	212	225	215	209
旋转方式，水箱前看	顺时针					
气门间隙/mm	进气门：0.25；排气门：0.51（冷态）					

续表

最低机油压力(怠速)/kPa	69					
最低机油压力(额定转速)/kPa	207					
机油调节压力/kPa	449					
油底壳机油容量/L	9.5			14.2		
全机机油容量/L	10.9	11		16.3	16.4	
油标尺低-高容量/L	0.95			1.9		
发动机冷却容量/L	7		7.9	9		9.9
节温器调节温度范围/℃	83 ～ 95					
发动机重量(干式)/kg	308	320	329	388	399	411

表 2-3　康明斯 C 系列柴油机技术特性参数

型号/名称	6C8.3	6CT8.3	6CTA8.3	6CTAA8.3	6CTA8.3G2
用途	车用				电站用
形式	四冲程,水冷,直列,顶置气门,直喷式柴油机				
压缩比	16.4∶1	17.3∶1	16.5∶1	17.3/18∶1	16.5∶1
吸气方式	自然吸气	增压	增压中冷	增压中冷	增压中冷
额定功率/kW	119	160	186	179	163
额定转速/(r/min)	2500			2200	1500
最大扭矩/(N·m)	549	781	971	1051	
最大扭矩转速/(r/min)	1500			1300	
最低机油压力(怠速)/kPa	69				
最低机油压力(额定转速)/kPa	207				
有效燃油消耗率/(g/(kW·h))	240	224	230	231	210
调压阀开启压力/kPa	518				
机滤器旁通阀开启压力/kPa	138				
油底壳容量/L	上限:18.9　下限:15.1				
冷却系容量/L	9.9	10.9	9.9	9.9	12.3+水箱
节温器开启温度/ ℃	初开:83　全开:95				
气门间隙/mm	进气门:0.30　排气门:0.61(冷态)				

2.3　柴油机部件结构识别

康明斯 C 系列柴油机总体构外形构架如图 2-4、图 2-5、图 2-6、图 2-7 所示。

柴油机整机运行

具体由曲轴连杆机构、配气机构、进排气系统、燃料供给系统、润滑系统、冷却系统和起动电气系统组成。

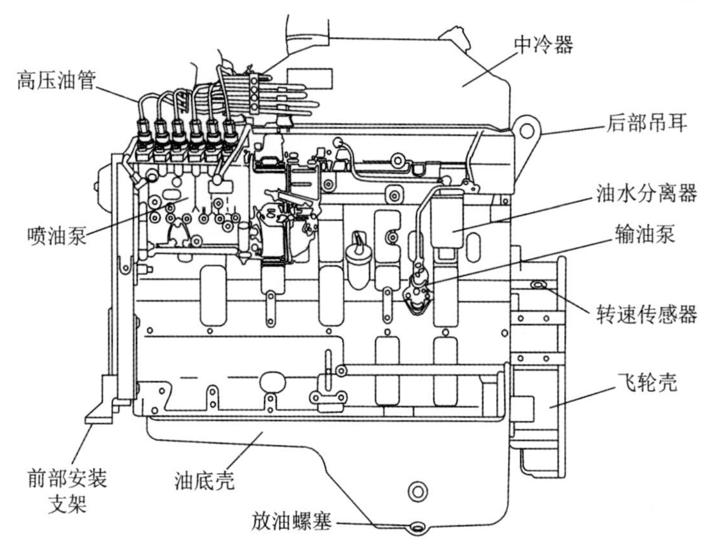

图 2-4　康明斯 C 系列柴油机侧视图(喷油泵侧)

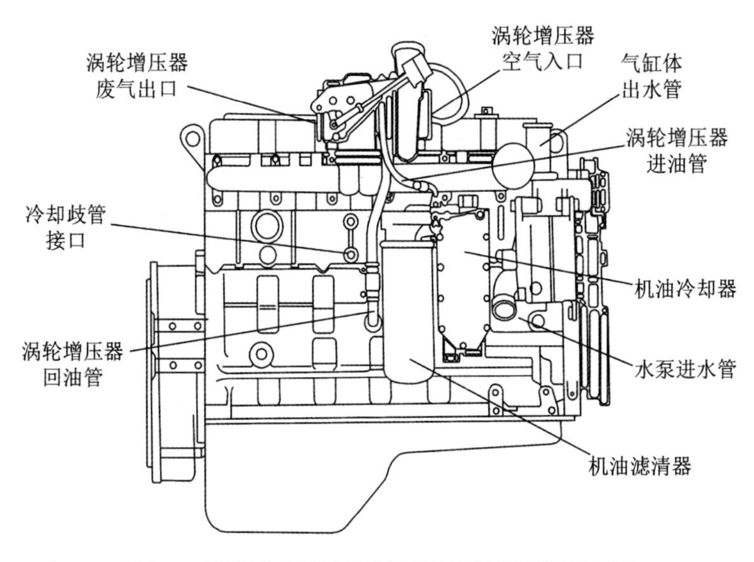

图 2-5　康明斯 C 系列柴油机侧视图(机油滤清器侧)

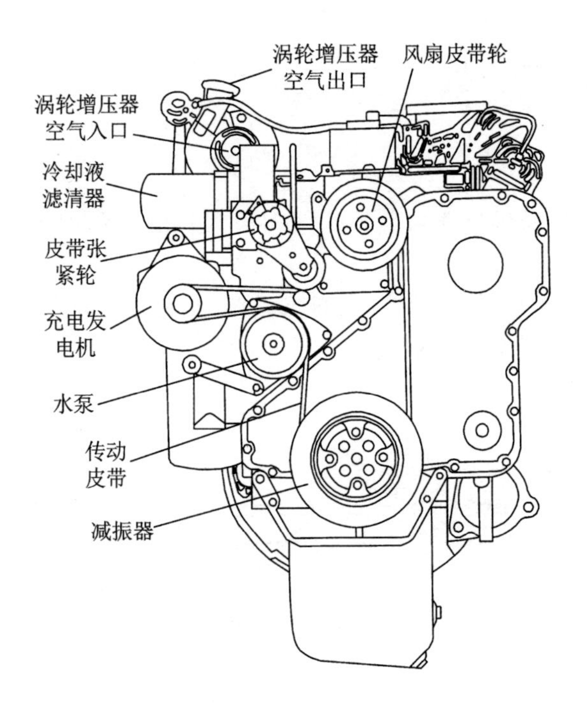

图 2-6 康明斯 C 系列柴油机前视图

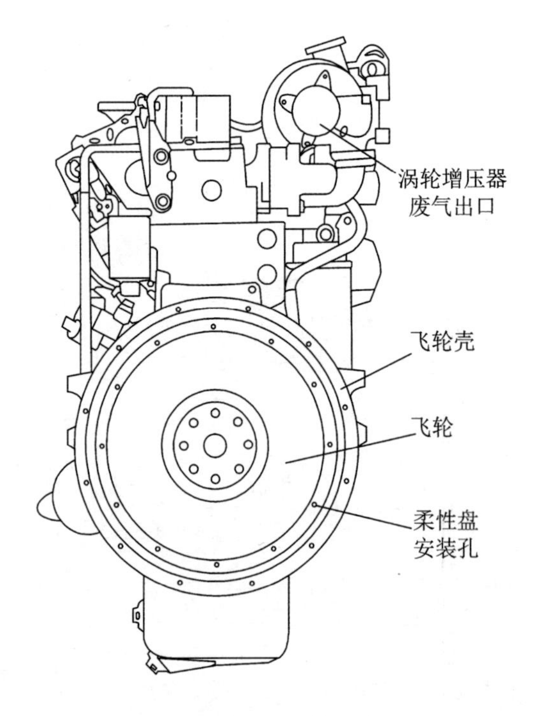

图 2-7 康明斯 C 系列柴油机后视图

2.3.1　曲轴连杆机构

曲轴连杆机构的功用：将燃料燃烧释放的热能转变为机械能；将活塞的往复直线运动转变成曲轴的旋转运动，并向外输出动力。

曲柄连杆机构是承载热能负荷、产生机械能的主体，按功能作用可分为三大组件，即机体组、活塞连杆组和曲轴飞轮组。

1.机体组

机体组件包括气缸体、气缸套、气缸盖、气缸垫和曲轴箱等，如图2-8所示。柴油机的曲轴箱分成上下两部分，上曲轴箱和气缸体铸成一体，通常称为机体；下曲轴箱用薄钢板冲压而成，与上曲轴箱用螺钉连接，用于储存机油和密封曲轴箱，下曲轴箱通常也称为油底壳。

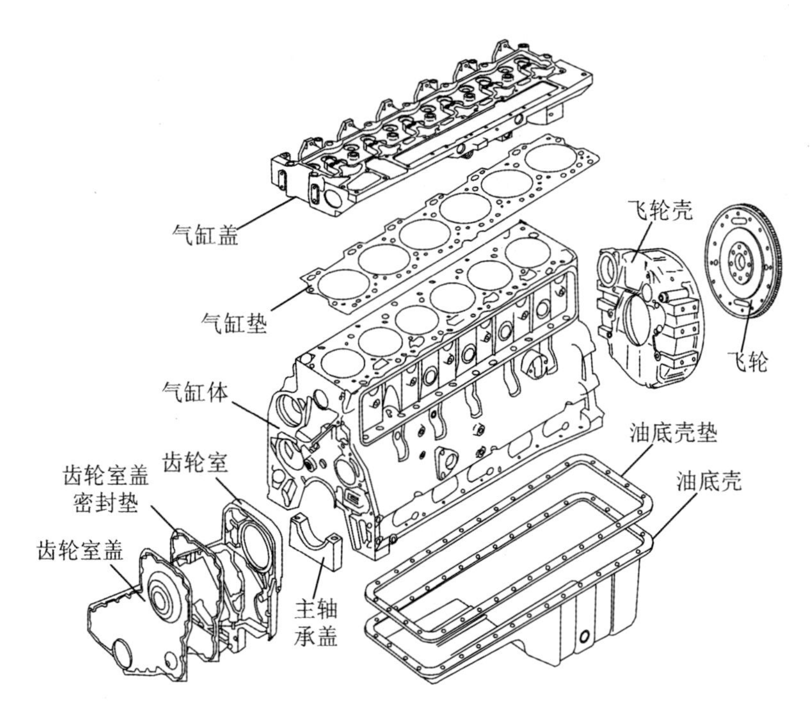

图2-8　柴油机机体组

(1)气缸体

气缸体是柴油机的躯干主体，是安装其他零部件和附件的支承骨架。气缸体采用优质灰铸铁制成，其上铸有气缸孔、主轴承孔、凸轮轴轴承孔、机油泵壳、机油冷却器壳、水泵涡流壳、节温器座以及机油油道和水套等，如图2-9所示，其中水套是位于气缸套周围的空腔，用以充水冷却气缸。

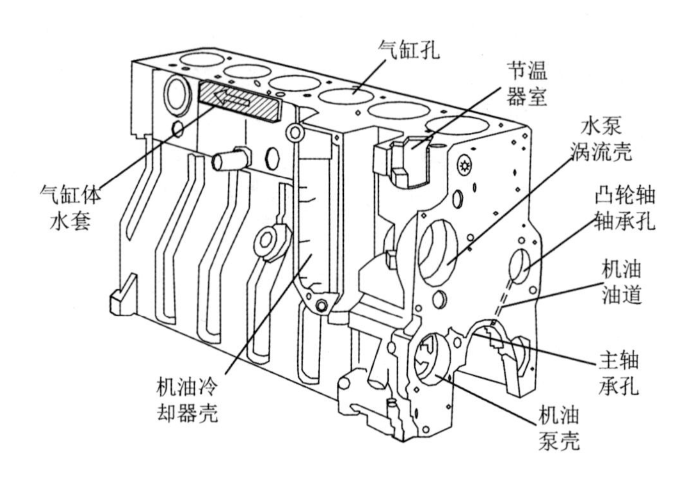

图 2-9　柴油机气缸体

知识链接

气缸体应具有足够的强度和刚度，其结构形式可分为如图 2-10 所示的三种。

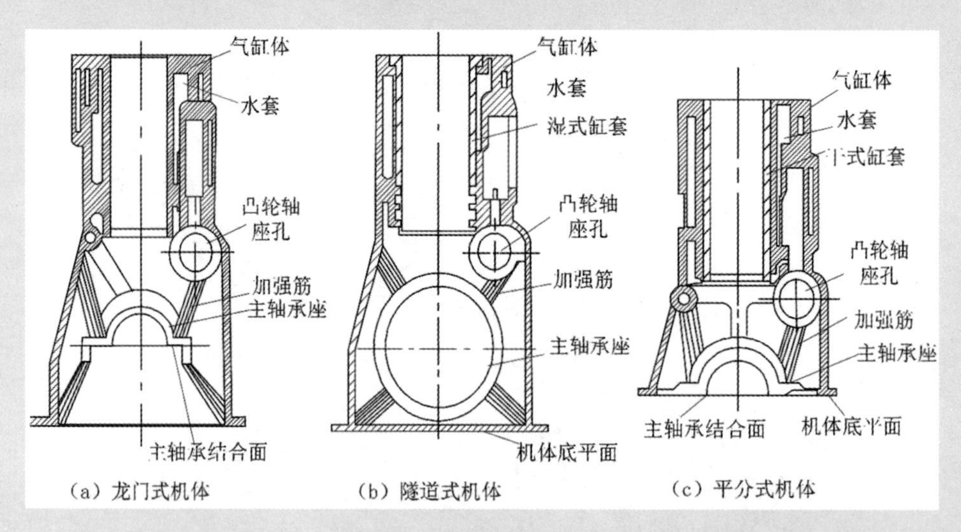

图 2-10　机体的结构形式

(1)龙门式气缸体：主要特点是曲轴箱剖分平面大大低于曲轴中心线，如图 2-10(a)所示。这种结构的机体刚度较大，在柴油机中广泛应用，康明斯系列柴油机普遍采用这种形式的机体。

(2)隧道式气缸体：主要特点是主轴承孔不分开，如图 2-10(b)所示。这种结构的机体刚度高。在小型单、双缸发动机中，为使曲轴安装方便，采用这种结构比较合适。对于多缸发动机，则须采用盘形滚动轴承作主轴承，结构比较复杂，机体显得笨重。国产 135 系列柴油机就是采用这种结构。

(3)平分式气缸体：主要特点是曲轴箱剖分平面与主轴承剖分面基本上重合，如图 2-10(c)所示。斯太尔 WD615 系列柴油机就是采用这种结构，其缸体与曲轴箱是以曲轴中心线水平分开上下两部分，整体式曲轴箱与七道主轴承盖铸成一体形成一个刚度较高的框架式结构，用螺栓连接缸体与曲轴箱。

(2)气缸与气缸套

气缸体中镶配有圆柱形气缸套，气缸套内部空腔称为气缸，气缸用来产生热能，并为活塞运动导向。气缸内壁与活塞顶、气缸盖底面共同构成燃烧室。

单气缸活塞运动

气缸套有“湿式”和“干式”之分，湿式即为气缸套外表面直接接触冷却液，干式即为气缸套外表面不直接接触冷却液，如图 2-11 所示。湿式缸套在柴油机中广泛应用，优点是散热好、装拆方便、能简化机体的铸造工艺，缺点是机体刚度较差、漏水可能性较大。

图 2-12 所示为康明斯 C 系列柴油机的湿式缸套。为了提高缸套的耐磨性，气缸套内表面有磷化物涂层。气缸套上部和中部都有凸出的圆环带，依靠圆环带与座孔之间的配合实现气缸套的径向定位。气缸套中部加工有凸缘，与座孔止口之间压紧可以实现气缸套的轴向定位。上部圆环带与座孔之间利用过盈配合实现密封。中部圆环带开有一道环槽，槽内安装橡胶封水圈实现密封。气缸套装入座孔后，气缸套顶平面略高于气缸体上端面(凸出量为 0.025～0.122 mm)，由于气缸套凸出量的存在，当拧紧气缸盖螺栓时，可将气缸垫压得更紧，以保证气缸的密封性，防止冷却水套内的冷却液和气缸内的高压气体窜漏。

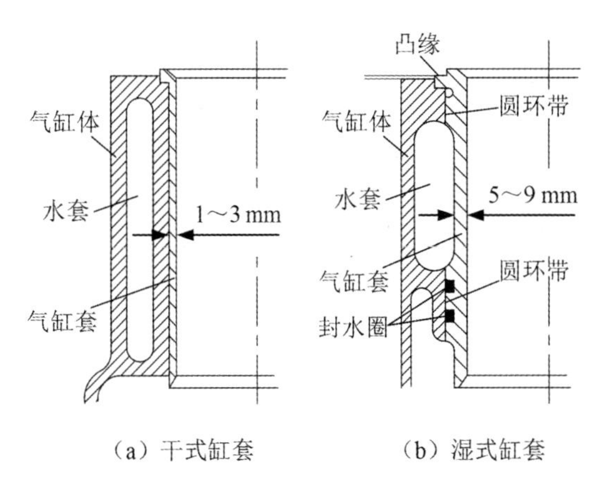

(a) 干式缸套　　(b) 湿式缸套

图 2-11　气缸套

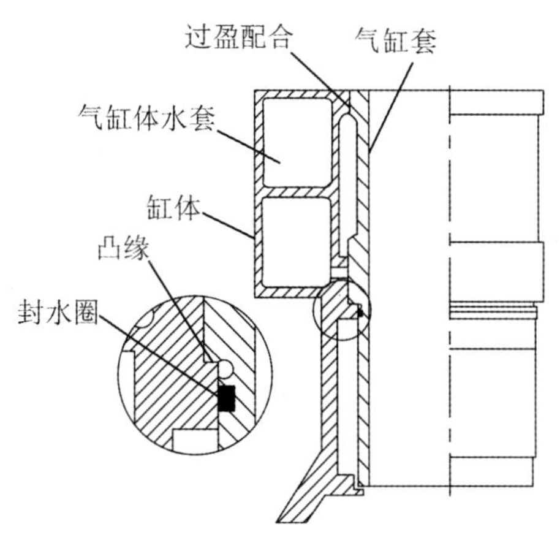

图 2-12　康明期 C 系列柴油机气缸套

知识链接

干式缸套一般是壁厚为1～3 mm的薄壁圆筒，见图2-11(a)，优点是机体刚度较好，不存在冷却液的密封问题，而且气缸中心距可以缩短；缺点是气缸套的散热条件不如湿式缸套好，加工面增加，成本高，拆装困难，一般多用于汽油机和部分高速柴油机，如斯太尔WD615系列柴油机。

有些负荷比较轻、缸径又不大的柴油机中，为使结构紧凑，没有另外安装气缸套，而是直接在气缸体上加工出气缸内壁，如康明斯B系列柴油机，当气缸过度磨损后，可在机体上镶配干式缸套进行修复。

(3)气缸盖

气缸盖和气缸垫共同封闭气缸，与气缸及活塞顶部构成燃烧室。

气缸盖用螺栓紧固在气缸体上。气缸盖承受很高的气体压力和热负荷，还承受气缸盖螺栓的预紧力，其热应力和机械应力均较严重，所以要求气缸盖要有足够的强度和刚度，防止发生翘曲变形，从而保证结合面良好的密封。

气缸盖的结构形式有一缸一盖的单体式缸盖、两缸或三缸共一盖的组合体式缸盖和一列气缸共用的整体式缸盖三种。

康明斯C系列柴油机采用整体式气缸盖，结构复杂，用优质灰铸铁加工制成，如图2-13所示。

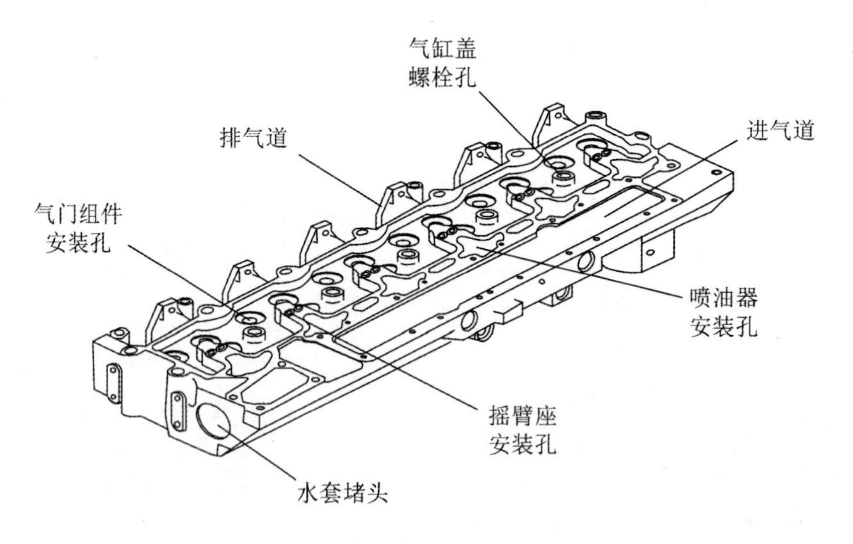

图2-13 柴油机气缸盖

知识链接

气缸盖上装有气门、气门摇臂和喷油器等零部件，并布置有进、排气道和冷却水套。每个气缸有一进一排两个气门，按进、排的顺序从前向后依次排列，对应的气门导管和气门座都可更换。进、排气道采用异侧布置，可以减少排气对进气的加热，有利于提高进气充气系数。进气道采用螺旋结构，空气绕气门导管右旋进入气缸，在气缸中产生一种绕气缸轴线高速转动的涡流，能够与雾化的燃油很快形成混合气，以组织合理的燃烧。进气歧管、进气道直接铸在气缸盖上。

(4)气缸垫

气缸垫装于气缸体和气缸盖接合面之间，用以保证气缸体与气缸盖间的密封，使柴油机不漏气、不漏水、不漏油。它承受气缸盖与气缸体压紧时很大的预紧力，承受燃气的高温、高压并受到燃气、机油和冷却液的腐蚀。一旦气缸垫密封失效，油、水会进入燃烧室或燃气进入冷却液或机油内，使柴油机出现故障，甚至损坏。

柴油机气缸垫与气缸盖结构形式对应，有单缸式、组合式和整体式三种，康明斯 C 系列柴油机为整体式气缸垫，采用中间为薄钢板、两边覆盖石棉板的结构，如图 2-14 所示。

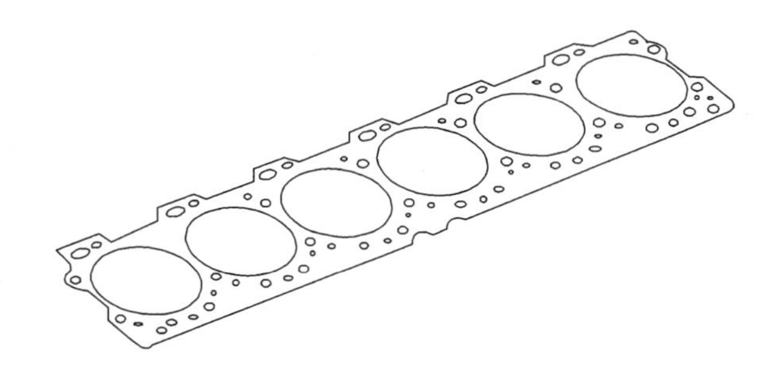

图 2-14　柴油机气缸垫

知识链接

中间的薄钢板在气缸处有一个冲压的波形槽，然后包上内、外翻边护圈，如图 2-15 所示。这种结构能提高缸口周围的压力分布，可靠地密封燃气。另外，气缸垫上还开设有润滑油、冷却液用的各种通道孔。在这些通道孔四周，均匀涂有一圈密封硅橡胶，以保证油、水的密封。缸垫表面还进行了防粘处理，以便于维修时拆卸方便。

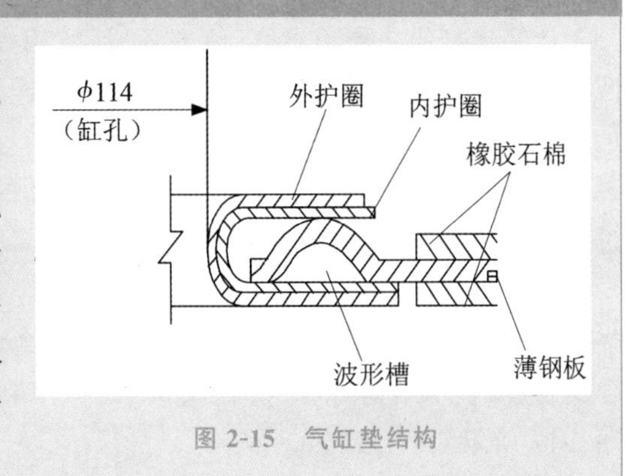

图 2-15　气缸垫结构

(5)油底壳

油底壳的功用是储存润滑油,并密封曲轴箱。油底壳一般用薄钢板冲压制成,也有用铸铁或铝合金铸成的,如图 2-16 所示。

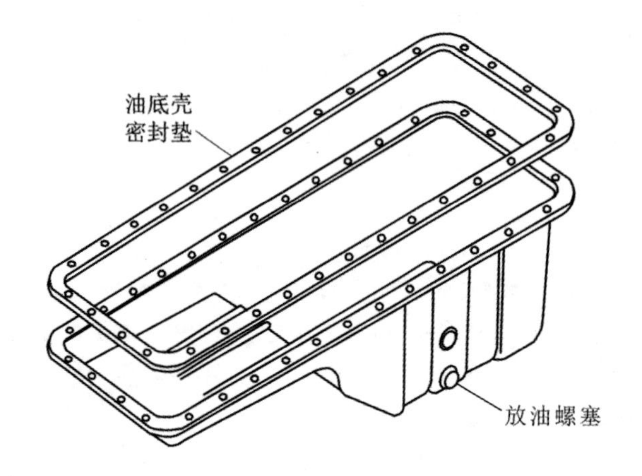

图 2-16　柴油机油底壳

知识链接

有的油底壳外面设有散热片,用来加强对润滑油的冷却,防止油温过高。为防止润滑油激溅,油底壳中多设有稳油板。油底壳底部装有放油螺塞,有的放油螺塞还带有磁性,可吸附润滑油中的铁屑,以减轻运动件的磨损。一般油底壳后部深度较大,且底面呈斜面,以保证柴油机在倾斜时机油泵也能持续吸油。油底壳与机体之间通过油底壳密封垫密封。

2. 活塞连杆组

活塞连杆组主要由活塞、活塞环、活塞销和连杆等机件组成。图 2-17 所示为康明斯 C 系列柴油机的活塞连杆组。

活塞连杆的分解动画

(1)活塞

活塞的主要功用是承受气缸中燃烧气体的压力,并将此力通过活塞销传到连杆,以推动曲轴旋转。

柴油机目前广泛采用的活塞材料是铝合金,具有质量小、导热性好的优点。康明斯活塞由耐热性和耐磨性良好的共晶硅铝合金制成,基本结构可分为顶部、头部、销座和裙部四个部分,如图 2-17 所示。

活塞连杆活塞运动

活塞顶部一般都制有各种各样的凹坑，并与气缸盖和气缸壁共同组成燃烧室。康明斯 C 系列柴油机的活塞顶部制有 ω 形凹坑，并刻有"FRONT"向前指示标记，如图 2-18 所示。装配时此标记应朝前，保证装配后燃烧室的正确位置。

活塞头部制有环槽，用于安装活塞环。

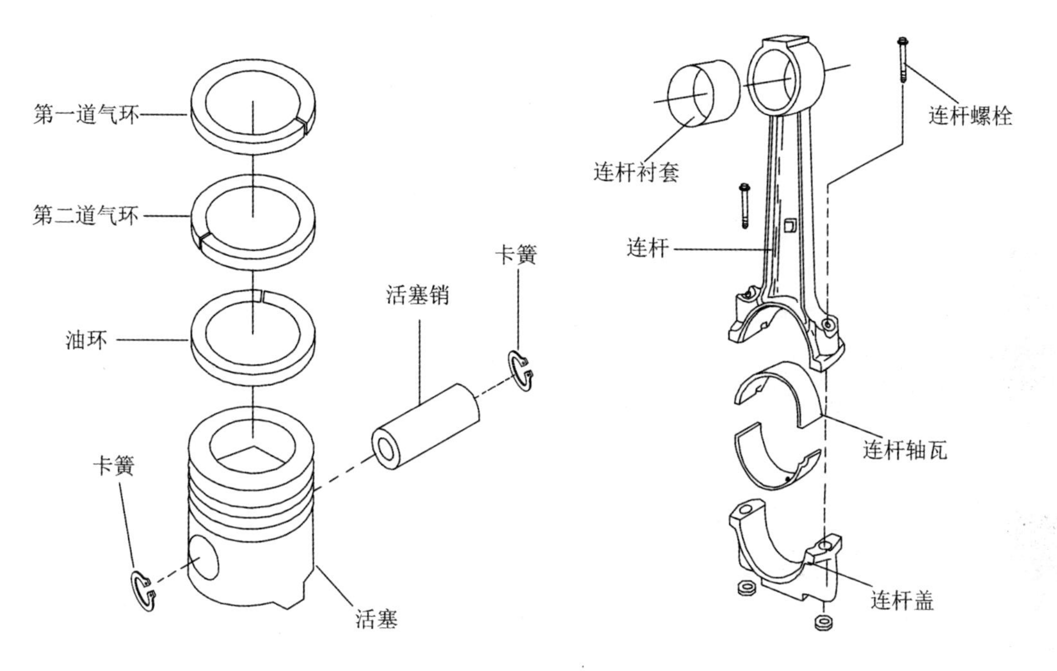

图 2-17　柴油机活塞连杆组

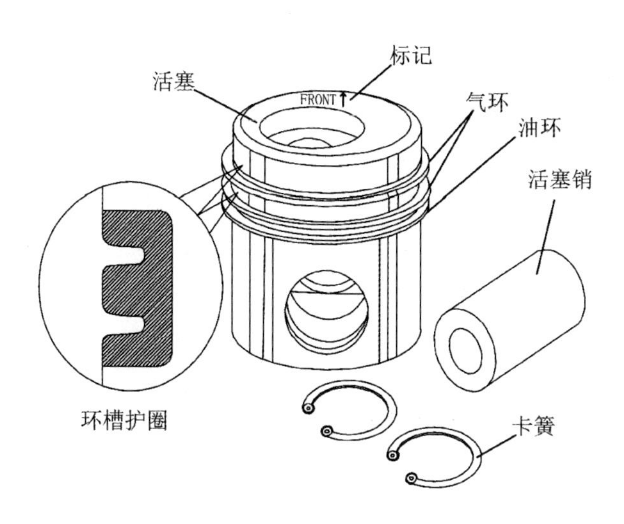

图 2-18　活塞与活塞销

知识链接

康明斯C系列柴油机活塞上部加工有两道气环槽、一道油环槽，如图2-18所示。两道气环槽中都镶嵌了耐热耐磨的镍合金环槽护圈，可以减少环槽的磨损。在第一道气环槽上部加工出很多细小的环形槽，槽内的积炭可以吸附少量润滑油，可以降低活塞卡死和拉缸的可能，所以也称为积炭槽，如图2-19所示。在油环槽的底部加工有多个径向回油孔或横向切槽，使油环从气缸壁刮下来的多余润滑油流回油底壳。

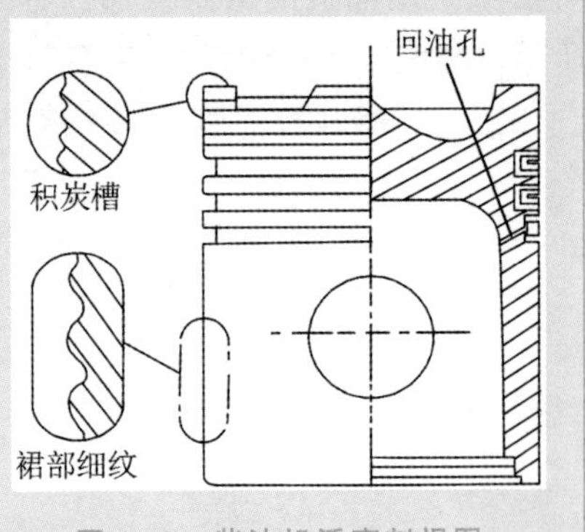

图2-19　柴油机活塞剖视图

销座用以安装活塞销，活塞所受的力通过销座传递，所以销座部分必须加厚。销座与顶部之间往往还有加强筋，以增加刚度。

裙部是活塞头部最后一道环槽以下的部分。

知识链接

裙部的作用是为活塞导向并将活塞的侧向力传给气缸壁。柴油机的侧向力越大，其活塞裙部也就越长。有的发动机为了减轻活塞的质量，常把裙部不承受侧向力的两边切去一部分。康明斯C系列柴油机的活塞裙部表面亦加工有环形细纹(见图2-19)，可以储存润滑油，改善裙部的润滑。

铝合金活塞的缺点是热膨胀系数大，在温度升高时，强度和硬度下降较快，活塞裙部与气缸之间的配合间隙变化也较大。

知识链接

为了克服铝合金活塞热膨胀系数大的缺点，常采取以下措施：

(1)把活塞制成直径上小下大的阶梯形或截锥形。因活塞头部承受的热负荷重，故金属材料要比裙部厚实。为留有膨胀余量，就将活塞制成上小下大的阶梯形或截锥形，以满足受热膨胀后与裙部的尺寸接近一致，如图2-20所示。

(2)将活塞裙部制成椭圆形。因销座周围金属材料厚实，受热后轴向尺寸增长较大。因此，将活塞裙部制成椭圆形，预先将销座轴向的尺寸做得小一些。工作时，裙部受热变形，接近正圆形，裙部周围的间隙接近均匀。椭圆形的长短轴相差一般为0.3～1.2 mm。

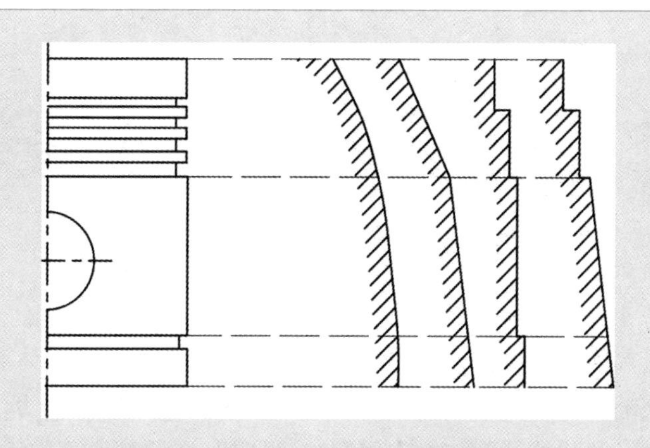

图 2-20　活塞的几种外圆表面形状(放大)

(3)在活塞中镶铸膨胀系数小的钢片。有些柴油机的铝合金活塞的裙部,在销座的两侧镶铸膨胀系数小的钢片(如恒范钢片),用来牵制裙部的热膨胀,以减少裙部的热膨胀量,从而可使活塞在气缸中的装配间隙尽可能小而又不致工作时受热卡住。康明斯 B 系列柴油机的活塞就镶有恒范钢片,如图 2-21 所示。

(4)安装活塞冷却喷嘴。康明斯 B、C 系列柴油机的机体内安装有活塞冷却喷嘴,主油道的机油可以从喷嘴喷到活塞底部,用以冷却活塞,减小活塞的热膨胀量,也可以使活塞在气缸中的装配间隙尽可能小,见图 2-21。

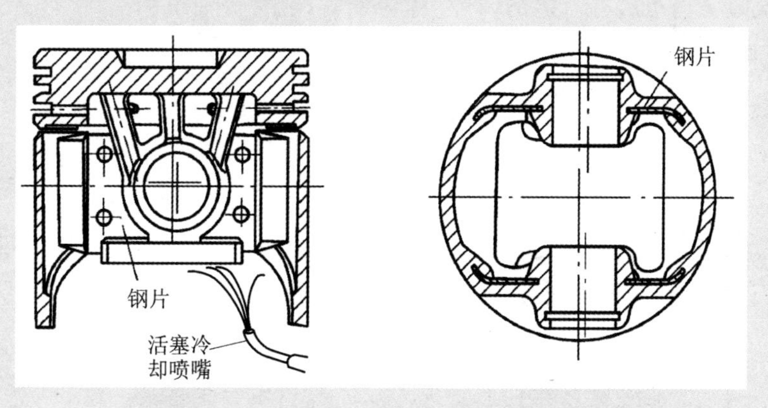

图 2-21　镶钢片活塞

(2)活塞环

活塞环包括气环和油环两种,如图 2-22 所示。

气环的作用是保证活塞与气缸壁间的密封,防止气缸中的燃气大量漏入曲轴箱,同时还将活塞顶部的大部分热量传导到气缸壁,再由冷却液或空气带走。气环根据断面形状分为矩形环、梯形环、桶面环、扭曲环和锥面环等形式,可以实现消除泵油作用、挤出积炭和易于磨合等不同的用途。

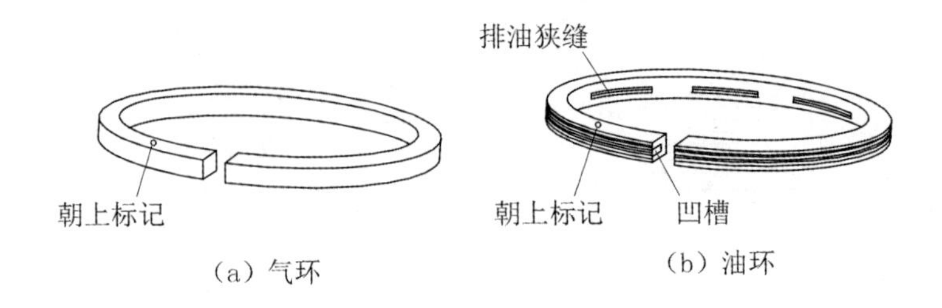

(a) 气环　　(b) 油环

图 2-22　活塞环

油环用来刮除气缸壁上多余的机油，并在气缸壁上铺涂一层均匀的机油膜，这样既可防止机油窜入气缸，又能减少活塞、活塞环与气缸的磨损和摩擦阻力。此外，油环也起到辅助封气的作用。油环的外圆柱面中间有一道凹槽，在凹槽底部加工出很多穿通的排油小孔或狭缝。当活塞往复运动时，气缸壁上多余的润滑油就被油环刮下，经油环上的排油孔和活塞上的回油孔流回油底壳。油环内一般装有螺旋弹簧，可增大并保持油环与气缸壁的接触压力，延长使用寿命，称为弹簧涨圈油环，如图 2-23 所示，装配时弹簧的合拢接口与油环的开口应相隔 180°。

活塞环通常用优质灰铸铁或合金铸铁制成。在自由状态时，环的外径略大于气缸直径，装入气缸后，产生弹力而压紧在缸壁上，此时开口处应保留有一定的间隙(称为端隙，通常柴油机的为 0.4～0.8 mm)，以防止活塞环受热膨胀时卡死在气缸中。活塞环装入环槽后，在高度方向也应有一定的间隙(称为侧隙，通常柴油机的为 0.08～0.16 mm)。活塞上通常设有 2～3 道气环，当活塞环安装在活塞上时，应将各环的开口互相错开(一般互相错开 180°或 120°)，以免漏气，如图 2-24 所示。

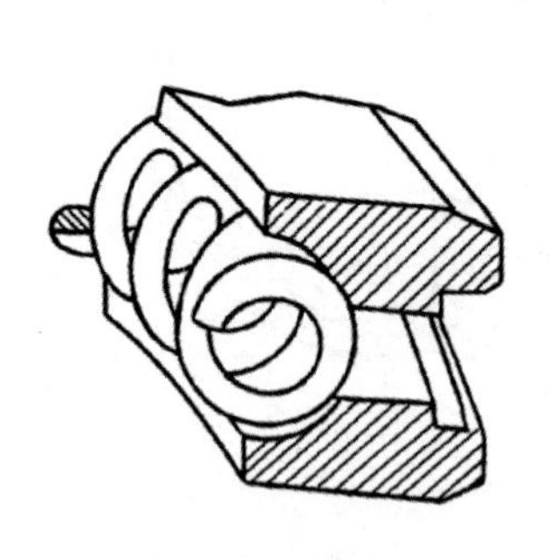

图 2-23　弹簧涨圈油环

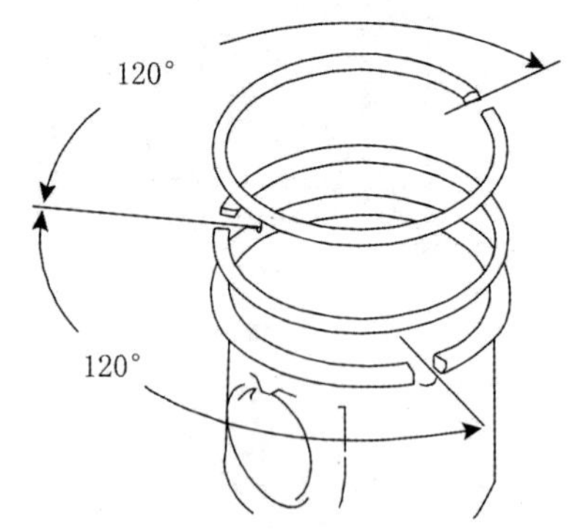

图 2-24　活塞环的开口位置

康明斯 C 系列柴油机第一道气环采用梯形桶面扭曲环，如图 2-25(a)所示，梯形断面能帮助活塞环在横向摆动时挤出环槽内的积炭，圆桶形接触面可减小磨损、防止拉缸且易于磨合。内圈上缘有台阶式切口，由于不平衡内力的作用，装入环槽后，活塞环向上扭曲成碟形，称为正扭曲环，环的边缘与环槽上、下端面接触，能提高密封性能，还可向上布油、向下刮油，避免过多的机油进入燃烧室；第二道气环采用梯形反扭曲环，如图 2-25(b)所示，台阶式切口在内圈下缘，活塞环向下扭曲成盖形，可向上刮油，加强第一道活塞环的润滑。为保证活塞环正确的安装方向，活塞环上一般都有“TOP”或小圆圈朝上安装标记，见图 2-22。

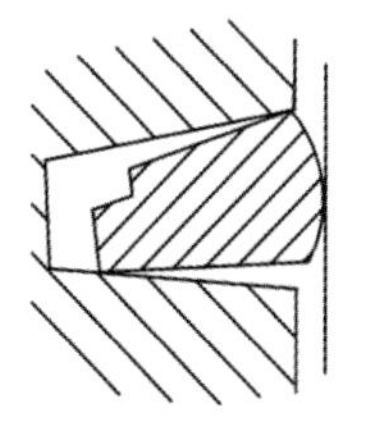
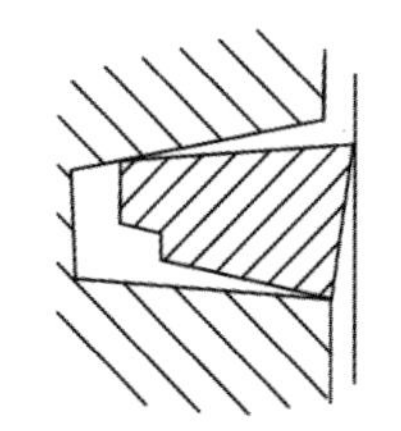
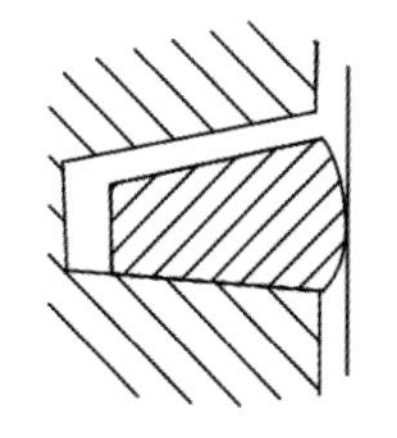
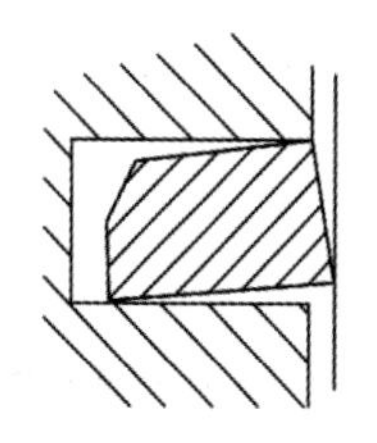
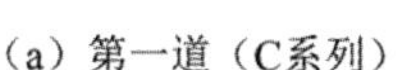

(a) 第一道（C系列）　(b) 第二道（C系列）　(c) 第一道（B系列）　(d) 第二道（B系列）

图 2-25　气环

知识链接

康明斯 B 系列柴油机第一道气环选用梯形桶面环，如图 2-25(c)所示；第二道气环采用锥面扭曲环，外圆锥面角度为 1.5°，具有向下刮油的作用，内圈上缘有 45°斜切口，装入环槽后向上扭曲成碟形，如图 2-25(d)所示。

(3)活塞销

活塞销的功用是连接活塞和连杆，将活塞承受的气体作用力传递给连杆。

活塞销的结构简单，一般都制成中空的圆筒形。康明斯 C 系列柴油机的活塞销采用全浮式连接形式。

知识链接

全浮式连接：在柴油机工作时，活塞销不仅在连杆小头衬套内转动，还在销座孔内转动，这样磨损均匀、不易变形。活塞的销座孔两端需安装卡簧，以防止活塞销刮伤气缸壁，如图 2-17 所示。采用全浮式连接的活塞连杆组一般在室温下即可进行拆装，如康明斯 B、C 系列柴油机，但有些机型需要在机油中加热至 100～120 ℃才能拆装，如 135 系列柴油机。

半浮式连接：在柴油机工作时，活塞销可在活销座孔内转动，但不能在连杆小头内转动，这种连接形式能避免活塞销刮伤气缸壁，可省去卡簧以及连杆小头衬套，而且还能减小噪音，其缺点是活塞销磨损不均匀，易弯曲变形，一般用于车用发动机。

(4)连杆

连杆用来连接活塞和曲轴，它将活塞承受的力传递给曲轴，并与活塞配合，把活塞的往复直线运动转化为曲轴的旋转运动。连杆常用优质中碳钢或合金钢等模锻制成，并经调质和表面喷丸等处理。

康明斯 C 系列柴油机连杆由连杆小头、连杆杆身、连杆大头、连杆轴瓦和连杆螺栓等部分组成，如图 2-26 所示。

连杆小头用于安装活塞销，孔内装有铜铅衬套作为减摩轴承。

连杆杆身呈工字形断面，使连杆能在较轻的质量下保证较大的强度和刚度。

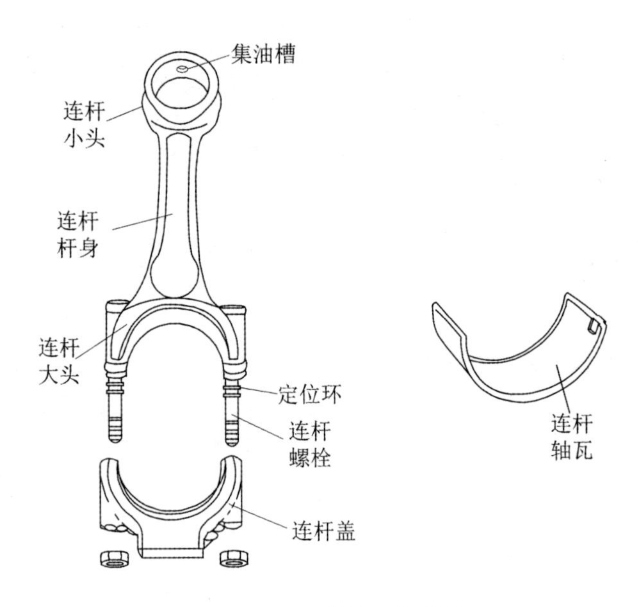

图 2-26 柴油机连杆组

连杆大头是安装在曲轴曲柄销上的，一般做成可分离的。

连杆螺栓是柴油机中最重要的紧固件。

连杆轴瓦也剖分成两半，安装在连杆大头的上下两半部分中，如图 2-27 所示。

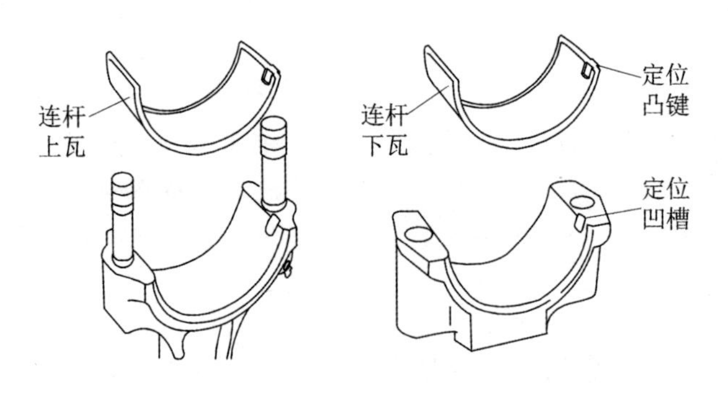

图 2-27 连杆轴瓦

知识链接

(1)连杆小头呈楔形，可减轻连杆的重量，还可使飞溅的机油直接润滑活塞销，见图 2-17。小头的顶上开有集油孔，可储存机油，改善活塞销的润滑。

(2)连杆大头剖面与连杆杆身垂直，剖分形式称为平切口，被分开的连杆大头的下半部叫连杆盖，两半部用两个连杆螺栓紧固，并通过连杆螺栓上的定位环来保证二者的装配精度，见图 2-26。为了保证连杆大头孔的尺寸精确，通常连杆杆身和连杆盖配对加工，并刻有编号，不可混用，安装时上下两部分的编号应在同一侧。

(3)连杆螺栓用中碳合金钢经精加工、调质处理后再滚压出螺纹,并经磁力探伤检验合格后才能使用。连杆螺栓应按规定的扭矩分2~3次交替拧紧,当螺纹精确加工且合理拧紧时,不加任何锁紧装置连杆螺栓也不会松动。

(4)连杆轴瓦有四层金属,从外到内依次是低合金钢背、铜铅合金衬里、镍涂层和铅锡镀层,如图2-28所示。为实现精确定位并防止轴瓦在工作时移动或转动,轴瓦外缘制有定位凸键,安装时应嵌入连杆盖的定位凹槽中,且上下两半瓦的定位凸键也应在同一侧。

图2-28 连杆轴瓦的组成

3. 曲轴飞轮组

曲轴飞轮组的主要机件是曲轴、主轴瓦和飞轮。曲轴前端装有正时齿轮、扭转减振器和油封,曲轴的后端装有飞轮和油封,如图2-29所示。

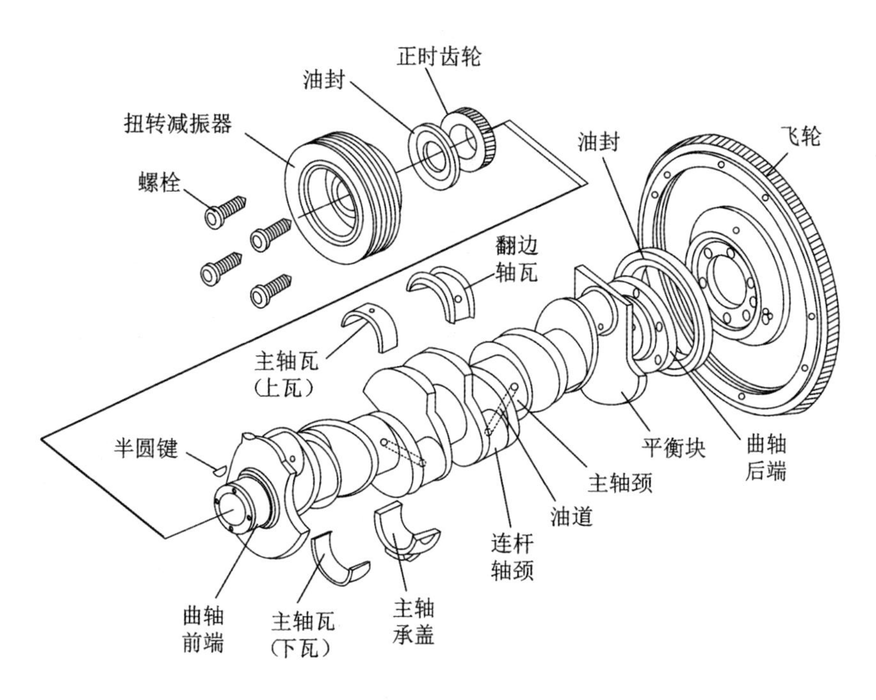

图2-29 曲轴飞轮组

曲轴的功用是将活塞连杆传来的往复机械能转变成旋转机械能,然后对外输出动力。

康明斯C系列柴油机的曲轴由优质合金钢锻造并经调质等处理而成。它由主轴颈、连杆轴颈(曲柄销)、曲柄臂、自由端(曲轴前端)、功率输出端(曲轴后端)和平衡块等组成,见图2-29。

知识链接

康明斯 C 系列柴油机的曲轴前端加工有键槽和螺纹孔，用以安装正时齿轮和扭转减振器，外圆光磨用以安装前端油封；曲轴后端有螺纹孔，用以安装飞轮，外圆光磨，用以安装后端油封；曲轴共有 7 道主轴颈，通过 7 副主轴瓦支承在与机体用螺栓连接的主轴承盖上，主轴颈和主轴瓦上瓦都开有油孔，用以引入机体主油道的机油；每两道主轴颈之间都有一道连杆轴颈，后者通过连杆轴瓦与连杆大头连接；主轴颈和连杆轴颈之间通过曲柄臂连接，它们三者之间还有贯通的油道，用以润滑连杆轴瓦；6 道连杆轴颈按照 1-5-3-6-2-4 的工作次序均匀排列，因此第 1 和第 6 道同轴、第 2 和第 5 道同轴、第 3 和第 4 道同轴；平衡块的作用是平衡曲轴的不平衡惯性力和力矩，减轻主轴承的负荷。

为了保证各主轴承孔的圆度和同心度，通常 7 道主轴承盖和机体主轴承座经配对并按规定拧紧后镗削而成，主轴承盖上刻有序号，不可混用，如图 2-30 所示。

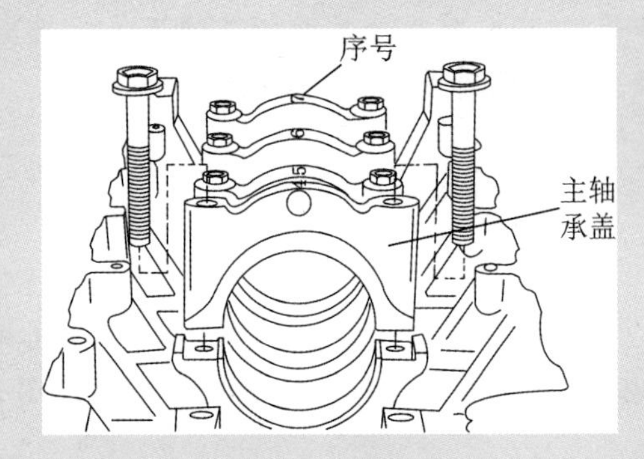

图 2-30　主轴承

主轴瓦与连杆轴瓦结构、组成和定位方法基本相同，区别是主轴上瓦开有油孔和油槽，此外为保证曲轴的轴向定位，康明斯 C 系列柴油机还增加了一道翻边轴瓦作为第 4 道主轴上瓦，如图 2-31 所示。翻边轴瓦是在轴瓦两侧加工翻边作为止推面，用以限制曲轴的轴向窜动。

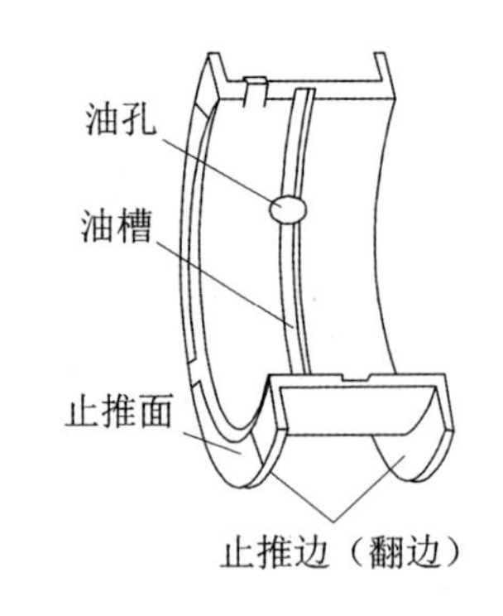

图 2-31　曲轴轴向推力轴承

康明斯 C 系列柴油机使用聚四氟乙烯油封来防止机油从曲轴前后端泄漏，其结构如图 2-32 所示。

为保持柴油机的稳定运转，曲轴后端安装了转动惯量很大的飞轮(见图 2-8)。

为防止共振，康明斯 B、C 系列柴油机在曲轴前端安装了橡胶减振器，如图 2-33 所示。

飞轮的主要功用是将在做功冲程中的一部分能量储存起来，用于克服在其他冲程中的阻力，保证曲轴的旋转速度和输出转矩尽可能稳定。飞轮外缘镶有齿圈，可与起动机齿轮啮合以起动柴油机，也可与盘车工具啮合以手动转动曲轴至所需要的角度，便于维修排故。

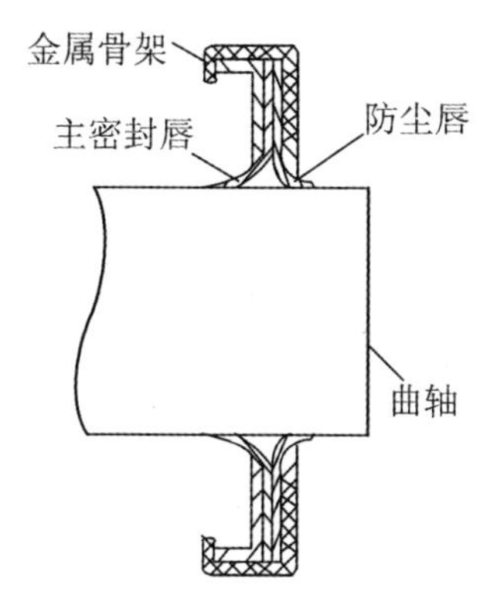

图 2-32　双密封唇口聚四氟乙烯油封

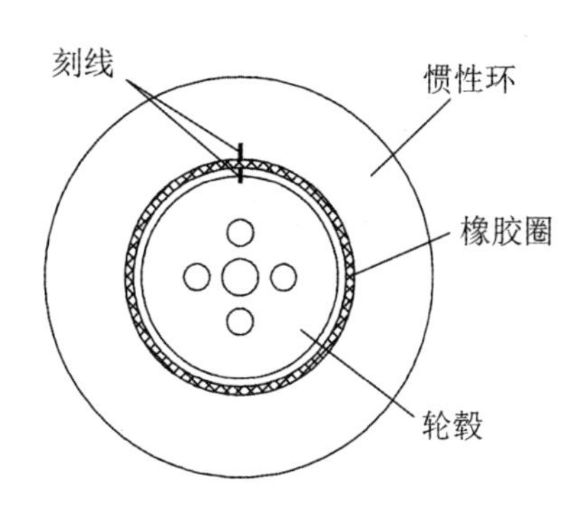

图 2-33　减振器

知识链接

(1)油封外壳由低碳钢板制成,具有记忆收缩能力的聚四氟乙烯被压制成喇叭状,形成主密封唇和防尘唇,夹在金属壳内(中间夹橡胶弹性片)。主密封唇接触面上加工有与轴转向相反的螺旋线或螺旋槽(回流槽),可将外泄的润滑油送回密封腔内,密封唇口较宽,有利于回油螺旋槽封油,且能保持一层足够的润滑油膜;防尘唇主要用来防止外界杂质进入润滑油中,同时也可防止杂质进入主密封唇与曲轴之间,避免唇口或曲轴的损伤。曲轴旋转时产生的摩擦热可使唇口不断收缩,紧紧抱在曲轴上,还能补偿磨损。

(2)减振器的主要作用是消减曲轴的扭转振动。柴油机运转时,曲轴在周期性变化的转矩作用下,各曲柄销之间发生周期性相对扭转的现象称为扭转振动。橡胶减振器由惯性盘、橡胶圈和轮毂等组成,其中惯性盘和轮毂都粘结在橡胶圈上。柴油机工作时,减振器轮毂与曲轴一起扭转振动,由于惯性盘滞后于轮毂,因而在两者之间产生相对运动,使橡胶层来回产生变形,振动能量被橡胶的内摩擦阻尼吸收,从而使曲轴的扭转振动得以消减。

2.3.2　配气机构

配气机构的功用是按照柴油机工作顺序和工作循环的要求,定时开启和关闭进、排气门,配合进排气系统吸入新鲜空气、排出燃烧后的废气。

配气机构
演示动画

配气机构一般为顶置式,如图 2-34 所示,气门安装在气缸盖内,倒挂在气缸顶上,凸轮轴通过挺柱、推杆和摇臂驱动气门。

配气机构由两大部分组成，即以气门为主要零部件的气门组和以凸轮轴为主要零部件的气门传动组，如图 2-35 所示。

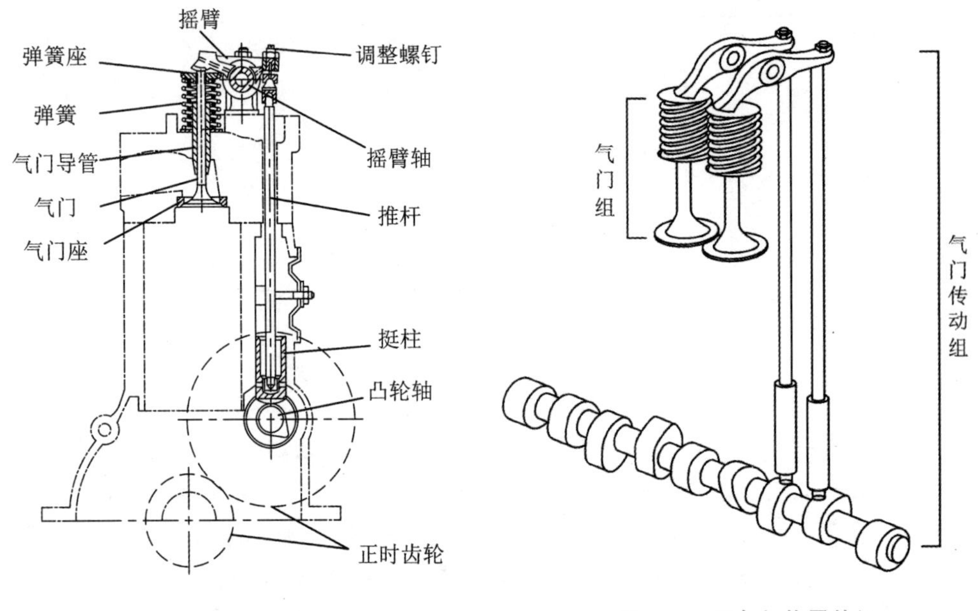

图 2-34　顶置式配气机构

图 2-35　配气机构零件组

1. 气门组

气门组在配气机构中相当于一个阀门，它的主要作用是按时开启和关闭进、排气系统与气缸之间的通道。

气门组包括：进气门、排气门、气门导管、气门座、气门弹簧、弹簧座和气门锁夹等，如图 2-36 所示。

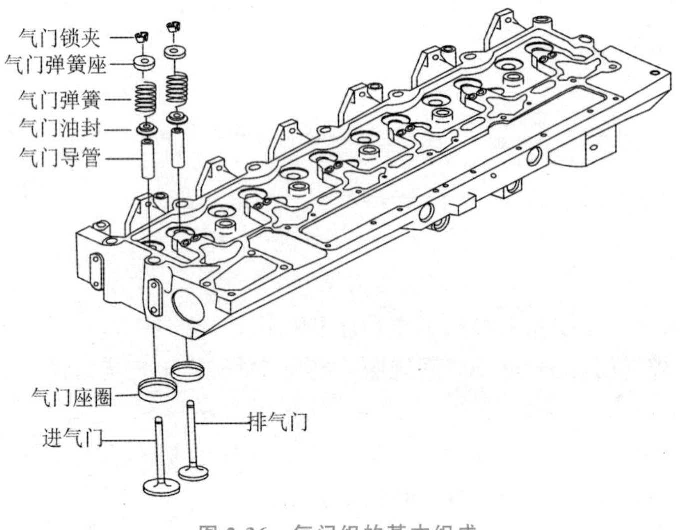

图 2-36　气门组的基本组成

(1)气门

气门用来控制柴油机进、排气的通断，按功能分有进气门和排气门两种，其结构型式基本相同，但材质构成、加工工艺和局部尺寸略有差异，如图 2-37 所示，进、排气门均为菌形，由气门头和气门杆两部分组成。

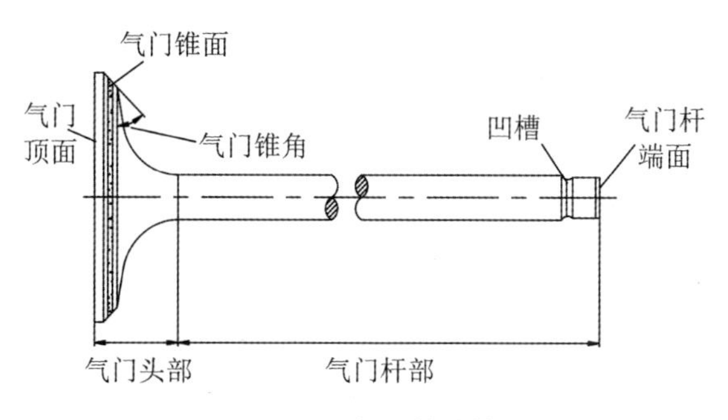

图 2-37　气门的结构

知识链接

气门采用模锻加工，其中进气门采用耐热合金钢，杆部氮化处理；排气门头部和杆部采用耐高温的奥氏体钢，尾部采用耐热合金钢对焊制成，杆部氮化处理。进、排气门杆端面经高频淬火使其硬度达到要求，以提高耐磨性。

为了提高进气效率，进气门头部直径大于排气门头部直径。气门头部与气门座圈配合的密封面为圆锥面，可使气门自动定心，保证密封面紧密地贴合。气门锥面与气门顶面之间的夹角称为气门锥角，如图 2-37 所示。康明斯 C 系列柴油机的进气门锥角为 30°，气门流通截面大，可以增加进气量并减小磨损；排气门温度较高，所以锥角为 45°，这样气门头部刚度大，有利于密封和传热。

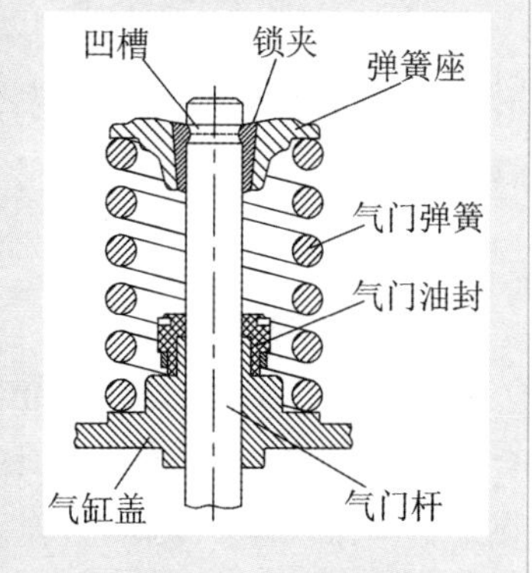

图 2-38　气门的固定

气门头部接收的热量一部分经气门座圈传给气缸盖，另一部分经气门杆和气门导管也传给气缸盖，最终都被气缸盖水套中的冷却液带走。

气门杆部是气门上下运动的导向部分，与气门导管保持正确的配合，保证气门落座对中、减少磨损及良好的导热。气门杆部加工有安装气门锁夹的凹槽，弹簧座将两个半环形锁夹压在凹槽中使气门杆与弹簧座连成一个整体，并一起运动，如图 2-38 所示。

(2)气门座

气门座用来承受气门落座的冲击负荷，与气门共同密封气缸，并将气门热量有效散出。结构型式分为单体式和整体式两种，单体式即为气门座单独加工，镶配于气缸盖中，损坏后可以单独更换；整体式即为气门座与气缸盖铸成一体，损坏后需要连同缸盖一起更换。康明斯 C 系列柴油机采用单体式气门座，如图 2-39 所示，而 B 系列采用的是整体式气门座，但气缸盖上留有镶配单体气门座的余地。

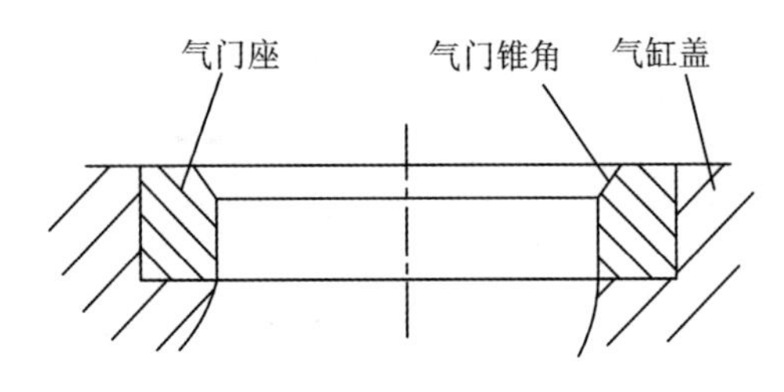

图 2-39　气门座

知识链接

单体式和整体式气门座优缺点比较：

单体式：热负荷承受力强，适应于大功率发动机，维修成本低，但一次制造工序较复杂。

整体式：一次制造工序简单，成本相对较低，但维修费用高，仅适应于小功率段发动机使用。

气门座的锥角与气门锥角对应，分为 30°或 45°两种，气门座与气门锥面形成的密封面宽度通常为 1～3 mm，并位于气门锥面的中部偏下位置。密封面过宽时，密封压力减小，容易结炭，密封可靠性差；过窄时，接触面积小，锥面容易磨损且气门头部散热能力差。

(3)气门导管

气门导管主要起导向作用，保证气门作往复直线运动，使气门与气门座圈能准确配合。此外，气门导管还将气门的部分热量传递给气缸盖水套中的冷却液。气门导管一般在半干摩擦条件下工作，工作温度较高，润滑条件较差，仅靠配气机构飞溅起来的机油进行润滑，因此容易磨损。

知识链接

气门导管通常用灰铸铁、球墨铸铁或铁基粉末冶金制造，以一定的过盈量压入气缸盖的气门导管孔中，如图 2-40 所示。也有内燃机的气门导管直接在铸铁气缸盖上加工而成(如康明斯 B 系列)，但留有维修时镶气门导管的余地。气门杆和气门导管之间的配合间隙，一般在 0.05～0.12 mm 之间，以保证气门在导管中正常的运动。间隙太大，易产生漏油、漏气、积炭、气门导向与散热不良等故障；间隙过小，则不能保证摩擦表面必要的润滑与冷却，易磨损、卡滞。

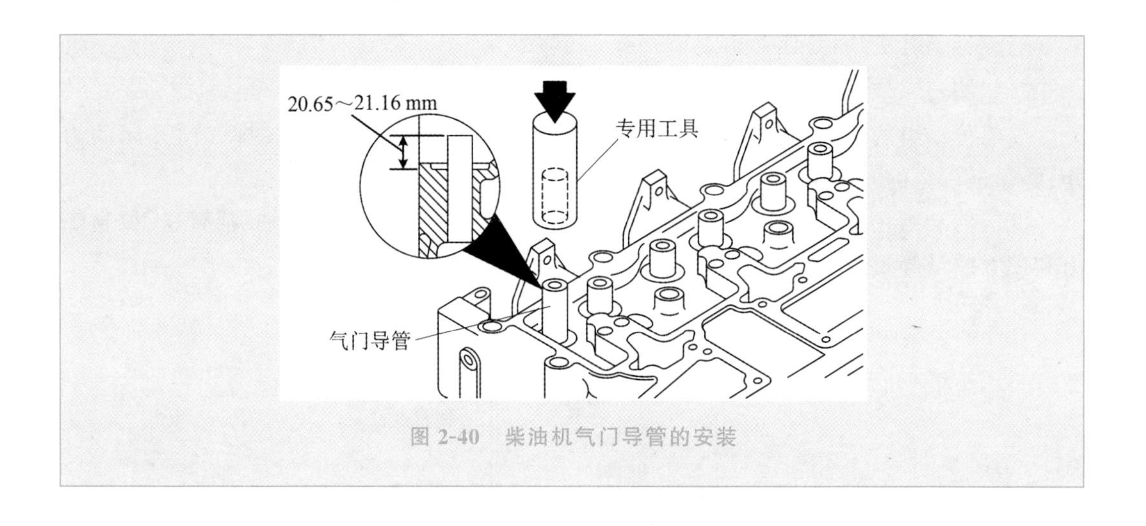

图 2-40　柴油机气门导管的安装

(4)气门油封

气门杆与气门导管孔需要润滑,但进入气门导管孔内的机油又不能太多,否则机油消耗量增加,并产生较多积炭。为此,柴油机安装了气门油封。

知识链接

气门油封固定在气门导管上端,采用耐油橡胶制造,其结构如图 2-41 所示。当气门杆在油封内上下往复运动时,在气门杆与油封间隙中,形成一层油膜。油封经过合理的设计,既可以满足润滑要求,又可使机油消耗量减到最小。

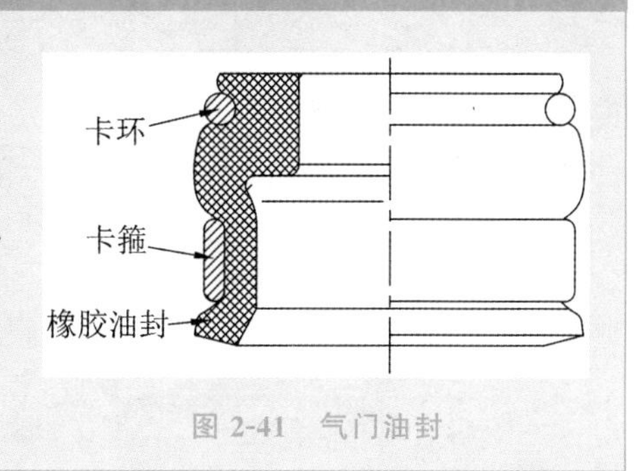

图 2-41　气门油封

(5)气门弹簧

气门弹簧的功用是保证气门关闭时能紧密地与气门座贴合,克服在气门开启时配气机构因惯性力的作用而产生间隙,影响气门及时落座,进而使气门运动随柴油机运转产生共振。

知识链接

为了防止共振的发生,康明斯 C 系列柴油机采用了提高气门弹簧刚度的方法,从而避开发生自振的频率。此外,排气门还采用了两个旋向相反的内外弹簧结构,能相互抑制共振的发生并减小气门弹簧高度。

2.气门传动组

气门传动组的功用是按照柴油机的配气正时和工作次序传递进、排气门开闭的力矩,并保证一定的开度。

气门传动组主要由凸轮轴及其传动装置、挺柱、推杆、摇臂、摇臂轴、摇臂座、调整螺钉和锁紧螺母等组成,如图 2-42 所示。

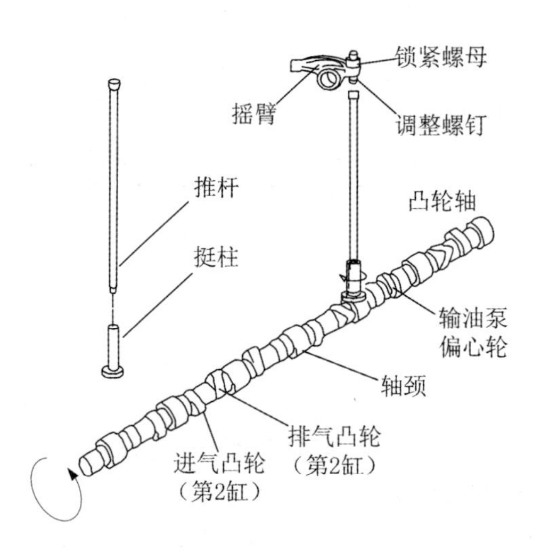

图 2-42　气门传动组

(1)凸轮轴

凸轮轴用来产生旋转力矩,并按时控制气门的开启、关闭和运动规律。

知识链接

康明斯 C 系列柴油机的凸轮轴上有 6 个进气凸轮、6 个排气凸轮,这 12 个凸轮按照进、排、进、排……的次序排列,按照 1-5-3-6-2-4 的次序工作,因此相邻工作的两个同名凸轮的夹角为 60°,如第 2 缸排气凸轮与第 4 缸排气凸轮的夹角为 60°(见图 2-42)。又因为配气正时的需要,同一缸的排气凸轮与进气凸轮之间的夹角要大于 90°。除这 12 个凸轮外,在第 5 缸进、排气凸轮之间还铸有驱动输油泵的偏心轮。

凸轮轴的 7 个轴颈支承在气缸体的轴承座中(见图 2-9),采用压力润滑。康明斯 C 系列柴油机的每道轴承座中都装有衬套,而康明斯 B 系列柴油机只在第一道轴承座上安装衬套,但其余各道轴承座留有镶衬套的余地。

凸轮轴的前端压装有正时齿轮,由曲轴正时齿轮驱动。这两个正时齿轮的装配关系决定了气门开闭时间的准确性(也就是配气正时),为此在正时齿轮上刻有标记,装配时对准标记即可,如图 2-43 所示。

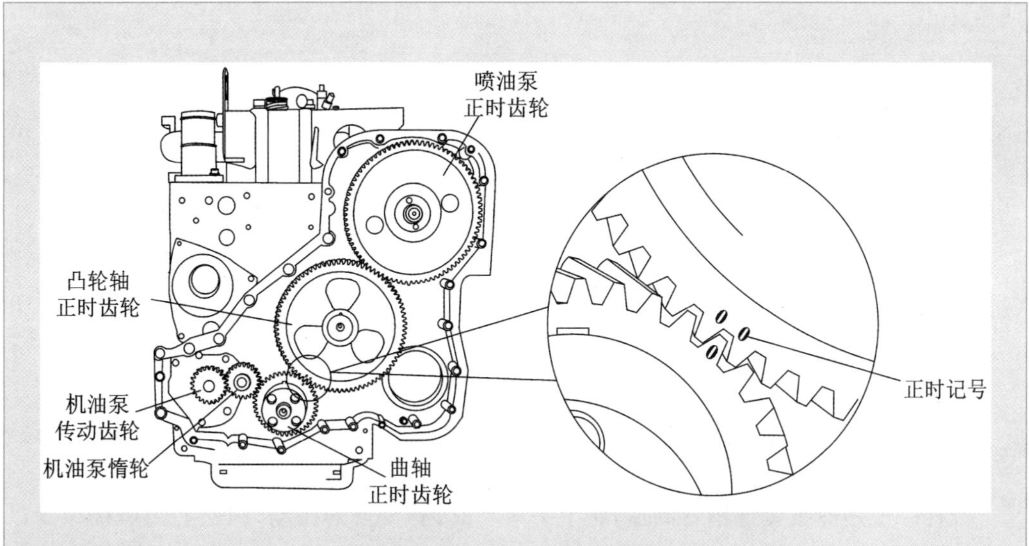

图 2-43　柴油机的正时记号

凸轮轴在工作中会产生轴向窜动，采用斜齿轮传动的凸轮轴在轴向窜动时还会改变与曲轴的相对角度，破坏正常的配合关系，影响配气正时的准确性。因此，凸轮轴必须采取轴向定位措施。康明斯 B、C 系列柴油机采用止推片进行定位，如图 2-44 所示。止推片与止推片环槽之间的间隙称为凸轮轴的轴向间隙，可通过改变止推片厚度进行调整。

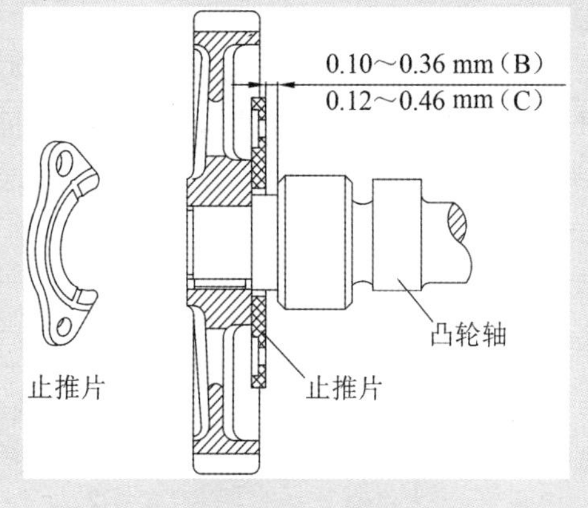

图 2-44　凸轮轴的轴向定位

(2)挺柱与推杆

挺柱与推杆的功用是变凸轮轴的旋转力矩为上下运动的推力，控制摇臂转动。

挺柱用合金铸铁制造，呈蘑菇形，底平面与凸轮接触，内腔的球窝与推杆的球头相配合，见图 2-42。

知识链接

挺柱的轴线偏离凸轮的对称轴线，一般偏心距离 e=1～3 mm，如图 2-45 所示。柴油机工作时，凸轮对挺柱产生不对称的摩擦力，促使挺柱自转，使其底面磨损均匀。

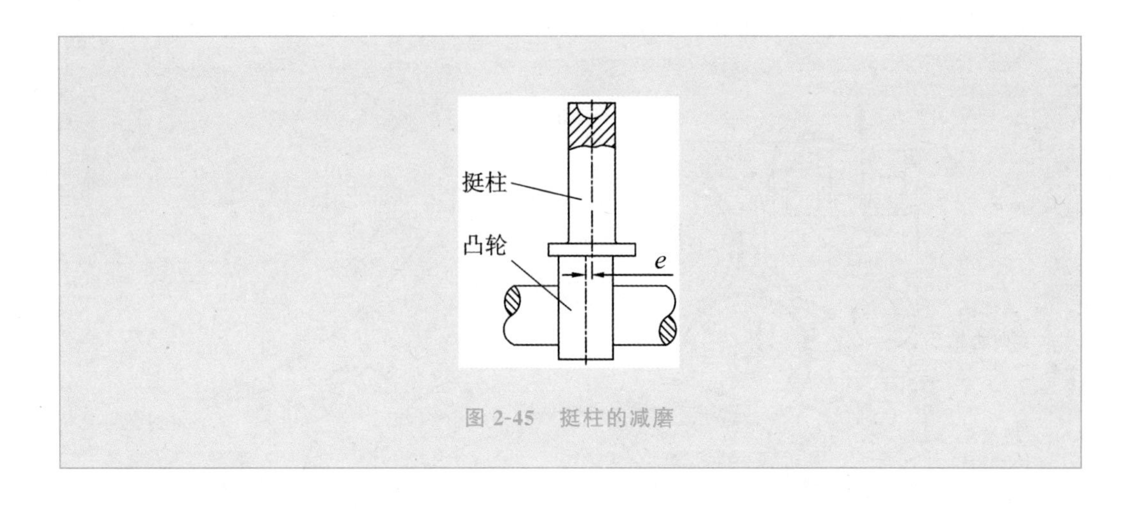

图 2-45　挺柱的减磨

推杆一般用冷拔无缝钢管制造，它上下运动时，有少量的摆动，因此上端焊接球窝以容纳摇臂调整螺钉的球头，下端焊接球头并落座在挺柱的球窝内，如图 2-42 所示。推杆两端的球头和球窝均需淬硬和磨光，以提高其耐磨性。

(3)摇臂总成

柴油机摇臂总成的功用是将推杆传来的向上的运动和作用力，改变方向后传给气门使其向下运动并开启。康明斯 C 系列柴油机的摇臂总成由摇臂、摇臂轴、摇臂座、固定卡子、调整螺钉、锁紧螺母和卡簧等零件组成，如图 2-46 所示。

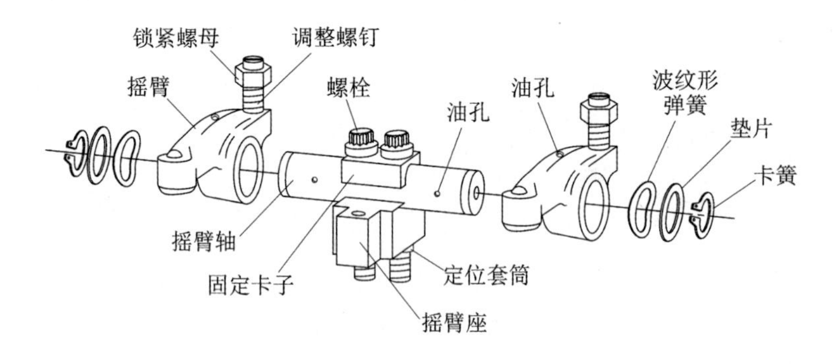

图 2-46　柴油机的摇臂总成

知识链接

摇臂总成的结构特点：摇臂座底部有定位套筒，用以保证摇臂与气门杆的对中；摇臂轴用固定卡子和两个贯穿的螺栓固定；两个摇臂都镶有衬套，活套在摇臂轴的两端并用波纹形弹簧压紧；摇臂轴是空心的，两边还开有径向油孔，从摇臂座底部引入的压力机油可经空心摇臂轴和径向油孔来润滑摇臂衬套；此外，摇臂上也开有油孔和油槽，一部分机油从摇臂油孔流出，润滑气门和推杆等处。

气门间隙：气门完全关闭时，摇臂圆弧面与气门杆端面之间应预留一定的间隙，以避免零件受热膨胀后顶开气门，造成气门关闭不严，该间隙称为气门间隙，如图2-47所示。摇臂的另一端加工有螺纹孔，拧入或拧出调整螺钉即可调节气门间隙的大小。康明斯C系列柴油机的进气门间隙为0.30 mm，排气门间隙为0.61 mm。

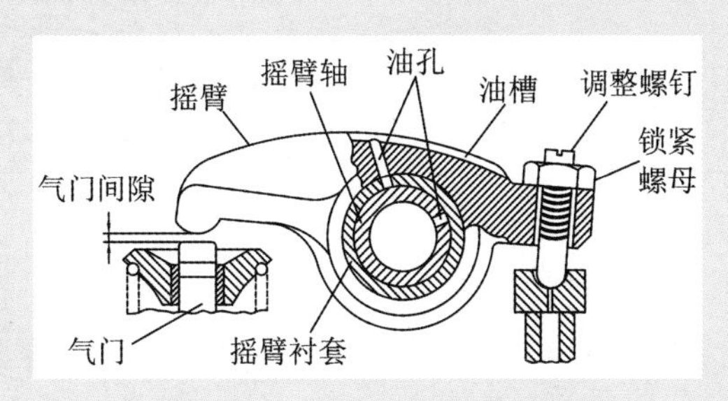

图2-47　摇臂

2.3.3　进排气系统

进排气系统的作用是按照柴油机的工作需要，向气缸供给清洁的空气、将燃烧后的废气排入大气。

进排气系统

康明斯C系列增压柴油机的进排气系统由空气滤清器、涡轮增压器、中冷器、进排气管和消声器等组成，如图2-48、图2-49、图2-50所示。

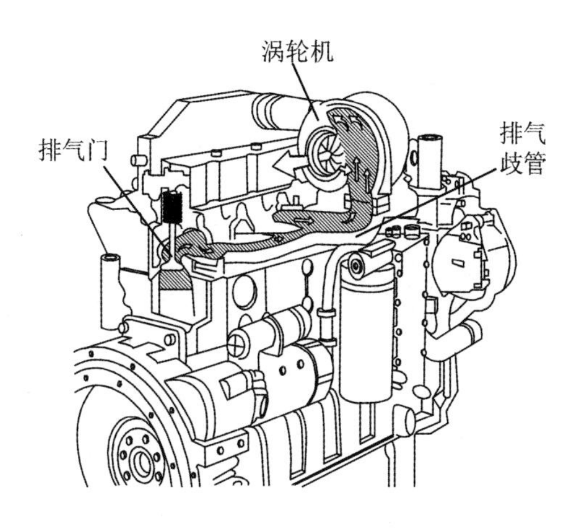

图2-48　进排气系统的废气流向

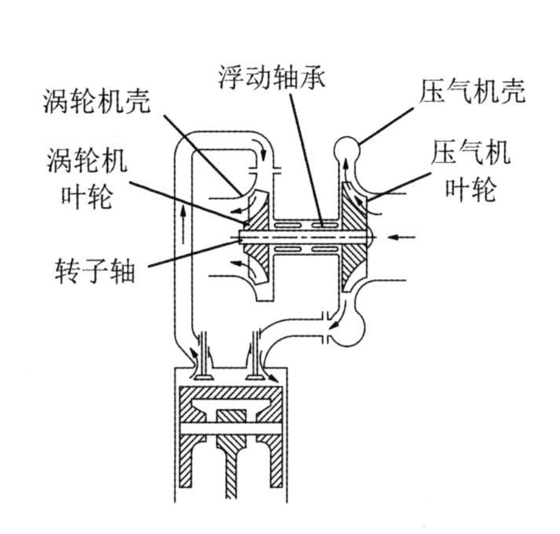

图2-49　涡轮增压器示意图

知识链接

当排气门开启时，气缸中的废气经过排气歧管进入涡轮增压器的涡轮机，然后从排气口排入大气，见图 2-48。在这个过程中，高温高压的废气驱动涡轮机叶轮和转子轴高速旋转，最高转速可达 60000～260000 r/min。转子轴另一端的压气机叶轮也同步高速旋转并产生吸力，新鲜空气被吸入空气滤清器。过滤后的空气在压气机内增压后，再送入中冷器进行冷却，然后进入进气歧管。当进气门开启时，新鲜空气便进入气缸，见图 2-50。

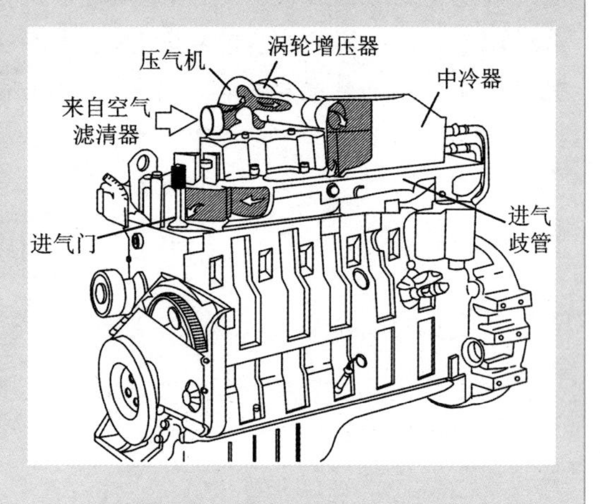

图 2-50　进排气系统的空气流向

1. 空气滤清器

空气滤清器的作用是清除进入气缸的空气中所含的尘土和沙粒，以减少气缸、活塞和活塞环等零件的磨损。

康明斯 C 系列柴油机上采用干式空气滤清器，由滤芯、外壳、滤清器盖和进气阻力指示器等组成，如图 2-51 所示。

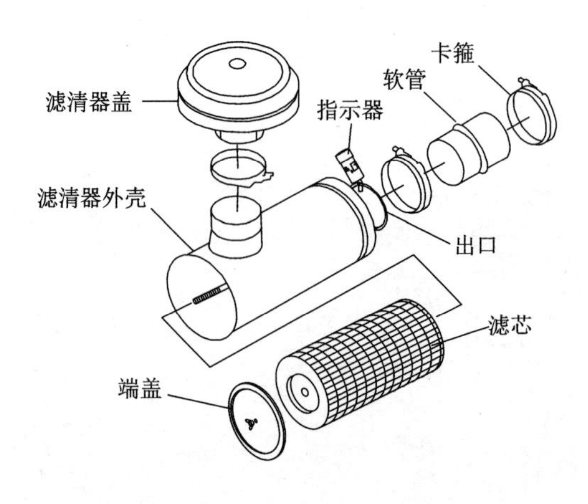

图 2-51　柴油机空气滤清器

知识链接

滤芯是由经树脂处理的微孔纸折叠后均匀排列成的空心圆筒，内外部用金属网罩加固，防止滤芯意外损坏或吸扁。滤孔的直径不大于 130 μm，滤清效率可达 99.5%。工作时，空气从滤清器盖底部的通道到达滤芯外部，经过滤芯的微孔后进入滤芯内部，此时灰尘和杂质被过滤到滤芯外部，清洁的空气从出口进入柴油机。

进气阻力指示器通过感应空气滤清器出口的真空度来指示其工作状态，如图 2-52 所示。当指示窗口由正常情况下的绿色变成红色时，表明滤芯阻塞严重，需要立即对其进行清理或更换，清理更换后按下指示器端头的橡皮塞复位。

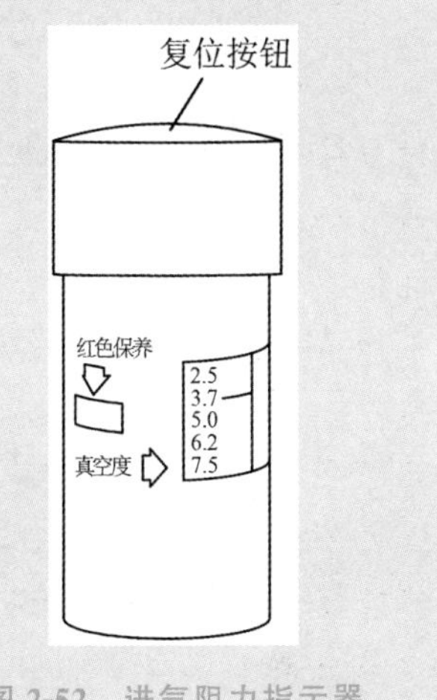

图 2-52　进气阻力指示器

2. 废气涡轮增压器

提高柴油机功率的措施有很多，但最有效的措施是增加充气量和循环供油量。利用燃烧后的废气能量驱动压气机，以提高进气压力，增加充气量，这种方法称为废气涡轮增压。增压后，可以喷射更多的柴油以提高柴油机的输出功率。废气涡轮增压器与柴油机没有机械传动，结构简单、工作可靠。

康明斯柴油机使用的废气涡轮增压器虽然型号不同，但结构基本相似，都由压气机、涡轮机和中间壳三个主要部分以及轴承装置、润滑冷却装置、密封装置、隔热装置和进气压力调节装置等组成。典型废气涡轮增压器的构造如图 2-53 和图 2-54 所示。

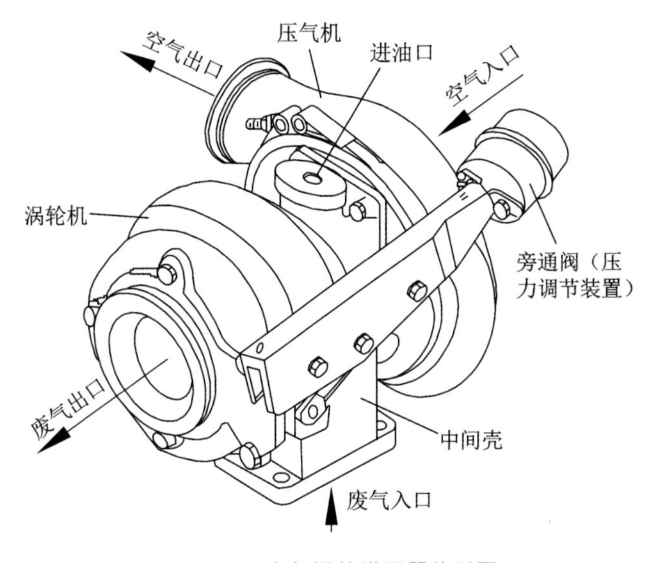

图 2-53　废气涡轮增压器外形图

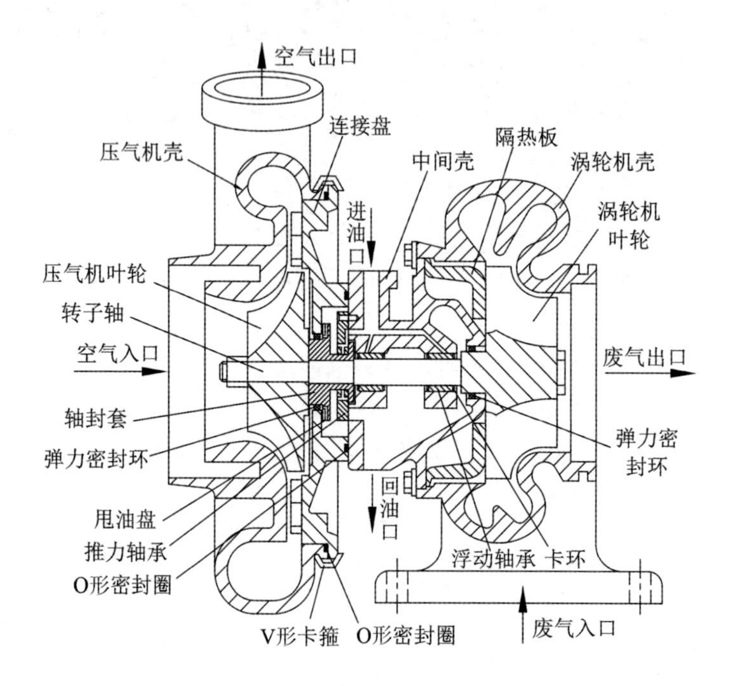

图 2-54　废气涡轮增压器结构图

知识链接

废气涡轮增压器使用维护时应注意以下几点：

(1)增压器采用的全浮动轴承对机油的要求很高，应按规定使用相应牌号的清洁机油，油压要正常，油温不得过高或过低，进回油管应无损坏或节流现象，油管接头不能有滴漏现象。增压器在新装和拆修后以及柴油机停放一周以上再运转时，须向增压器中间壳油腔内注入 50～60 mL 机油，注油时需同时手动旋转叶轮使机油分散到转子轴上。

(2)定期检查柴油机曲轴箱呼吸器是否通畅，窜气是否过大，曲轴箱压力是否正常，避免增压器回油口压力过高而将机油压入压气机和气缸，造成柴油机冒黑烟甚至发生飞车事故。

(3)定期清洁空气滤清器，避免进气负压过大而将中间壳机油吸入气缸。此外还应定期检查进气管路，避免进入灰尘造成增压器早期磨损。

(4)柴油机起动后应怠速运转 3～5 min 后再提速，避免突然加速加载，导致轴承无油或润滑不良。增压器运转时若有尖锐响声或异常振动情况，应立即停机检查。

(5)柴油机停机前也应怠速运转 3～5 min 以冷却增压器，避免 O 形圈损坏、浮动轴承咬死或中间壳变形。

3. 空气中间冷却器

增压后的空气温度会升高，空气密度下降，影响输出功率的提高，还可能引起柴油机爆燃。因此，增压柴油机一般要安装空气中间冷却器，将增压后的空气在进入气缸前进行中间冷却的，简称中冷器。

康明斯 C 系列柴油机采用水冷式中冷器，由中冷器芯、壳体和水管等组成，如图 2-55 所示。

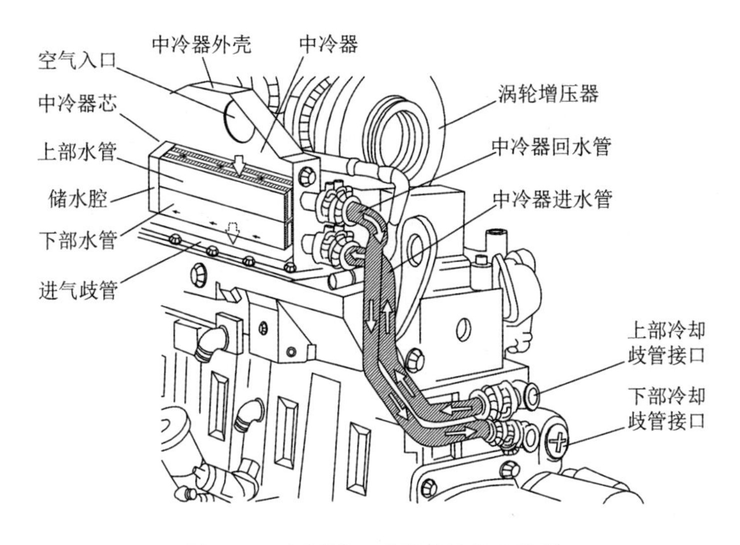

图 2-55　康明斯 C 系列柴油机中冷器

知识链接

中冷器芯为类似水箱的管片式结构，上下两部分隔开，冷却液从下部的中冷器进水管进入，经过下部水管、左侧储水腔和上部水管后，从上部的中冷器回水管流出。中冷器壳安装在进气歧管上，增压后的高温空气从中冷器的空气入口进入，经过中冷器芯散热片时，与水管内的低温冷却液进行热交换，高温空气冷却后，进入柴油机的进气歧管。

中冷器的冷却介质可以是水，也可以用空气。前者称为水冷式中冷器，后者称为风冷式中冷器。康明斯柴油机型号中“T”字后有“A”字母的，表示该型号柴油机的增压器还带有水冷式中冷器；型号中“T”字后有“AA”字母的，表示该型号柴油机的增压器还带有风冷式中冷器，也称为“空-空中冷器”。电站用柴油机采用水冷式中冷器时，冷却后的空气温度要比中冷器冷却液入口温度高 10 ℃左右，一般为 90～95 ℃，冷却效果有限。采用水冷式中冷器的柴油机功率一般可增加 20%左右，如康明斯 6BT 功率为 92 kW(1500 r/min)，6BTA 功率则为 110 kW(1500 r/min)。电站用柴油机采用风冷式中冷器时，冷却后的增压空气温度降幅大，一般只比环境温度高 15 ℃左右，冷却效果较好。采用风冷式中冷器的柴油机功率一般可增加 30% 左右，如康明斯 6BTAA 功率为 120 kW(1500 r/min)。

4. 进排气管

进、排气管的作用是将空气滤清器供给的空气分别送到柴油机各个气缸并导出各缸的废气，使之经消声器排出。

康明斯 C 系列柴油机的进气歧管直接铸造在气缸盖上，结构更加紧凑，空气泄漏的可能性也降到了最低，见图 2-13。

知识链接

排气歧管为脉冲式，排气管分成两组，其中 1、2、3 缸相通，4、5、6 缸相通，避免了排气互相干扰的问题，能有效地驱动涡轮增压器。为了不使进气受热，排气管安装在气缸盖的另一侧，涡轮增压器即安装在排气歧管的出口上，如图 2-56 所示。

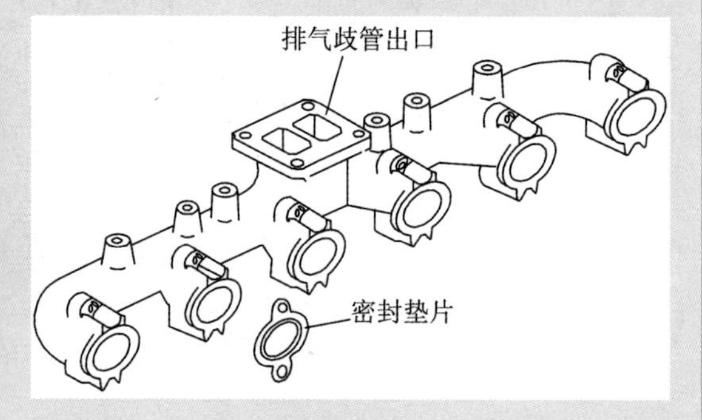

图 2-56　柴油机排气歧管

2.3.4　燃油供给系统

燃油供给系统的功用是根据柴油机的工作要求，定时、定量、定压地将雾化质量良好的柴油按一定的供油规律喷入气缸内，并使其与空气迅速而良好地混合和燃烧。

燃料供给系统

康明斯 C 系列柴油机燃油供给系统由柴油箱、输油泵、油水分离器、柴油滤清器、喷油泵、高压油管、喷油器和低压进回油管等组成，如图 2-57 所示。

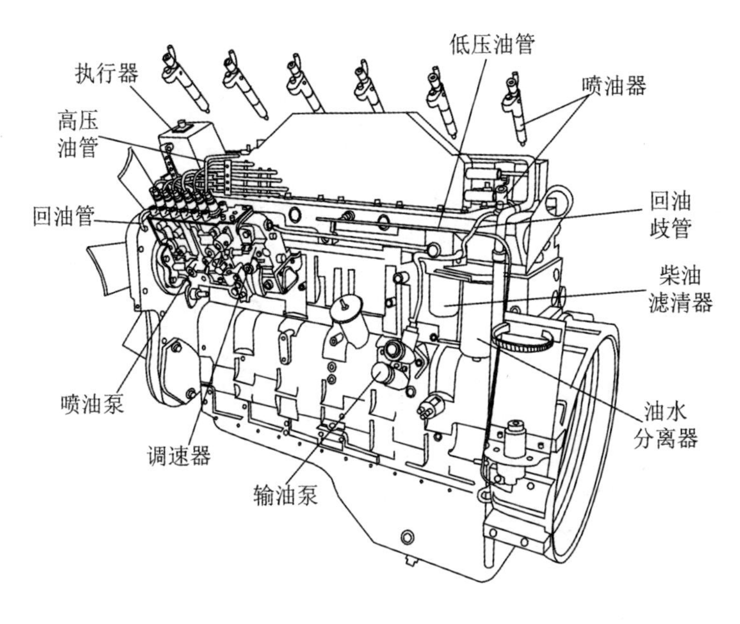

图 2-57　柴油机燃油供给系统

知识链接

在柴油机驱动下，输油泵从燃油箱内吸进燃油，经油水分离器和柴油滤清器过滤后，输送到喷油泵内。喷油泵将柴油加至高压，并定时、定量地送入各缸喷油器，喷油器定压喷射形成雾状柴油，与气缸内的高温高压空气混合后自行着火燃烧。在此过程中，喷油泵内多余的柴油从回油管流回油箱，喷油器泄漏的少量柴油从回油歧管流回油水分离器。

1. 喷油泵

康明斯 C 系列柴油机使用 P 型柱塞式喷油泵，主要由泵体、分泵（泵油机构）、油量调节机构和驱动机构等部分组成，如图 2-58 所示。

喷油泵的组成

喷油泵的运行

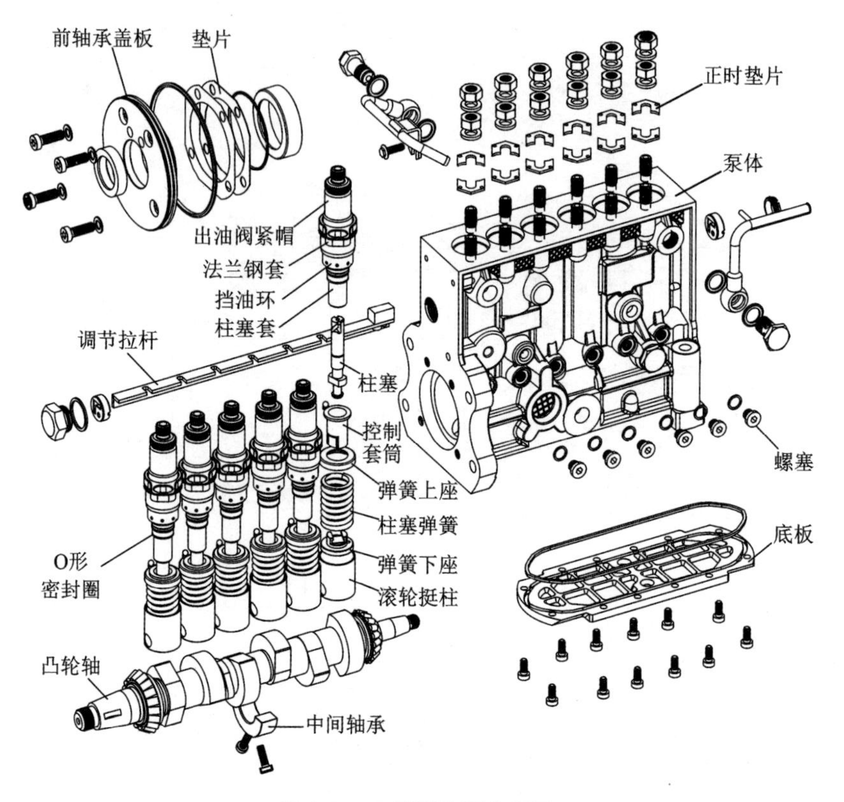

图 2-58 P 型喷油泵分解图

知识链接

喷油泵的类型：

(1)柱塞式喷油泵。由若干结构相同的分泵(泵油机构)组成,每个分泵负责向一个气缸提供高压柴油。柱塞式喷油泵是目前发展最为成熟,也是应用最为广泛的一种喷油泵。

(2)分配式喷油泵。各缸共用一个泵油机构,通过分配转子向各缸轮流提供高压柴油。分配式喷油泵制造成本低,用于小缸径高速柴油机。

(3)PT 燃料系统。由一个 PT 喷油泵和若干 PT 喷油器组成。喷油泵提供稳定但可调的低压柴油(压力 P),喷油器再将其加至高压并按时开闭量孔(计量时间 T)向气缸喷油。低压柴油压力(P)越高,计量时间(T)越长,喷油量越大。当负荷改变时,PT 喷油泵通过调整低压柴油压力(P)来调整供油量。

(4)电控柴油喷射系统。一般由一个喷油泵、一根共轨、若干喷油器和一个电控单元组成。喷油泵负责向共轨提供稳定且可调的高压柴油,共轨再向各喷油器供油。电控单元(ECU)根据工况计算最佳共轨油压和喷油器电磁阀的启闭时间等参数并进行控制,能实现精确而灵活的喷油。

(1)泵体

泵体采用整体全封闭式结构,不开侧视窗,泵体刚度大,防止因泵体变形引起的柱塞偶件磨损,提高了使用寿命,此外还起到防尘作用。

(2)分泵

P 型喷油泵的分泵主要由柱塞偶件、柱塞弹簧、柱塞弹簧座、出油阀偶件、出油阀弹簧、出油阀紧帽、法兰钢套和正时垫片等组成。

P 型喷油泵柱塞偶件的结构特点如图 2-59 所示,在柱塞套孔的上部有一小段孔径略有加大,这样可防止柱塞在上部位置卡住;孔的下部开一道环形集油槽,构成防泄漏式柱塞偶件结构。从柱塞与柱塞套间隙泄漏的柴油可集于槽内,经槽上的回油孔流回油泵的低压油腔,这样便可防止柴油漏至凸轮轴室稀释润滑油。柱塞套上的两个进、回油孔加工在同一直线上,使用中两孔附近磨损不均匀时,可将柱塞套调位安装。

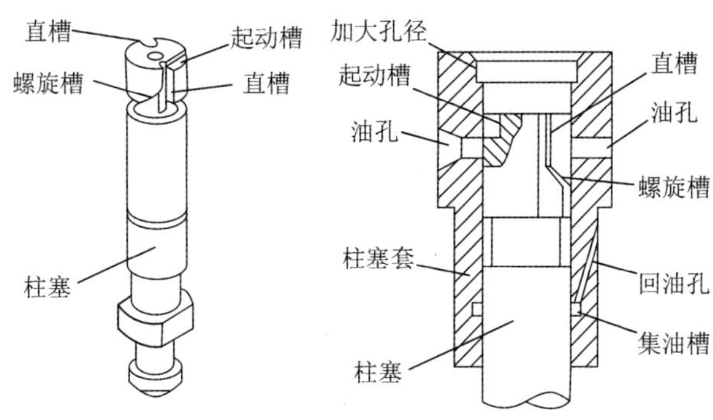

图 2-59　P 型喷油泵柱塞偶件

P 型喷油泵的柱塞为双螺旋结构,包括两个直槽和两个螺旋槽,这样受力更为均匀。为使柴油机易于起动,有些柱塞顶端开有起动槽。当柱塞处于起动位置时,该槽与柱塞套进油孔处于相对的位置,这样只有柱塞上行到起动槽的下边缘封闭进油孔时才能开始供油,使供油始点延迟,在缸内压力温度较高时喷入柴油,有利于起动。

P 型泵具有独特的吊装式柱塞套组件结构。柱塞套上方装有出油阀偶件和出油阀弹簧,并用出油阀紧帽与柱塞套顶面压紧。柱塞套和出油阀偶件都装在法兰钢套中,柱塞套由法兰钢套内的定位销定位。将出油阀紧帽拧紧后,它们便组成一个独立的组件,可从泵体上方插入,用两个螺栓把法兰钢套固定在泵体的顶部端面上。正时垫片可用于调整各缸供油提前角。挡油环用于防止回油孔强烈的回油对喷油泵体的冲击,避免穴蚀的发生。为避免柴油漏进喷油泵凸轮轴室内,在柱塞套外部和出油阀紧帽外部都安装了 O 形密封圈,在出油阀紧帽底部也安装了金属密封垫,见图 2-58。

柱塞套组件

油量调节机构

(3)油量调节机构和驱动机构

P 型喷油泵采用钢球式油量调节机构,如图 2-60 所示。每个柱塞控制套筒上都设有一个小钢球,它和角钢形断面的调节拉杆上的相应凹槽啮合,因此,当移动调节拉杆时,便由小钢球带动各柱塞控制套筒使柱塞转动,从而改变供油量。

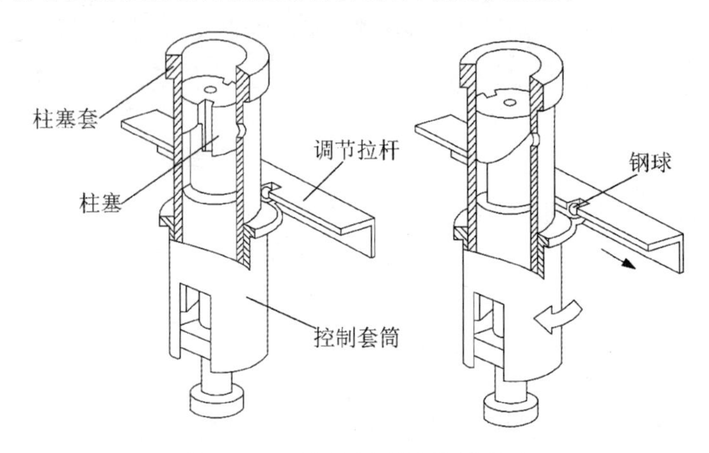

图 2-60　P 型喷油泵油量调节机构

驱动机构

驱动机构由凸轮轴和滚轮挺柱组成。凸轮轴安装在泵体的下部,两端支承在两个滚动轴承上,中部还有一个中间轴承支承,见图 2-58。凸轮轴上的 6 个凸轮按 1-5-3-6-2-4 的工作次序排列,两两相隔 60°。凸轮轴右端装有调速齿轮,用来带动机械调速器。凸轮轴上的每一个凸轮驱动一个滚轮挺柱,再由滚轮挺柱和柱塞弹簧共同作用,推动柱塞在柱塞套内作往复直线运动,完成泵油任务。P 型喷油泵的驱动机构和机械调速器均由柴油机主油道的压力机油润滑。

当需要调整各缸供油量均匀度时,P 型喷油泵可通过转动法兰钢套改变吊装式柱塞套总成的相对位置(转动法兰钢套时,P 型喷油泵柱塞套转动而柱塞不动),来改变柱塞有效行程。向左转动法兰钢套,供油量增大;向右转动法兰钢套,供油量减小。

当需要调整各缸供油间隔角时,可以通过增减正时垫片的厚度来改变法兰钢套的安装高度,柱塞遮住柱塞套进油孔的时间随之改变。增加正时垫片厚度,与前一缸之间的供油间隔角增大;减小正时垫片厚度,与前一缸之间的供油间隔角减小。

2. 喷油器

喷油器

如图 2-61 所示,康明斯 C 系列柴油机采用孔式喷油器,用压板固定在气缸盖上,喷油器和气缸盖之间用铜垫圈密封。为了便于拆卸,喷油器外部安装了密封衬套,可避免喷油器和座孔之间产生铁锈以及污物聚集。

相对于普通喷油器,该型喷油器在结构上取消运动件顶杆,改用一质量较小的弹簧座,将调压弹簧下移到接近针阀尾部,同时针阀直径亦减小。由于这种喷油器结构降低了运动件的惯量,所以又称为低惯量喷油器,如图 2-62 所示。低惯量喷油器可提高针阀开启和关闭速度,降低针阀落座时的冲击应力。但调整喷油压力时,只能采用改变调压垫片厚度的办法进行有级调整。

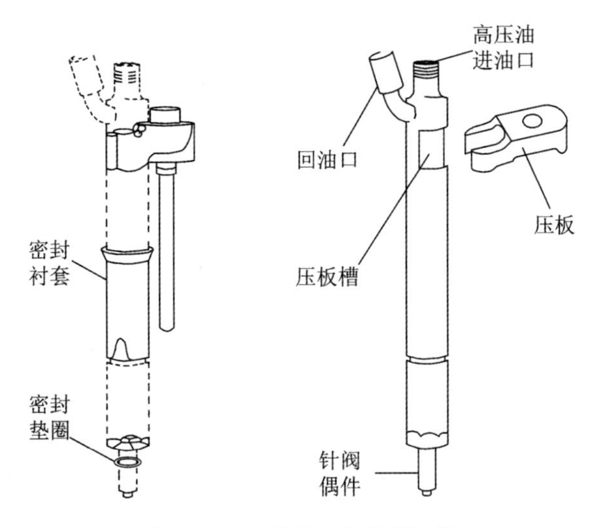

图 2-61　康明斯 C 系列喷油器

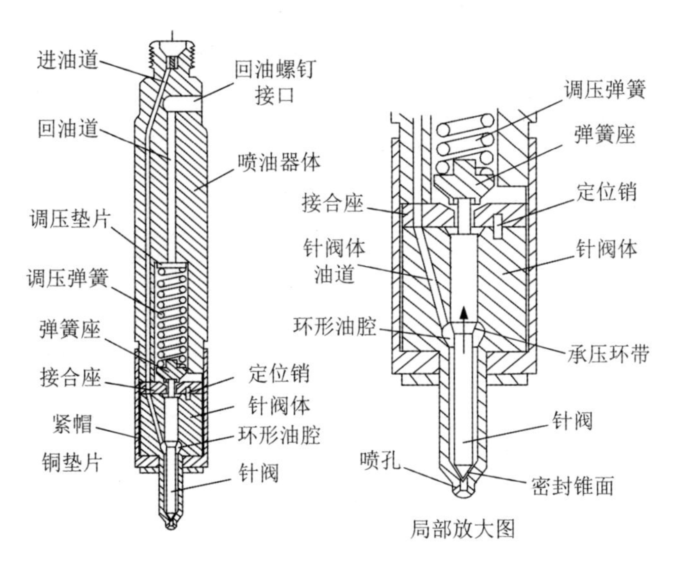

图 2-62　低惯量喷油器结构图

知识链接

喷油器工作原理：

柴油机工作时，从喷油泵来的高压柴油经进油道进入喷油器，再经喷油器体和针阀体中的油道进入针阀体中部的环形油腔，见图 2-62。高压柴油作用在针阀的锥形承压环带上，形成一个向上的轴向推力，当该轴向推力超过调压弹簧的预紧力时，针阀即向上移动，打开下端的密封锥面和喷孔，高压柴油便从细小的喷孔喷入气缸，完成雾化。当喷油泵停止供油时，喷油器进油道内的油压迅速下降，针阀在调压弹簧的作用下迅速回位，将密封锥面关闭。

在喷油器工作期间，会有少量柴油从针阀与针阀体配合面的缝隙中漏出。这部分柴油对针阀起润滑作用，并沿缝隙上升，通过回油道和回油歧管流回油水分离器，见图 2-57。

3.调速器

调速器是限制柴油机转速在一定范围内稳定工作的自动调节供油量的装置，它通常与柱塞式喷油泵安装于一体，见图 2-57。

知识链接

目前柴油机上使用的调速器可分为机械式、气动式、液压式和电子式四种类型。这四种调速器各有特点，各有适宜的应用场合，目前电站柴油机大多采用电子调速系统，电子调速系统具有很小的惯性力和摩擦阻力，对于负载变化的响应快速、精确，克服了其他调速器不可避免的灵敏度和稳定度不足等问题。

康明斯 C 系列柴油机的电子调速系统由转速传感器、转速控制器和电磁执行器三个重要器件组成，如图 2-63 所示。柴油机工作时，转速传感器检测飞轮的转速，并将此转速信号送到转速控制器，转速控制器将该信号与设定值进行比较，得出需调节的偏差信号，然后计算并向执行器输出相应的控制电流，改变执行器的输出位置，驱动喷油泵的调节拉杆向减小转速偏差的方向运动，从而控制柴油机在所设定的转速下稳定运转。

调节拉杆

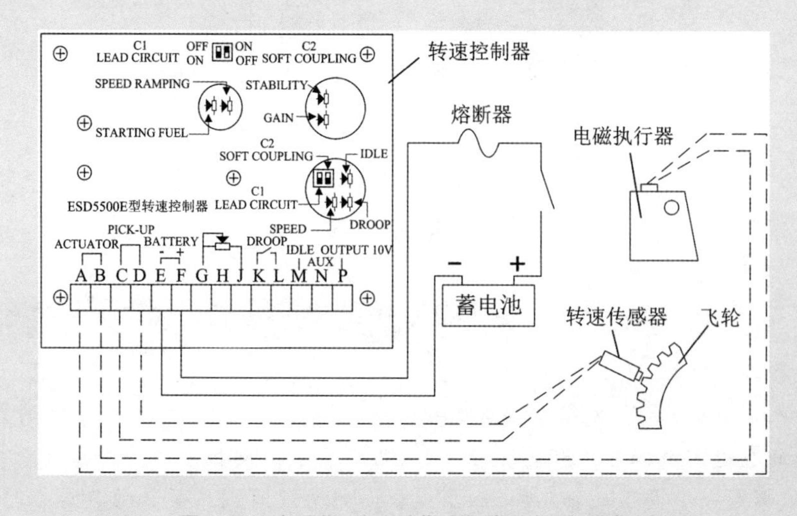

图 2-63 康明斯 C 系列柴油机电子调速系统

值得注意的是，康明斯 C 系列柴油机的电子调速系统是在图 2-57 所示机械调速器的基础上加装的，为避免机械调速器同时起作用而发生干涉，应将机械调速器的调速手柄固定在最高位置（对应起作用转速远高于额定转速），这样机械调速器在额定转速范围内不起作用，仅由电子调速系统控制转速。

机械调速器

4. 输油泵

输油泵的作用是保证柴油在低压油路循环，并供应足够数量及一定压力的柴油给喷油泵。

康明斯 B、C 系列柴油机采用活塞式输油泵，它安装在机体侧面，由凸轮轴上的输油泵偏心轮驱动（见图 2-42）。活塞式输油泵由泵体、活塞、活塞弹簧、推杆、单向阀和手泵等组成，如图 2-64 所示。

输油泵分解图

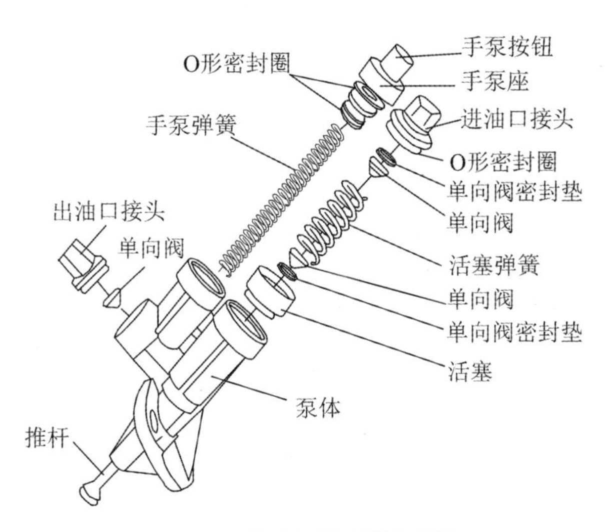

图 2-64　柴油机输油泵分解图

知识链接

输油泵工作原理：

柴油机工作时，在偏心轮和活塞弹簧的共同作用下，活塞在泵体内作前后往复运动，如图 2-65 所示。当偏心轮的偏心部分顶起推杆时，推杆推动活塞向下运动，使活塞下部的空间减小，柴油压力升高，由于单向阀 A 关闭，柴油顶开单阀 B 进入到活塞上部空间；同时活塞上部空间增大，单向阀 C 关闭，柴油便储存在活塞上部空间；当偏心轮的偏心部分离开推杆时，活塞在活塞弹簧的作用下向上运动，此时单向阀 B 关闭，活塞下部空间增大，产生吸力，单向阀 A 开启，进油口处的柴油便进入活塞下部空间；同时活塞上部空间因为空间减小，柴油压力升高，柴油便顶开单向阀 C 从出油口送往柴油滤清器。凸轮轴不停地旋转使活塞不停地往复运动，输油泵就不断从油箱吸出柴油并送往滤清器。

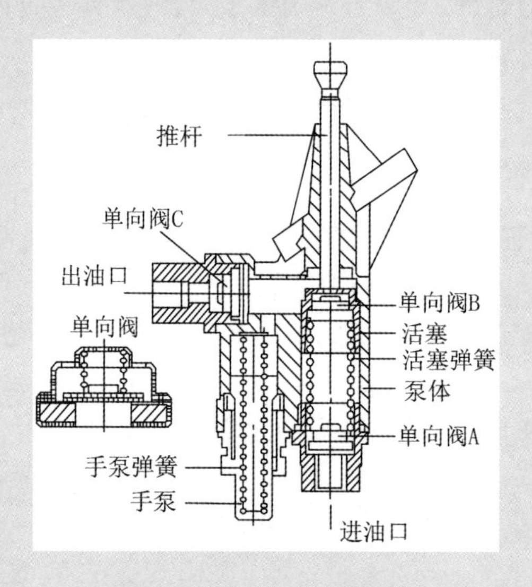

图 2-65　柴油机输油泵结构图

输油泵上还装有手泵，柴油机起动前人工反复按压手泵，可以排出低压油路中的空气，使燃油充满输油泵和油路，以利于起动。

输油泵运动 1

输油泵运动 2

输油泵运动 3

5. 柴油滤清器

康明斯 B、C 系列柴油机采用双级柴油滤清器，即柴油滤清器和油水分离器，其结构分别如图 2-66 和图 2-67 所示。柴油滤清器一般由外壳、盖子和滤芯组成。外壳一般是用铝皮制成的杯状体，盖子与外壳固定在一起，不可拆卸。盖子上加工有进油孔，中心有安装螺孔(兼做中心油道)等。滤芯通常用微孔滤纸制成，通过过滤的方法清洁柴油。滤芯上部和下部均有密封垫圈，靠弹簧压紧起密封作用。该滤清器是一次性的，不可重复使用。

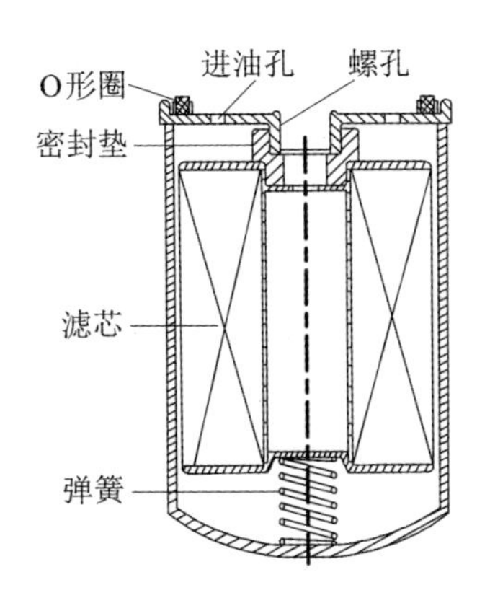

图 2-66　柴油滤清器

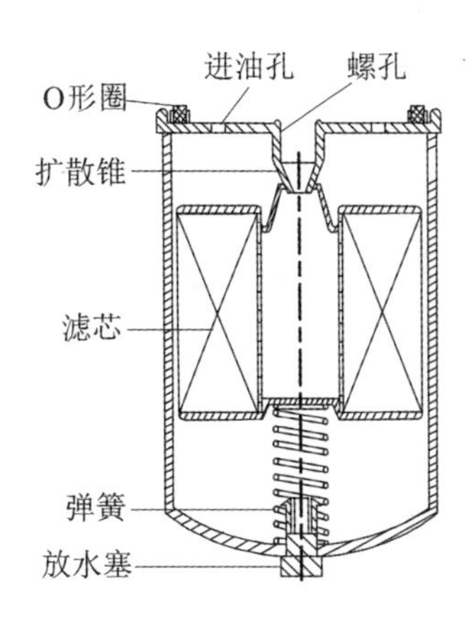

图 2-67　油水分离器

知识链接

油水分离器通常采用重力沉降法分离油水，其内部有扩散锥、滤网等分离元件。燃油中的冷凝水和杂质在分离器内分离并沉淀在壳体的下部，松开油水分离器上的放水塞即可放水除杂。

康明斯 C 系列柴油滤清器安装座直接铸造在气缸盖上，滤清器座用螺栓固定在安装座上。滤清器座和安装座之间用 O 形圈密封，如图 2-68 所示。工作时，柴油从进油管经安装座、滤清器座和油水分离器的油道，到达滤芯的外部，过滤掉部分杂质（粗滤）并分离水分后，进入滤芯内部并从中心油道离开油水分离器，然后经滤清器座和柴油滤清器的油道，到达滤清器滤芯的外部再经柴油滤清器过滤后（细滤），由中心油道进入滤清器安装座并送往喷油泵。

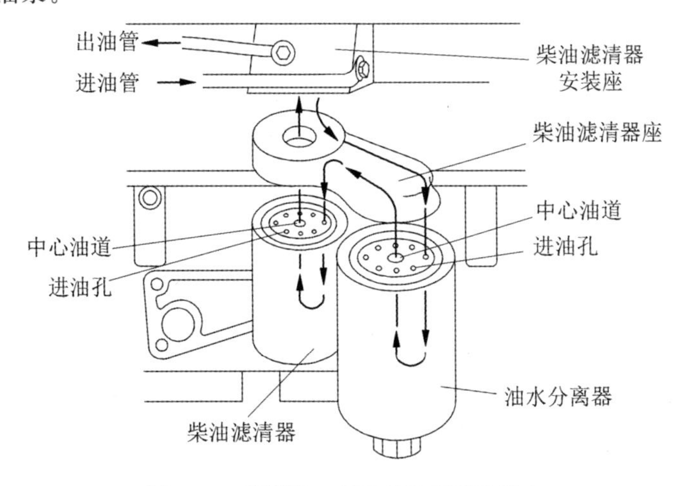

图 2-68　康明斯 C 系列柴油机柴油流向

2.3.5 润滑系统

润滑系统的功用是在柴油机工作时不断地把清洁的、充足的、压力和温度适宜的润滑油输送到各运动摩擦表面并形成油膜，减少摩擦阻力、降低功率消耗、减轻零件磨损，以达到提高柴油机工作可靠性和耐久性的目的。另外，润滑系统除润滑作用外，还有冷却、清洗、密封、防锈以及减振等作用。

知识链接

润滑方式分类及特点：

(1)压力循环润滑：用机油泵将机油加压后，通过机油管道，强制输送到摩擦表面形成油膜保证润滑的方式，称为压力循环润滑。其特点是工作可靠，润滑效果好，并有强烈的冷却和清洗作用。通常用于热压负荷重、速度高、距离远的摩擦面，如曲轴的主轴承、连杆轴承、凸轮轴和气门摇臂等，是柴油机的主要润滑方式。

(2)飞溅润滑：利用运动零件对机油的激溅作用，使机油飞溅至摩擦表面的润滑，称为飞溅润滑。此润滑方式只适用于润滑摩擦面裸露的、载荷较轻的气缸壁、运动速度较小的活塞销、配气机构的凸轮和挺柱等。其特点是不须专门的润滑油道和装置，柴油机运转速度的高低会影响它的润滑效果。

(3)油雾润滑：利用油雾附着于摩擦面周围，逐渐渗入摩擦部位的润滑方式称为油雾润滑。此方式仅适用于承受负荷较小或相对运动速度不大的摩擦部位，如气门调整螺钉球头、气门杆顶端与摇臂间摩擦面等，在得到飞溅润滑的同时，也获得油雾润滑。

(4)掺混润滑：早期二冲程汽油机的润滑，是在汽油中掺入4%～6%的机油，通过化油器雾化后，进入曲轴箱和气缸内润滑各零件摩擦表面，这种润滑方式称为掺混润滑。采用掺混润滑的发动机没有专门的润滑系统，结构大为简单。但这种润滑方式不太可靠，而且部分机油参与燃烧，容易形成积炭，机油消耗量大。

(5)复合润滑：除个别情况采用上述某单一润滑方式外，大多数发动机的润滑系统是压力循环润滑、飞溅润滑和油雾润滑的复合，这称为复合润滑。

1. 润滑系统的循环油路

康明斯C系列柴油机润滑系统主要由吸油管、机油泵、机油滤清器、机油冷却器、旁通阀、限压阀、机油压力表和机油温度表等部分组成，如图2-69所示。

润滑系统

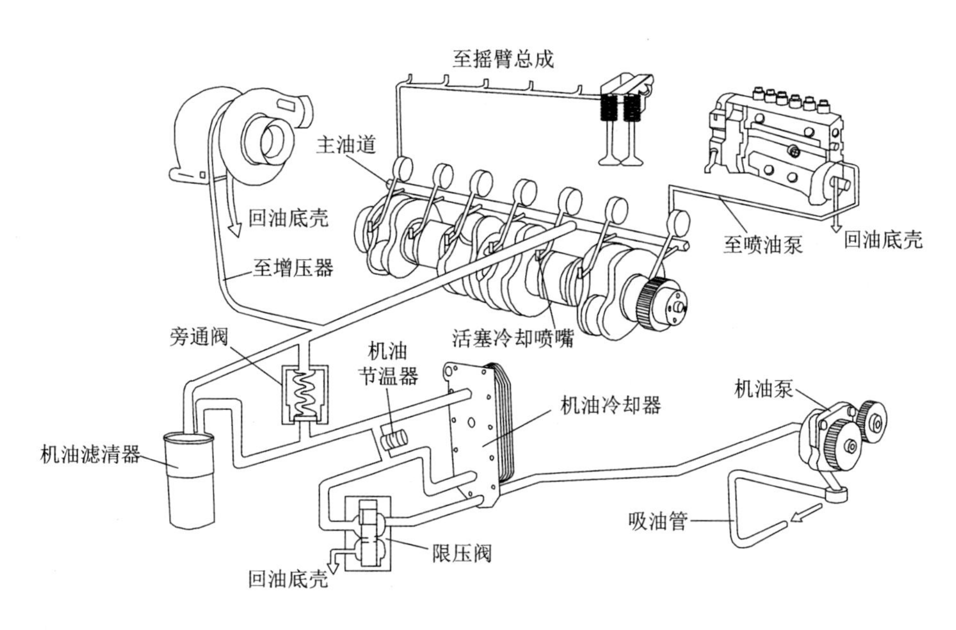

图 2-69　康明斯 C 系列柴油机润滑系统

知识链接

润滑油路路径：

柴油机工作时，曲轴正时齿轮驱动机油泵工作，从吸油管吸入机油并压送到机油冷却器，经过冷却的机油进入机油滤清器过滤，然后分成两路：一路进入涡轮增压器去润滑转子轴和浮动轴承，之后从回油口流回油底壳；另一路进入到机体主油道并分为七路向主轴承和凸轮轴轴承供油。在机体第 2～7 道主轴承座上安装有活塞冷却喷嘴，机油从喷嘴喷出对活塞进行冷却。在凸轮轴第 1 道主轴承座上开有油道，机油经机体和齿轮室油道对喷油泵进行润滑；在凸轮轴第 7 道主轴承座上开有油道，机油经机体和气缸盖油道对气门摇臂总成进行润滑。

为保持机油始终处于最适宜的温度，在机油冷却器盖中装有机油节温器，见图 2-69。当机油温度较低时，节温器弹簧的压缩程度低，弹力小，机油推开节温器阀门，部分机油不经过机油冷却器冷却，直接流向滤清器和主油道，确保机油温度快速上升，黏度下降，运动机件得到可靠润滑，如图 2-70 所示；当机油温度较高时，节温器弹簧的压缩程度高，弹力大，座孔关闭，更多的机油经过机油冷却器，机油温度降低，确保机油黏度适宜，机件润滑可靠。

机油滤清器座上还安装有旁通阀，当滤清器堵塞或因冷起动造成机油流动受阻时，旁通阀开启，这时机油不经过滤而直接进入主油道和增压器，防止主要运动机件、曲轴轴承、增压器转子轴、浮动轴承等因润滑不及时而损坏，见图 2-70。

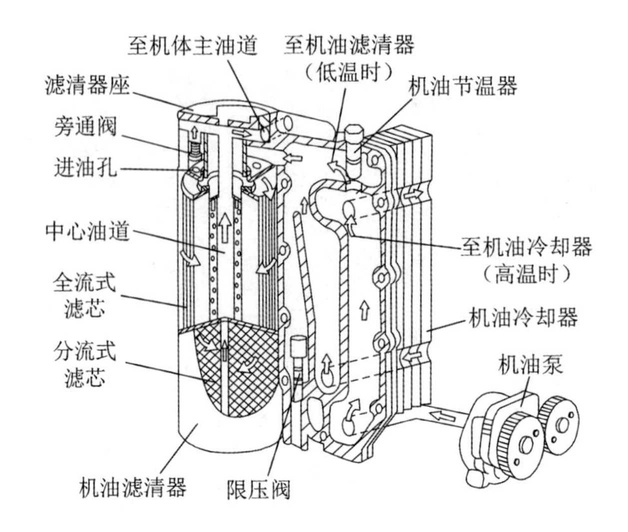

图 2-70　机油流向示意图

在机油冷却器盖中还装有限压阀。当油压超过允许限值时，限压阀开启，机油流回油底壳，使润滑系统中的油压下降，如图 2-71 所示。当油压降到正常值时，限压阀关闭。

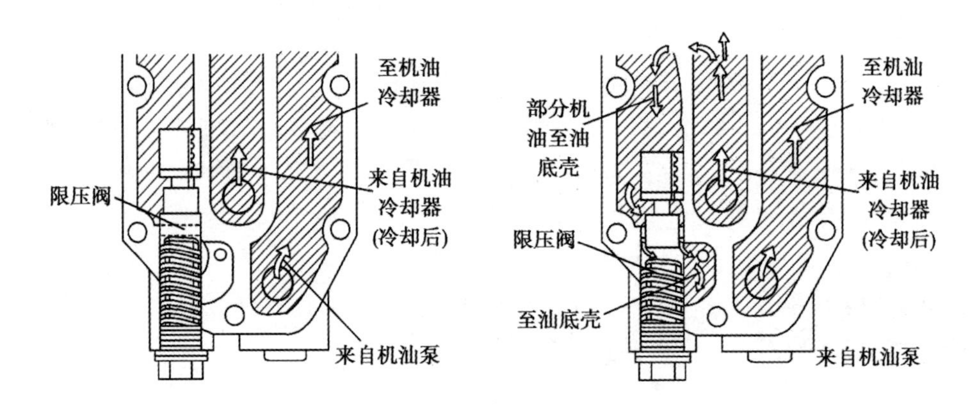

图 2-71　限压阀工作原理图

2. 机油泵

机油泵的功用是向柴油机主油道泵送足量足压的机油，确保运动机件可靠润滑。

康明斯 C 系列柴油机使用转子式机油泵，主要由泵体、传动齿轮、驱动齿轮，内转子、外转子、传动齿轮轴、转子轴和盖板等组成，如图 2-72 所示。

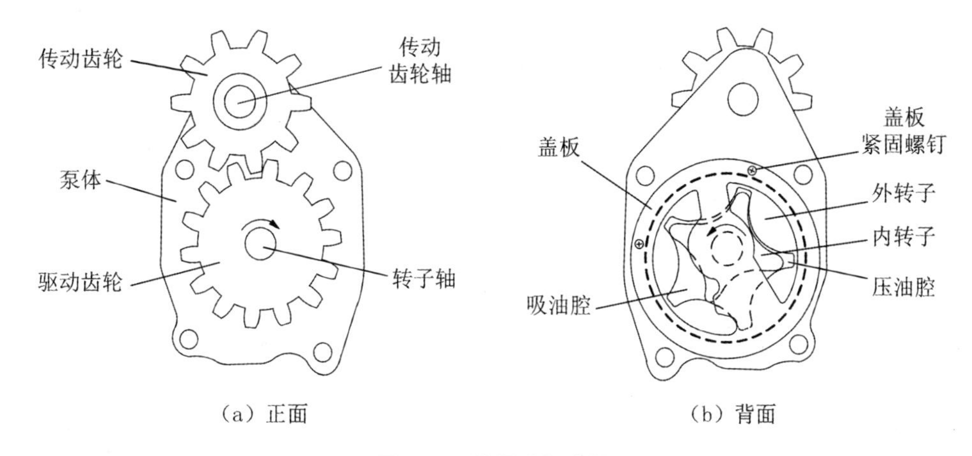

（a）正面　　（b）背面

图 2-72　转子式机油泵

知识链接

结构及工作原理：

转子式机油泵的泵体中装着一个主动的内转子和一个从动的外转子。外转子有五个凹槽，活装在泵体内，与泵体滑动配合，在泵体内可自由转动；内转子四个凸起，固定在转子轴上。两个转子之间有一定的偏心距。转子的特殊形状设计使得转子转到任何角度时，内、外转子各齿形之间总有一处线接触，因此可将两个转子间的空间分隔成四个空腔。盖板将空腔分成吸油腔和压油腔。机油泵安装在机体前端，通过直接在机体上铸造的泵盖进行密封。

转子式机油泵的工作原理如图 2-73 所示。当柴油机工作时，曲轴正时齿轮通过机油泵传动齿轮带动驱动齿轮旋转，外转子就在内转子的驱动下一起旋转，与进油道相通的吸油腔一侧，由于内、外转子脱开啮合，空腔容积逐渐增大，产生吸力，机油被吸入空腔内。转子继续旋转，机油被带到压油腔一侧，这时转子进入啮合，空腔容积逐渐减小，机油压力升高并从齿间挤出，增压后的机油从出油道送出。如此循环反复，机油被不断地吸入和压出，送往润滑主油道。

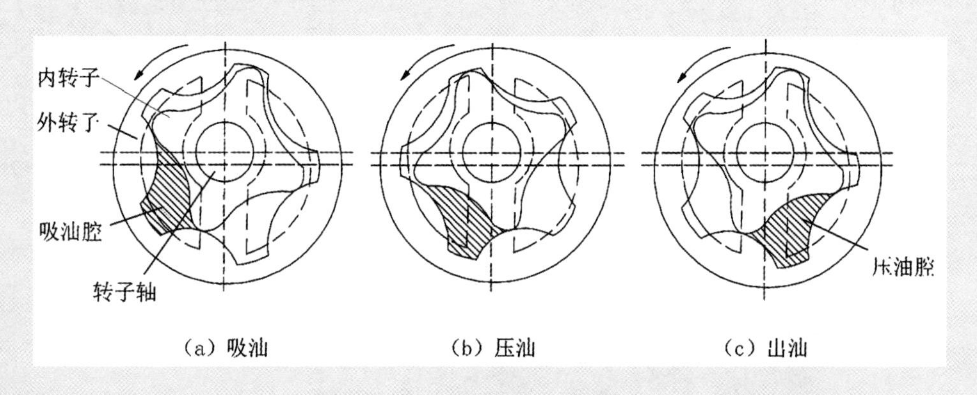

（a）吸汕　　（b）压汕　　（c）出汕

图 2-73　转子式机油泵工作原理图

3.机油冷却器

机油冷却器的功用是通过冷却介质(冷却液或空气)冷却机油,为维持机油在正常的温度范围创造条件。

康明斯C系列柴油机机油冷却器为板翘式,主要由冷却器芯、冷却器盖和密封垫等组成,如图2-74所示。冷却器芯与底板焊在一起,内藏在气缸体水套内。工作时,高温机油从进油孔流入机油冷却器芯,通过散热片将热量传递给冷却液,从而降低润滑油温度。机油冷却器盖和机油滤清器座铸造成一个整体。

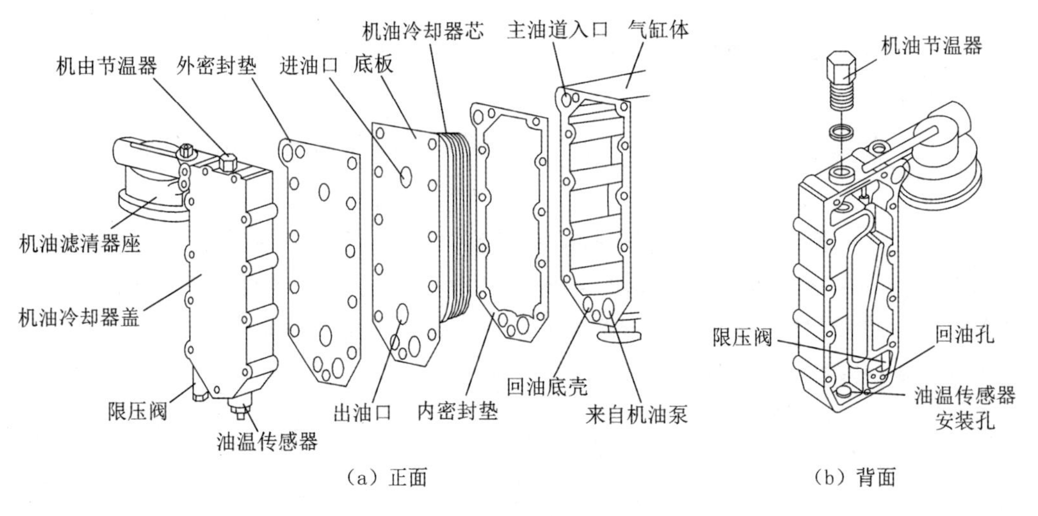

图2-74 机油冷却器

4.机油滤清器

机油滤清器的功用是除去机油中的杂质,提高机油的清洁程度。

康明斯C系列柴油机滤清器由全流式滤清器(粗滤)和分流式滤清器(精滤)组成,如图2-75所示。

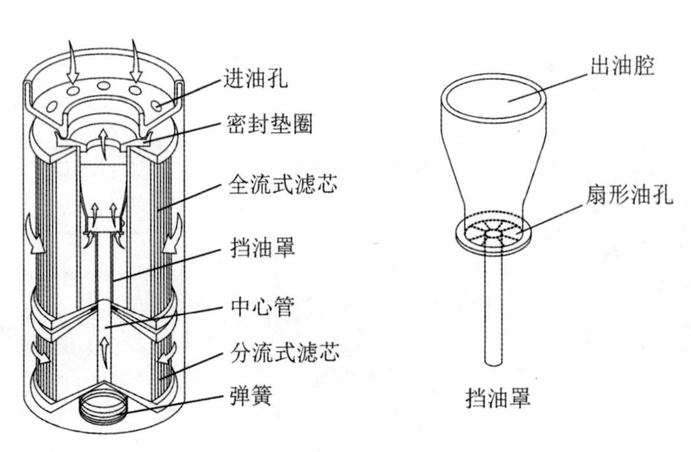

图2-75 机油滤清器

知识链接

机油滤清器的上部装有全流式滤芯(粗滤),滤芯内部有挡油罩,下部装有分流式滤芯(精滤),全流式滤芯和挡油罩的上部用密封垫圈密封。经过全流式滤芯过滤的机油,来到挡油罩的外部,并从挡油罩的扇形油孔进入挡油罩内部,由此进入机油滤清器座;经过分流式滤芯过滤的机油从中心管进入挡油罩内部,见图 2-75。

2.3.6　冷却系统

冷却系统的功用就是保证柴油机在最适宜的温度状态下工作(通常以气缸盖中冷却液的温度保持在 82～95 ℃为宜)。起动后,应能使柴油机的温度尽快升到正常工作温度,并能在随后的工作中保持这一温度。

冷却系统

康明斯 C 系列柴油机的冷却系统主要由散热器、风扇、水泵、冷却液滤清器、节温器和水温表等组成,如图 2-76、图 2-77、图 2-78 所示。

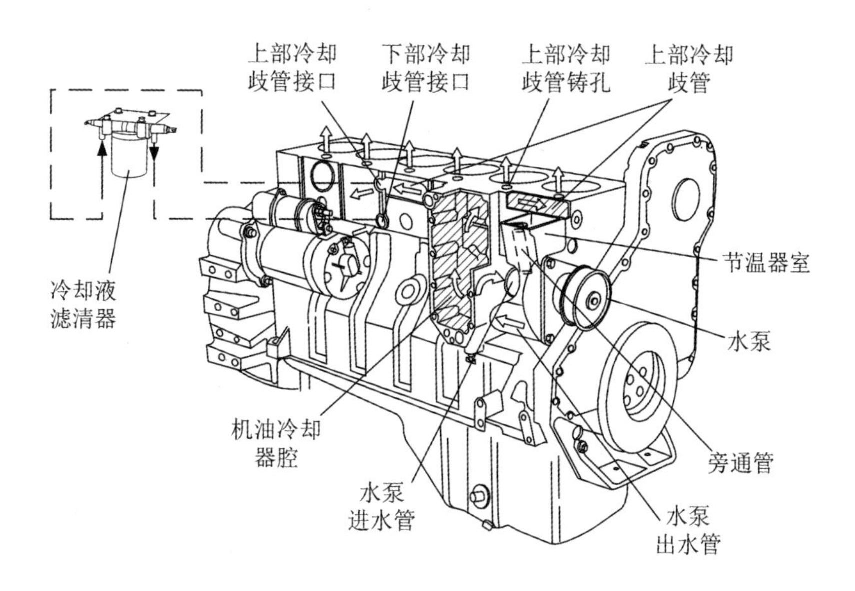

图 2-76　柴油机冷却系统(1)

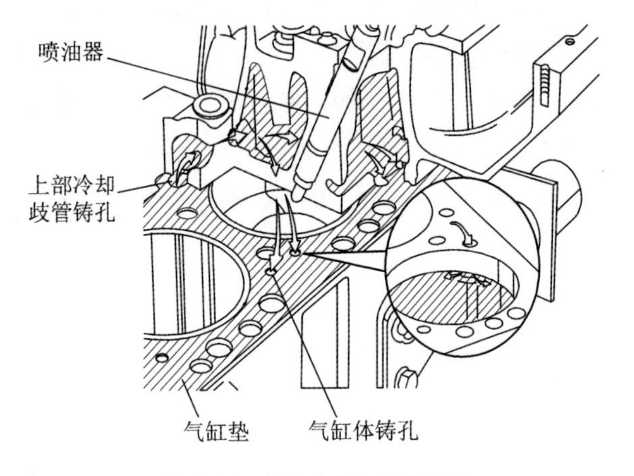

图 2-77　柴油机冷却系统(2)

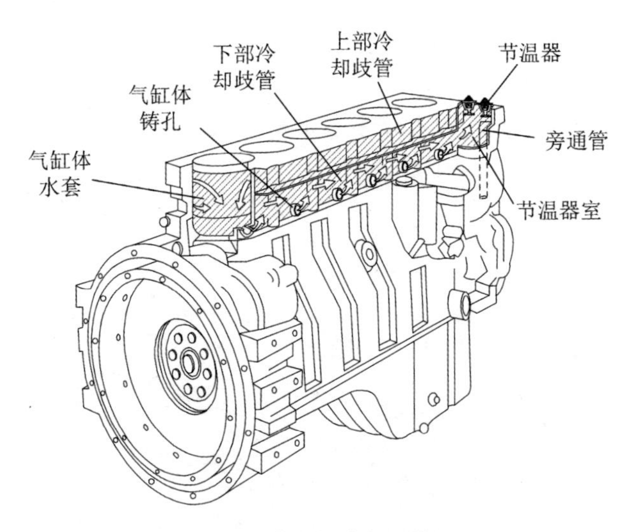

图 2-78　柴油机冷却系统(3)

知识链接

冷却液循环路径：

工作时，水泵从散热器吸入低温的冷却液，加压后泵入机油冷却器腔内，并与机油冷却器芯进行热交换，降低芯内机油的温度后进入机体上部冷却歧管，见图 2-76。由此，冷却液分成两路，小部分冷却液从上部冷却歧管的接口进入冷却液滤清器，经滤清后从接口进入下部冷却歧管，并同其他高温的冷却液一起流回节温器室(中冷器内的冷却液流动跟冷却液滤清器类似，区别在于使用的是气缸体尾部的两个接口，见图 2-55)；

大部分冷却液通过上部冷却歧管的六个铸孔向上流入气缸盖水套。在气缸盖水套内，见图 2-77，冷却液流过各缸的气门座圈、气门导管、喷油器和排气道等部位的水套，冷却后再从各缸的两个气缸体铸孔向下流入气缸体水套，对气缸进行冷却。气缸体水套与下部冷却歧管有多个铸孔相通(图 2-78)，气缸体水套内的高温冷却液通过这些铸孔流入下部冷却歧管，然后流回节温器室，然后直接流回水泵或经过散热器流回水泵后再次循环。

2.冷却系统的主要部件

(1)散热器

散热器的功用是将冷却液携带的热量散发到大气中，降低冷却液的温度。

散热器由上储水箱、散热器芯、下储水箱和散热器盖等组成，如图 2-79 所示。

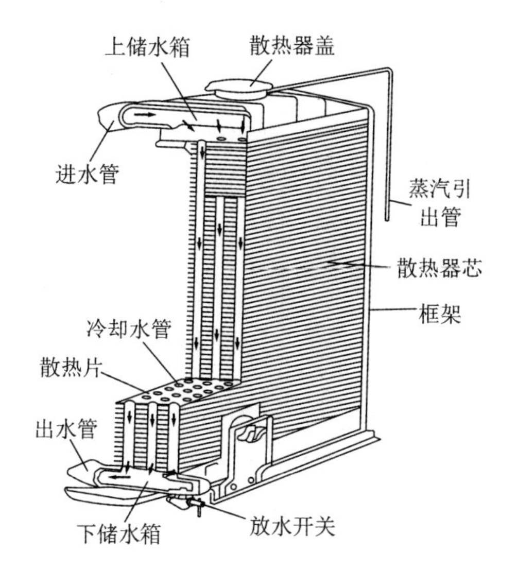

图 2-79　散热器

知识链接

散热器结构与液流路径：

上储水箱顶部有加水口，平时用散热器盖盖住。上储水箱装有进水管，与节温器室上的出水管相连，下储水箱装有出水管，与水泵的进水管相连。高温冷却液从上部的进水管流入，经过散热器芯时冷却降温，之后从下部的出水管流出。在出水管处通常有一个放水开关。在加水口附近装有蒸汽引出管，当冷却液沸腾时可以排出水蒸汽。

为了避免冷却系统压力过高或过低而损坏零部件，在散热器盖上装有空气阀和蒸汽阀，它们都是单向阀，如图 2-80(a)所示。当散热器内的压力升高到一定数值时，蒸汽阀克服蒸汽阀弹簧的弹力而打开，如图 2-80(b)所示，水蒸汽由蒸气引出管排出，避免冷却系中压力过高而损坏散热器；当水温下降，水蒸汽凝结，散热器内产生真空吸力，空气阀克服空气阀弹簧的弹力而打开，如图 2-80(c)所示，空气从蒸汽引出管进入散热器，以免散热器内部因真空吸力过大而影响冷却液循环，降低冷却效果。

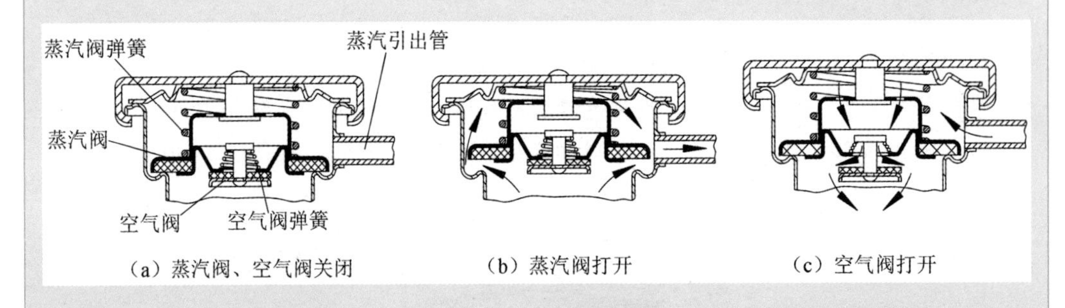

图 2-80 散热器盖

注意：当柴油机水温超过 50 ℃时，不允许打开散热器盖，以免蒸汽和热水喷出伤人。从放水开关放出冷却液时，也须先打开散热器盖，才能将冷却液放尽。

(2)水泵

水泵的作用是对冷却液加压，使之在冷却系统中加速循环流动。

康明斯 B、C 系列柴油机水泵，是由皮带驱动的离心式水泵，如图 2-81 所示。

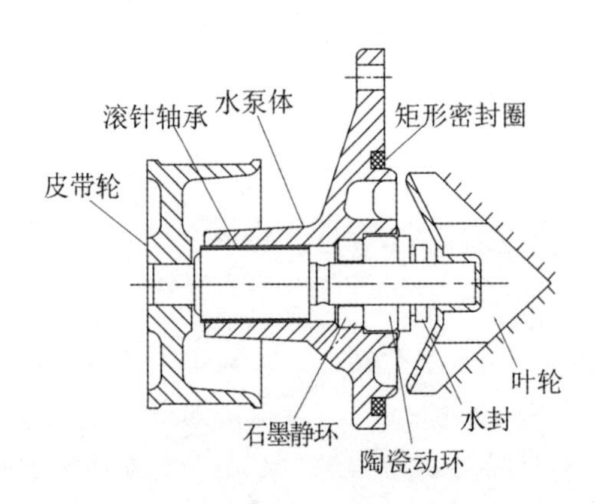

图 2-81 柴油机水泵

知识链接

水泵的结构特点：

涡流壳、进水管和旁通管直接铸造在气缸体前端(见图 2-9)，而水泵体、水泵轴、叶轮和滚针轴承以及皮带轮固装成一个整体。水封是由外径紧压在水泵体内的烧结石墨静环和内径紧压在水泵轴上的陶瓷动环组成，静环和动环的摩擦面都经过研磨，具有良好的密封性能。这种水封摩擦力小，损耗低，具有较长的使用寿命。当水泵体和叶轮等机件有损伤、水封漏水不止或水泵轴转动不灵活时，一般只能更换水泵总成。

(3)皮带张紧轮

皮带张紧轮用于自动预紧风扇皮带张力，使皮带传动有效平稳。张紧轮由张紧轮座、螺旋片簧、摇臂和皮带轮等组成，如图 2-82 所示。

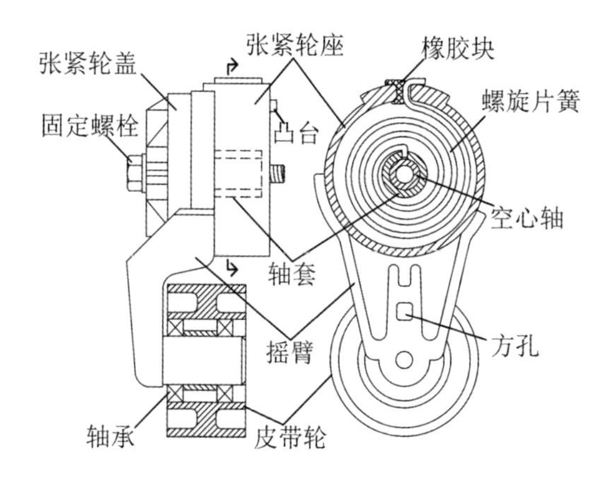

图 2-82 柴油机皮带张紧轮

知识链接

张紧轮的结构特点：

张紧轮座安装在机体前端，利用中心螺杆和背部凸台固定。张紧轮座内装有螺旋片簧，片簧外端卡在张紧轮座外圈上，内端卡在摇臂轴套上，卡簧预紧后将向下或向上压摇臂，产生对皮带的张紧力。皮带张紧轮在装配时便确定了片簧预紧力，所以皮带张紧度也是确定的，不必经常检查和调整。摇臂上端活套在张紧轮座的空心轴上，可绕中心轴摆动。摇臂中部有方孔，张紧轮扳手可插入该方孔，扳起张紧轮以拆装皮带。摇臂下端开有螺孔，可拧入皮带轮轴。皮带张紧轮通过两个轴承支承在皮带轮轴上，工作时，皮带轮压紧皮带并在皮带上滚动。

(4)节温器

柴油机水冷系统通常利用节温器改变通过散热器的冷却液流量来实现水温调节，节温器安装在节温器室的座孔中，目前使用最多的是蜡式节温器，如图 2-83 所示。

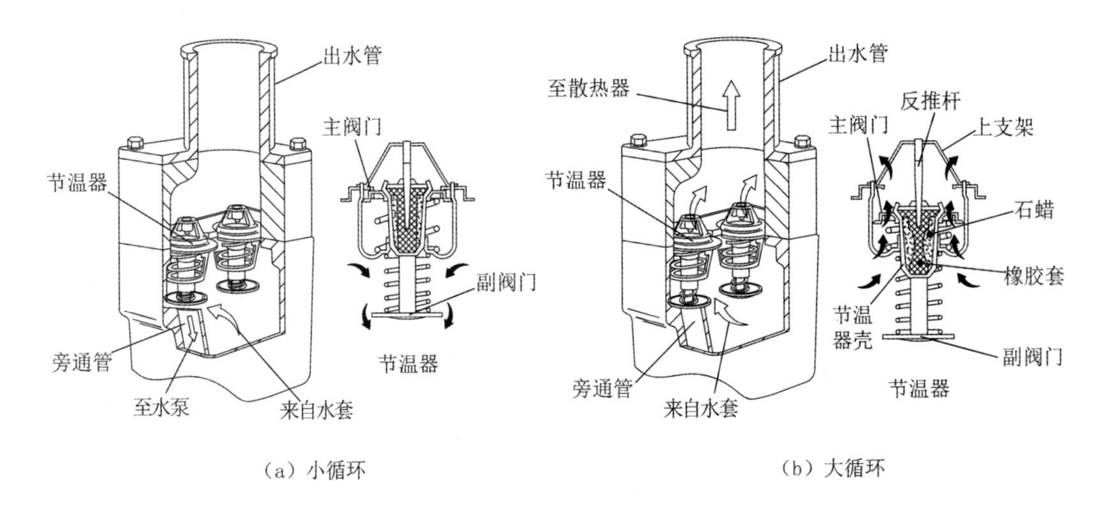

图 2-83　柴油机节温器

知识链接

节温器结构及工作原理：

蜡式节温器由主阀门、副阀门、节温器壳、石蜡、橡胶套和反推杆等组成。反推杆上端固定于上支架，下端为锥状端头，插在橡胶套的中心孔内。橡胶套与节温器外壳之间的空腔内装有特种石蜡，可以感受温度的变化。

常温时，石蜡呈固态，弹簧将主阀门推向上方，使之压在阀座上，主阀门关闭。副阀门随着主阀门上移，离开阀座，冷却液不经散热器而只能从副阀门和旁通管流向水泵再次循环，见图 2-83(a)。这种不流经散热器的循环称为小循环，可以帮助柴油机快速升温到正常工作温度；当水温升高时，石蜡逐渐融化为液体，体积变大，迫使橡胶套收缩，橡胶套对反推杆产生向上的推力，同时橡胶套也受到向下的反作用力。当水温达到 82 ℃时，反作用力将超过弹簧弹力，橡胶套带动节温器壳向下移动，主阀门开始打开，副阀门开始关闭；当水温超过 95 ℃时，主阀门完全打开，而副阀门完全关闭，冷却液全部从主阀门流入散热器，经散热后流入水泵再次循环，见图 2-83(b)。这种冷却液全部流经散热器的循环称为大循环；当水温在 82 ℃～95 ℃时，节温器的两个阀门都处于部分开启状态，一部分冷却液进行小循环，另外一部分进行大循环。冷却系统大小循环的路径如图 2-84 所示。

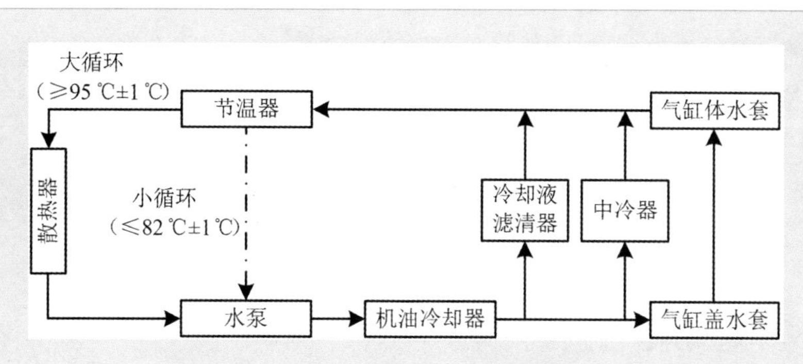

图 2-84　冷却系统大、小循环路径

为防止节温器失效后引起“过热”或“过冷”，部分康明斯 C 系列柴油机采用双节温器，在不同的水温下相继开放，可以避免由于一个节温器失效所造成的恶果。有了两个或多个节温器，可以使水温和水压连续稳定地变化，延长柴油机的寿命。

(5)冷却液滤清器

冷却液滤清器的功用是过滤冷却液中的杂质，有些还具有防止穴蚀和消除气泡等作用。康明斯 C 系列柴油机的冷却液滤清器由外壳、端盖、滤芯、药丸罐等组成，如图 2-85 所示。

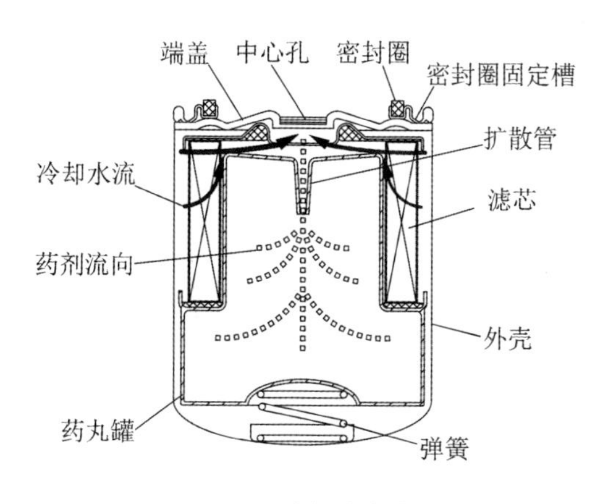

图 2-85　冷却液滤清器

知识链接

冷却液滤清器结构特点：

冷却液滤清器的滤芯材质为双层聚丙烯，药丸罐内装有 DCA4 化学添加剂。工作时，冷却液从端盖上的小孔流入滤清器并来到滤芯的内部，滤除杂质后，清洁的冷却液从滤芯内部和端盖中心孔流出。药丸罐中的 DCA4 药丸遇水后缓慢释放，从药丸罐顶端的扩散管不断混入冷却液，最终均匀分布在冷却液中。DCA4 在冷却系统中流动时可在气缸套外表面形成一层致密而坚硬的 Fe_3O_4 保护膜，防止气缸套穴蚀和腐蚀。此外，还可以软化冷却液以抑制水垢及沉淀物的堆积、调节冷却液酸碱度、消除冷却系统气泡等。

2.3.7 起动电气系统

起动电气系统的功用是确保柴油机从静止状态到运行状态的顺利实现，主要由蓄电池、充电发电机、起动机、起动辅助装置等部件组成。起动机由蓄电池供给电源，通过传动机构起动柴油机，充电发电机给蓄电池进行充电。

1. 蓄电池

蓄电池是可逆式直流电源，柴油机起动时，为起动机提供直流电能，起动后与充电发电机并联为柴油机提供直流电能。

常用的蓄电池为铅酸蓄电池，其构造如图 2-86 所示，由壳体、正极板、负极板、隔板、接线柱和电解液等构成。除此，干荷蓄电池、免维护蓄电池、超级电容电池等几种型式的蓄电池也使用的日趋频繁。

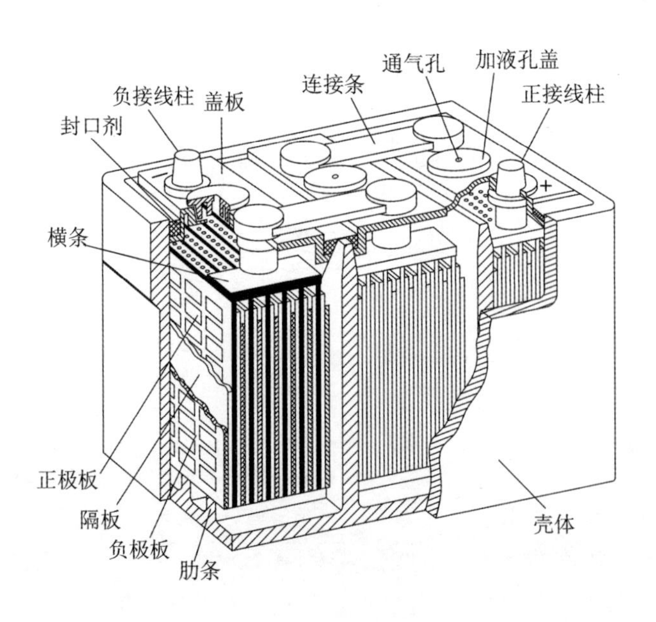

图 2-86　铅酸蓄电池

知识链接

1.铅酸蓄电池结构特点

铅酸蓄电池壳体为整体式结构，通常是硬质橡胶或工程塑料制成，分成6个互不相通的单格。单格内有极板组，注入电解液即可成为一个标称电压为2 V的单格电池，6个单格便可串联成标称电压为12 V的蓄电池。蓄电池正接线柱有“＋”记号，负接线柱有“－”记号。每个单格顶部均有加液孔，用于添加电解液和蒸馏水。加液孔盖上有通气孔，以供气体排出。

每个单格的极板组都由若干正极板和负极板分别用横条焊接起来，然后互相嵌合排列成正、负极板组，在正、负极板间用多孔性的隔板隔开。正极板的活性物质为深棕色的二氧化铅，负极板上的活性物质为浅灰色的海绵状铅。

电解液由纯硫酸与蒸馏水按一定的比例配制而成，电解液中硫酸所占的比例用电解液比重表示，一般为1.24～1.31。冬季和严寒地区，电解液的比重应该稍大，而夏季和炎热地区，电解液的比重应该稍小。

普通铅酸蓄电池性能稳定、价格便宜，应用市场最为广阔；缺点是比能低(即每公斤蓄电池存储的电能)、体积大、笨重、使用寿命短(一般2年左右)、日常维护频繁，且新电池的极板不带电，必须进行长时间的初次充、放电循环。

2.其他类蓄电池的特点

(1)干荷电蓄电池：新电池的极板处于已充电状态，电池内部无电解液。使用时，只需除掉通气口的蜡封并按规定注入电解液，夏季静置20～30分钟、冬季静置1～3小时后即可投入使用，首次放电容量一般能达到额定容量的80%，不需要进行长时间的初充电。

(2)免维护蓄电池：免维护蓄电池采用铅钙合金栅架，充电时产生的水分解量少，水分蒸发量低，加上外壳采用密封结构，释放出来的硫酸气体也很少，所以它与传统蓄电池相比，具有不需添加任何液体，对接线桩头、电线腐蚀少，抗过充电能力强，起动电流大，电量储存时间长等优点。

大多数免维护蓄电池在盖上设有一个孔形液体比重计，它会根据电解液比重和高度的变化而改变颜色，如图2-87所示。可以指示蓄电池的存放电状态和电解液液位的高度。当比重计的指示眼呈绿色时，表明充电已足，蓄电池正常；当指示眼绿点很少或为黑色，表明蓄电池需要充电；当指示眼显示白色，表明蓄电池内部有故障，需要修理或进行更换。

(3)超级电容电池：超级电容电池通过极化电解质来储能，属于双电层电容的一种。由于其储能的过程并不发生化学反应，所以储能过程是可逆的，可以反复充放电数十万次。超级电容电池一般使用活性炭电极材料，具有充电时间短、使用寿命长、温度特性好、节约能源和绿色环保等特点，很好地解决了化学电池使用寿命短、温度特性差、环境污染大等问题，在柴油机中应用越来越多。

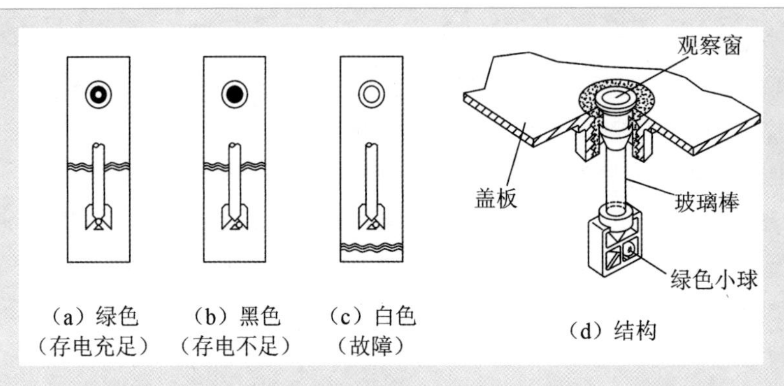

图 2-87　孔形液体比重计

3. 铅酸蓄电池的型号识别

铅酸蓄电池型号由数字和汉语拼音字母组成，具体含义如图 2-88 所示。

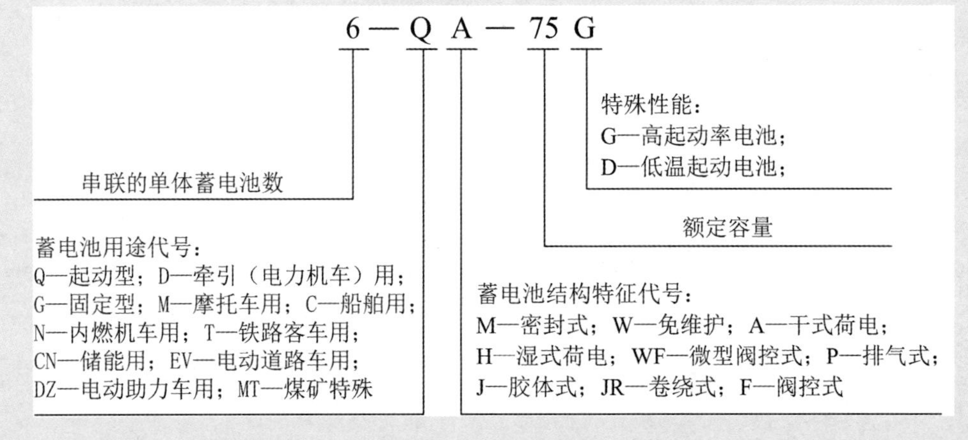

图 2-88　蓄电池的型号

6-QA-75G 型蓄电池：表示由 6 个单格电池组成，额定电压为 12 V，额定容量为 75 A·h 的起动用干荷电、高起动率蓄电池。

6-QW-180 型蓄电池：表示由 6 个单格电池组成，额定电压为 12 V，额定容量为 180 A·h 的起动用免维护蓄电池。

4. 蓄电池的使用注意事项

(1)蓄电池安装要牢固，导线夹头与电桩头接触要良好，为防止氧化，导线夹头拧紧后在外表涂一层薄薄的工业凡士林或黄油。对于正负极标记模糊不清的蓄电池，可使用数字万用表进行判别。

(2)避免蓄电池剧烈震动和大角度倾斜，以防止极板活性物质脱落或电解液溢出；保持蓄电池外表面清洁、干燥，以减少自行发电；加液孔盖要齐全，通气孔应畅通，以防止杂质进入蓄电池内造成短路或自放电。

(3)避免过度放电，减少大电流放电，柴油机每次起动时间一般不超过 10 秒，再次起动间隔应不小于 40 秒；夏季使用时应避免暴晒，冬季使用时应设法保温，并做好起动前的准备工作；尽量减少起动次数；不同容量的蓄电池应尽量避免混用。

(4)防止极板硫化。硫酸铅从电解液中析出并结晶，这种现象称为极板硫化，此时蓄电池往往呈放电状态，容量不足。为防止极板硫化，应定期检查电解液比重及液面高度、经常保持全充电状态，较长时间不用的蓄电池应每月进行补充充电一次。充足电的蓄电池从外观上看，正极桩头呈深棕色，负极桩头呈浅灰色。

2. 硅整流充电发电机

充电发电机是柴油机的主要电源。在柴油机正常工作时，与蓄电池并联使用，它既向柴油机的用电设备提供电能，同时也向蓄电池提供充电电能。目前柴油机多采用硅整流充电发电机，常用的硅整流交流发电机分为有刷式和无刷式两种。康明斯 C 系列柴油机充电发电机为有刷式，如图 2-89 所示。

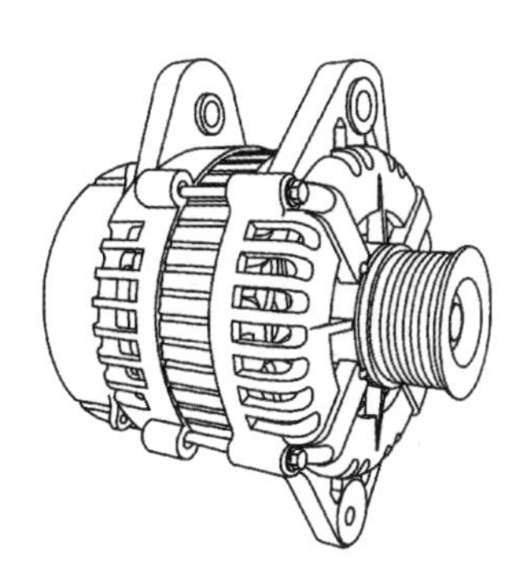

图 2-89　有刷硅整流充电发电机外形图

充电发电机分解动画

有刷硅整流充电发电机主要由转子、定子、元件板、电压调节器、端盖、风扇和皮带轮等组成，如图 2-90 所示。

转子是交流发电机的磁场部分，通过电刷给励磁线圈通电，产生固定磁场，并通过磁极强化该磁场。转子由两个爪极、励磁绕组、滑环和转子轴等组成，如图 2-90 所示。两个爪极压装在转子轴上，均由 6 对极爪组成。在两爪极的空腔内装有磁轭，其上绕有励磁绕组。励磁绕组的两个引出线分别焊在两个与轴绝缘的滑环上。滑环与装在后端盖上的两个电刷相接触，两个电刷的再与电压调节器相连。

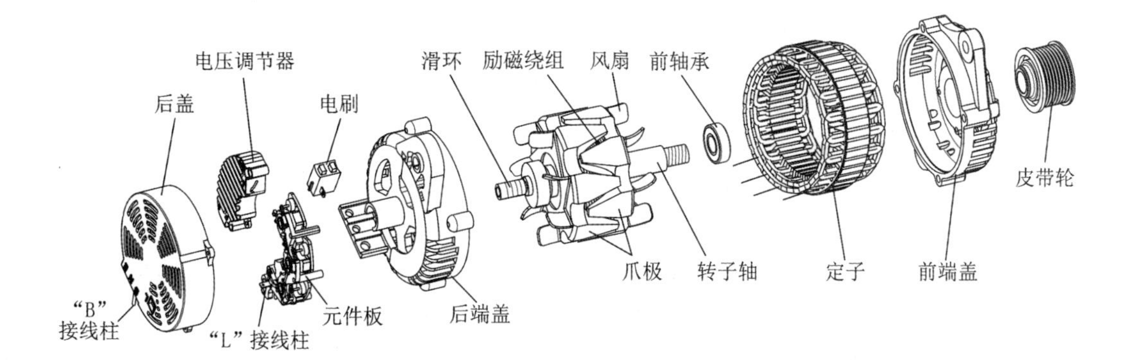

图 2-90　有刷硅整流充电发电机分解图

定子固定在两端盖间，定子铁芯由内圆带槽的硅钢片叠制而成，槽内装有三相定子绕组，一般按星形连接，分别与元件板上的二极管连接。其作用是在发电机工作时与转子的磁场相互作用产生交流电压。

元件板上有整流器，用来将三相定子绕组中产生的三相交流电动势整流为直流电，并阻止蓄电池电流向发电机倒流。整流器主要由 6 只硅二极管组成，其中 3 只负极二极管压装在后端盖上，作为发电机的负极；3 只正极二极管的引出线是正极，与电枢接线柱“B”相连，作为发电机的正极，直流电由此输出，经用电设备接地，发电机外壳也接地，这样就形成了回路。此外，元件板上还装有充电指示灯控制电路，其“L”接线柱在元件板上，穿过后盖。

电压调节器的功用是调节发电机电压使其在一定范围内稳定，以满足用电设备需要并防止蓄电池过充电，康明斯柴油机均采用集成电路电压调节器，它与充电发电机组成一个整体，性能稳定、体积小、耐振、耐高温、免维护。

前、后端盖均由铝合金制成。后端盖上装有电刷架，内有弹簧和电刷，电刷借弹簧压力与滑环保持接触。风扇安装于转子轴上，从外吸风进入机壳内冷却。有些充电发电机的风扇安装在皮带轮后面，从外吹风进行冷却。

知识链接

1. 硅整流发电机的工作过程

接通接地开关，蓄电池通过电压调节器向励磁绕组供电，励磁绕组周围产生磁场，使转子轴和轴上的两块爪极磁化，一块为 N 极，另一块为 S 极。由于它们的极爪相间排列，形成了一组交错排列的磁极。发电机工作时，转子及其磁极在定子中间旋转形成旋转的磁场，旋转磁场的磁力线穿过定子铁芯和三相定子绕组，在定子绕组中感应生成三相交流电，经元件板上的整流器整流为直流电，并从元件板的“B”接线端向外输出电能。

电压调节器自动调节硅整流发电机的电压，当柴油机刚起动及起动后发电机电压低于规定的调节电压上限时，调节器接通励磁电路，发电机开始发电；当柴油机转速逐渐升高时，发电机电压也随之升高；当发电机电压升高至调节电压上限时，调节器断开励磁电路，发电机电压开始下降；当电压下降至规定的调节电压下限时，调节器再次接通励磁电路，发电机电压重新升高。如此反复，当柴油机转速变化时，发电机电压始终保持恒定。

2. 无刷硅整流充电发电机

无刷硅整流充电发电机的结构与有刷硅整流充电发电机大致相同，其主要差别在于无刷硅整流充电发电机的励磁绕组固定于后端盖上，相对于机壳静止不动，而有刷硅整流充电发电机的励磁绕组固定在转子上，随着转子一起转动。

康明斯 N 和 B 系列柴油机使用无刷硅整流充电发电机，如图 2-91 和图 2-92 所示。它的励磁绕组固定于后端盖上，两个端头直接引出，省去了电刷和滑环，爪极在励磁线圈的外围旋转，避免了由于电刷和滑环机械磨损而引起的故障，提高了发电机的工作可靠性和使用寿命，维修保养也方便。

无刷硅整流充电发电机两个爪极使用非导磁材料连接环固定，制作工艺较高，且同等条件下磁极磁场强度较弱，一般采用增大励磁绕组电流的方法提升磁场强度。

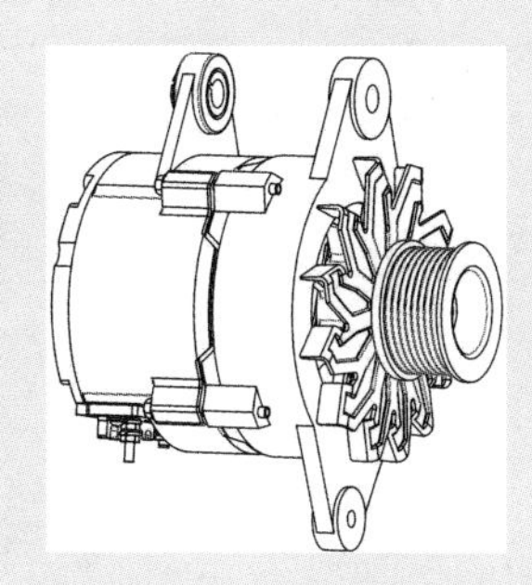

图 2-91　无刷硅整流充电发电机外形图

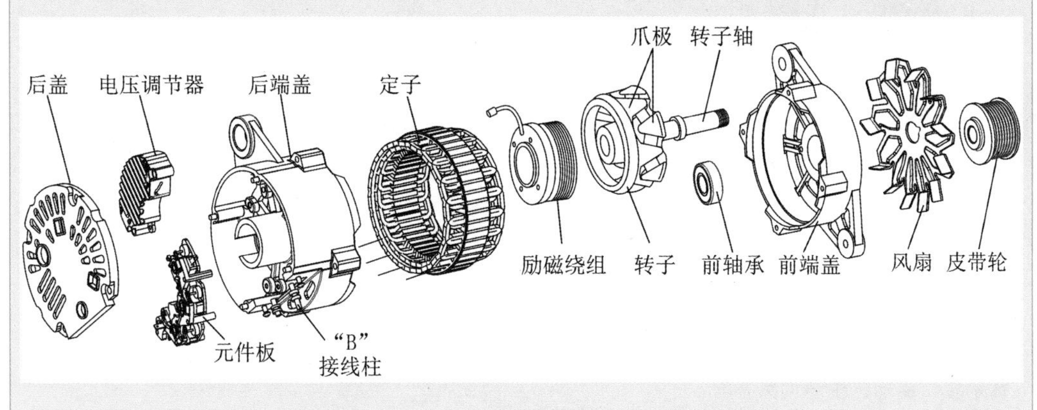

图 2-92　无刷硅整流充电发电机分解图

3. 起动机

起动机的功用是克服柴油机的起动阻力，使柴油机从静止状态进入运转状态，并达到最低的起动转速。图 2-93 和图 2-94 分别为康明斯 C 系列柴油机起动机的外形图和分解图。

起动机运行动画

起动机由直流电动机、传动机构和电磁开关组成。

(1)直流电动机

直流电动机的作用是产生电磁转矩并输出机械能，它由转子、定子、电刷、电刷架和端盖等组成。

转子由转子轴、换向器、铁心及嵌在铁芯槽中的电枢绕组组成。转子轴的两端支承在前端盖和后端盖的轴承中。因起动电流较大(200～1000 A)，转子绕组矩形铜线的横截面面积较大。

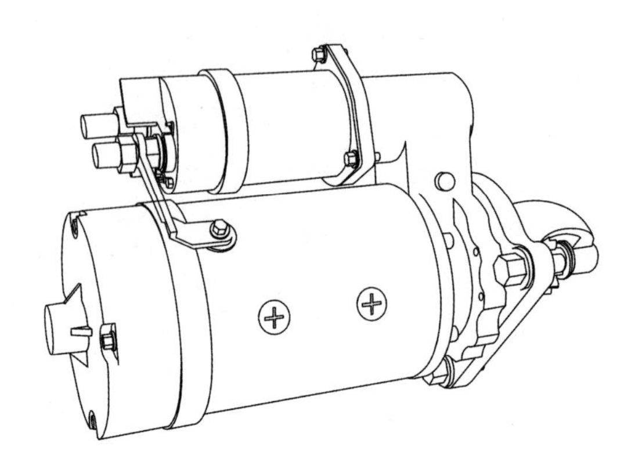

图 2-93　起动机外形图

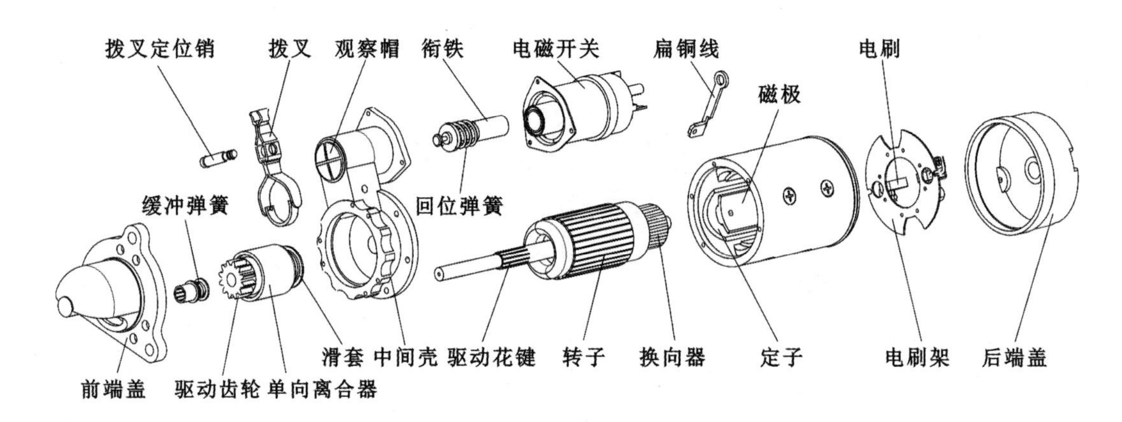

图 2-94　起动机分解图

定子的作用是在电动机中产生磁场。它由磁极、励磁绕组及机壳组成。磁极一般有4个，励磁绕组也是用截面积较大的铜线绕制。励磁绕组与转子绕组串联在电路中，因此称为串激式直流电动机。

电刷与电刷架的作用是将电流从定子引入转子，正极电刷架绝缘，负极电刷架搭铁。

中间壳上装有电磁开关和驱动机构的拨叉，前后端盖用两根长螺钉与机壳连接，机壳上有一个与其绝缘的接线柱，励磁线圈的一端从此引出，经扁铜条与电磁开关的起动机接线柱相连。

(2)电磁开关

电磁开关用于控制起动电源的通断，并通过拨叉控制传动机构与飞轮齿圈的啮合与分离。它由回位弹簧、衔铁、吸动线圈、保持线圈、接触片和接线柱等组成，如图 2-95 所示。

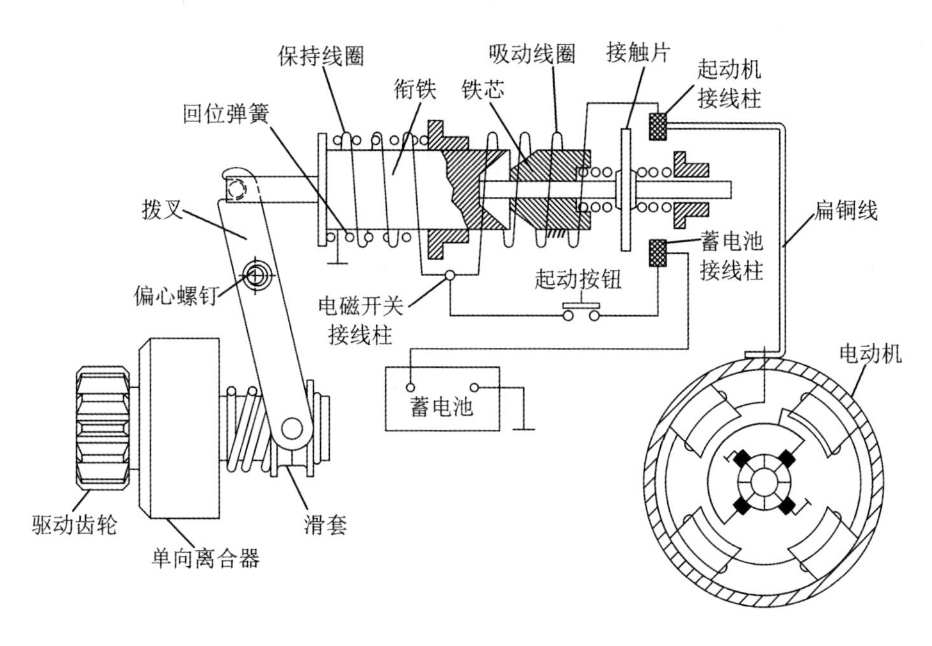

图 2-95 电磁开关

知识链接

工作原理：

起动时，按下起动按钮，电流在电磁开关内电流分为两路，一路流过保持线圈经搭铁流回负极，另一路流过吸动线经电动机绕组搭铁回到负极。这两个回路接通后，两组线圈通电产生磁场，共同作用吸合衔铁，通过拨叉使驱动齿轮与飞轮齿轮啮合；电磁开关吸合的同时，衔铁推动铜质接触片向右运动，短接右侧的两个接线柱，蓄电池直接为电动机供电，由于阻抗小，电流可达几百安培，产生很大的转矩，电动机开始旋转，并通过驱动齿轮带动柴油机飞轮旋转，完成起动；接触片接通右侧的两个接线柱时，吸动线圈短路而停止工作，衔铁位置由保持线圈的电磁力保持，这样可减少线圈的发热；当断开起动按钮时，保持线圈断电，衔铁和接触片在回位弹簧作用下回位，驱动齿轮分离，电动机停止工作。

(3)传动机构

传动机构用于起动时使驱动齿轮与飞轮齿圈啮合、起动后脱离啮合，以便起动时将电动机的电磁转矩通过单向离合器传递给柴油机曲轴，使柴油机起动。

传动机构套装在电动机后轴伸花键上，传动机构由拨叉、滑套、单向离合器和驱动齿轮等组成。单向离合器装在驱动齿轮后端，用于实现转矩的单向传递。

知识链接

未起动时，起动齿轮与飞轮齿圈处于分离状态；起动时，电磁开关通过拨叉拨动滑套，滑套通过缓冲弹簧使传动机构沿电动机花键轴后移，起动齿轮与飞轮齿圈啮合，驱动飞轮旋转，实现起动；起动后，若因误操作尚未松开起动按钮，飞轮齿圈将拖动起动齿轮高速旋转，从而拖动电动机超速。此时单向离合器自动分离，使起动齿轮空转，而不能拖动电动机，实现保护。常用的单向离合器有滚柱式、摩擦片式和弹簧式等多种形式。康明斯C系列柴油机起动机中单向离合器多采用滚柱式，如图 2-96 所示。

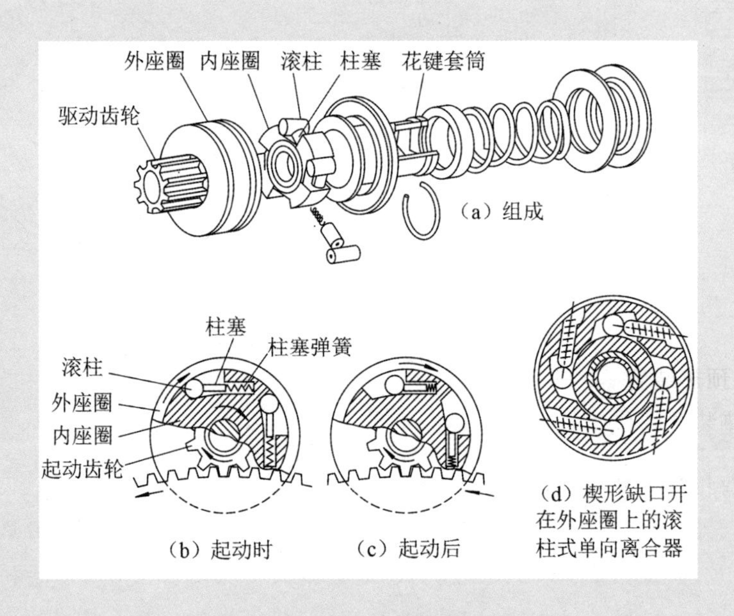

图 2-96　滚柱式单向离合器

(4)减速起动机

部分康明斯柴油机起动机采用减速起动机。所谓减速起动机，就是在电枢和驱动齿轮之间装有一对内啮合式减速齿轮，一般传动比为 3～4。减速起动机的结构原理如图 2-97 所示，电枢主动齿轮和传动机构内啮合减速齿轮啮合，在同等柴油机起动扭矩的情况下，主动齿轮的力臂更长，电枢所需提供的扭矩更小，速度更快，便于起动机降低起动电流，提高转矩，减轻蓄电池负担。

由于减速起动机工作电流减小，其部件的故障率下降，工作更可靠，但其构造复杂，制造成本较高。

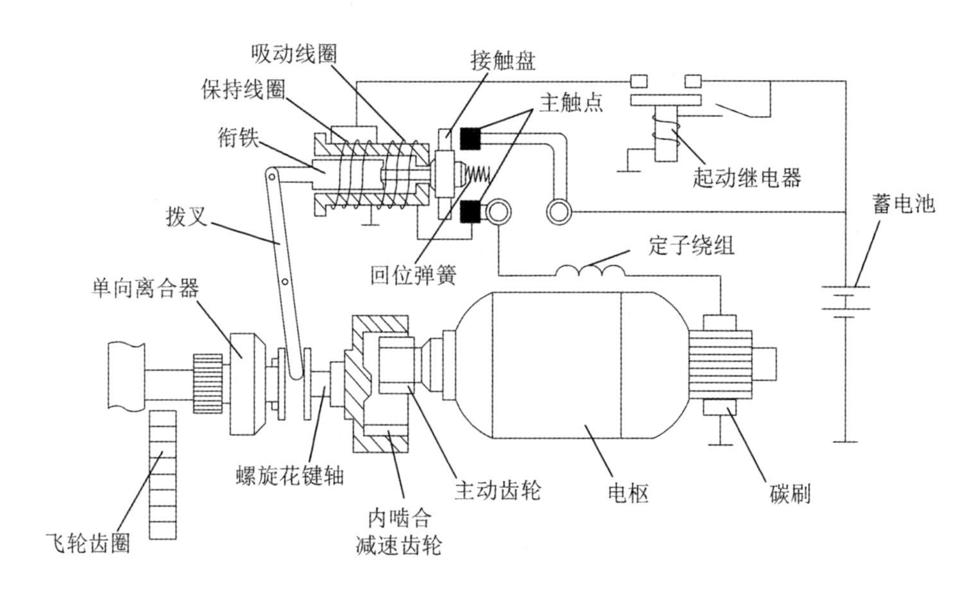

图 2-97　减速起动机

4. 柴油机起动辅助装置

(1)起动预热装置

起动预热装置的作用是在柴油机起动前,加热进气使其温度升高,提高柴油机低温起动性能,适用于寒冷天气下的柴油机起动。康明斯 6BT、斯太尔 WD615 等柴油机均配备有起动预热装置。

起动预热装置一般安装在进气歧管前的进气管上,由预热按钮、预热继电器、电热丝、可调节风门和外壳等组成。

(2)乙醚低温起动装置

康明斯 C 系列柴油机使用乙醚低温起动装置,该装置可在柴油机起动时,向进气道喷射乙醚气体。乙醚气体易燃,可带动气缸内的混合气燃烧,提高柴油机低温起动性能。乙醚低温起动装置由乙醚气罐、继电器、乙醚开启器和连接铜管等组成。

/思考题/

1. 干式缸套和湿式缸套各有什么特点?
2. 内燃机为什么要留有气门间隙?
3. P 型喷油泵是如何调整各缸供油量和供油间隔角的?
4. 润滑系统中的旁通阀和限压阀的作用是什么?
5. 节温器是如何实现冷却系统大、小循环的?
6. 蓄电池有哪些使用注意事项?

扫码做习题

第3章

柴油机的分解

柴油机的分解是维修工作的第一步，能否使这一步做到有条不紊，是关系到能否按时保质完成维修任务的重要环节。

3.1 柴油机分解前的准备和技术要求

(1)做好思想动员、技术资料和安全措施等准备。

(2)做好台架、器皿、油料、工具等维修物资设备和器材的准备。

(3)熟悉柴油机的结构和工作原理，掌握柴油机的基本维修方法。

(4)工作场所应尽量选择在宽敞、平整、清洁和光线充足的地方，柴油机总成外表面要做一般清洁处理。

(5)分解的顺序要合理。一般按照先外部零件后内部零件、先附属零件后主要零件、先上部后下部、先总成件后零部件的原则进行。

(6)根据实际需要确定零部件分解的程度，不要随意扩大分解范围。

(7)分解时要考虑修配和装配。要对零件安装位置、相互连接关系，特别是导线线头的位置做好标记或照相存底；在拆卸过程中，能够装回原处的螺钉、螺母和垫圈在拆下后尽量装回原处，其余的螺栓应归类摆放好并记下安装位置，以免混用或丢失。

(8)若无特殊要求，零部件(特别是安装面积较大的零部件)的多个螺栓应按从中间向两边交叉、对称的顺序分 2～3 次拧松。

(9)正确使用工具。比如能用梅花扳手或套筒扳手拧松的螺栓，尽量不要用开口扳手，更不能用活动扳手。

(10)防止零部件的损伤。分解时要耐心细致,不要盲目操作。拆下的零部件要有序放置,长时间存放的零件要做防锈处理,精密偶件要成对放置。

3.2 柴油机分解的工艺步骤

3.2.1 放出机油、柴油和防冻液

(1)起动柴油机,运行数分钟直至水温达到 60 ℃时停机,此时机油和防冻液中的杂质处于浮游状态。

(2)拧下放油螺塞,放出机油并视情密封保存,如图 3-1 所示。

(3)拧下油箱盖,打开放油开关,放出柴油,放出的柴油可用于清洗零件。若柴油机采用油桶或油壶作为柴油箱,则只需阻断柴油箱与柴油机的连接通路。

(4)拧下水箱盖,打开放水开关,放出防冻液并视情密封保存。

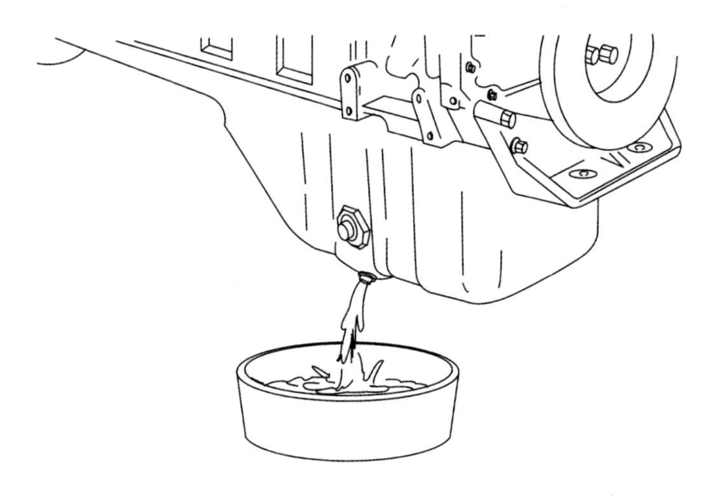

图 3-1 放机油

知识链接

放油螺塞一般有磁性,可吸附油底壳中的金属碎屑。机油的更换周期一般为250 h,若使用时间短而要继续使用,应密封保存,再次加入时应先过滤。

3.2.2 蓄电池的分解

(1)断开接地开关。

(2)拆下蓄电池的负极导线。

(3)拆下蓄电池的正极导线及相关连接电缆,如图 3-2 所示,将蓄电池放置于安全的地方。

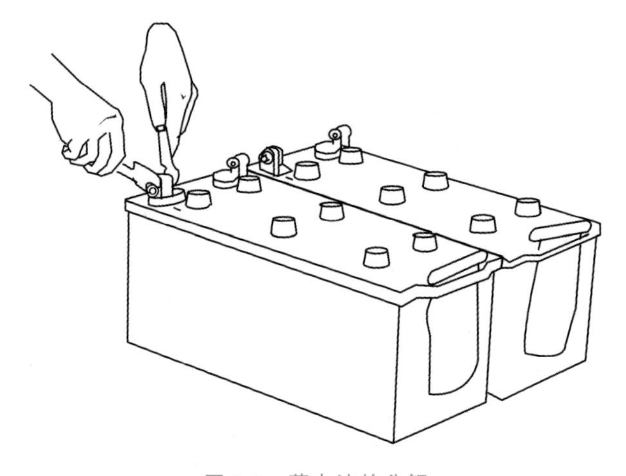

图 3-2 蓄电池的分解

警示

(1)拆线顺序是先“负”后“正”。

(2)严禁使用扳手不慎造成正负极接线柱短路。

(3)接线柱可视情加装转接用的铜条以避免频繁拆装造成螺纹损坏。

3.2.3 线束的分解

松脱线束各处的连接,拆下线束(部分元器件可随线束一同拆下或更换为插拔件连接)。

提示

拆卸前做记号可采用直接标记、贴标签和拍照片等方式，以便于装配时装回原来的位置。易拆卸但不易脱开的零件如起动继电器座等零件应随线束一同拆卸。不易拆卸且不易脱开的零件如水温传感器和柴油油量传感器等零件，可更换为插拔件连接，如图 3-3 所示，注意插拔件应采用锡焊。

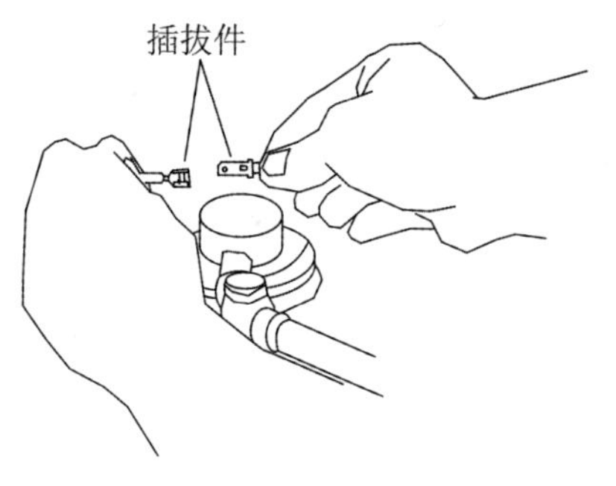

图 3-3　油量传感器接线的插拔件更换

3.2.4　同步发电机的分解

下面以康明斯 120 kW 发电机组使用的双轴承软连接同步发电机为例（发电机联轴器为橡胶弹性轮齿式）进行分解。

（1）拧下同步发电机与机座之间的四个支承螺栓。

（2）安装随车工具箱中的中间支承座，调整长螺栓的高度，使其接触机座并稍加预紧，以支承柴油机；若无随车工具，也可用枕木支承柴油机。

（3）拆下发电机保护罩，拧下同步发电机与飞轮壳之间的连接螺栓。

（4）对称向后端撬动、平移发电机至联轴器脱开飞轮。

（5）借助行车、叉车或其他起重工具，将同步发电机与控制屏一同拆下，如图 3-4 所示。

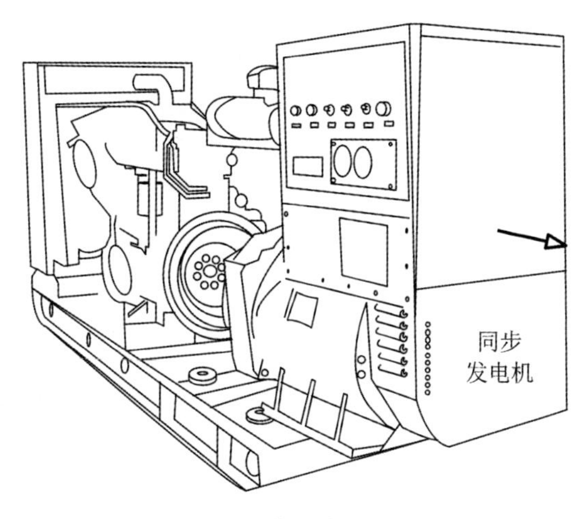

图 3-4　同步发电机的分解

提示与警示

(1)对于单轴承硬连接的同步发电机(联轴器为钢片式),在进行上述第3步的同时,还需拧下钢片联轴器与飞轮之间的连接螺钉,分解后不能再人为转动同步发电机转子,以免损伤绕组。

(2)同步发电机为重体件,拆卸时人员要协同一致、配合熟练,吊装移动时注意人身和器件的防护。

3.2.5 水箱的分解

(1)拧松水箱的进、出水管卡箍,拆下进、出水管。如果橡胶管粘连,可左右晃动松脱,用热水浸敷软,不要用螺丝刀硬性剥离粘连的橡胶管。

(2)拧下风扇保护罩固定螺钉,拆下保护罩。

(3)拧下水箱固定螺栓,水平地抬出水箱,如图3-5所示。如果水箱底部的放水开关位置凸出,拆下后应平放或侧放水箱。

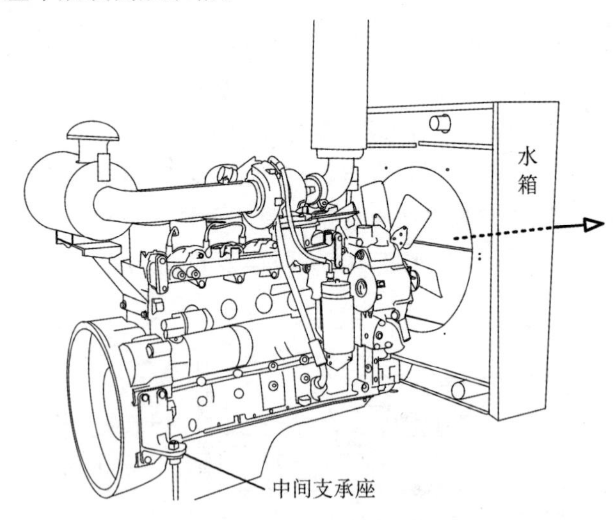

图3-5 水箱的分解

提示与警示

水箱散热片材料一般为薄铜片或铝片,不能与尖锐的金属物体相碰。清洗时,浮尘可用压缩空气清除,油垢、油泥可用清洗液或清洗剂清洗,但不可用高压水枪冲洗,这样容易损坏散热片。

3.2.6　上部零部件的分解

1. 空气滤清器

(1)拧松空气滤清器软管卡箍。

(2)拧下空气滤清器固定螺钉。

(3)将空气滤清器及其支座一同拆下,如图 3-6 所示。

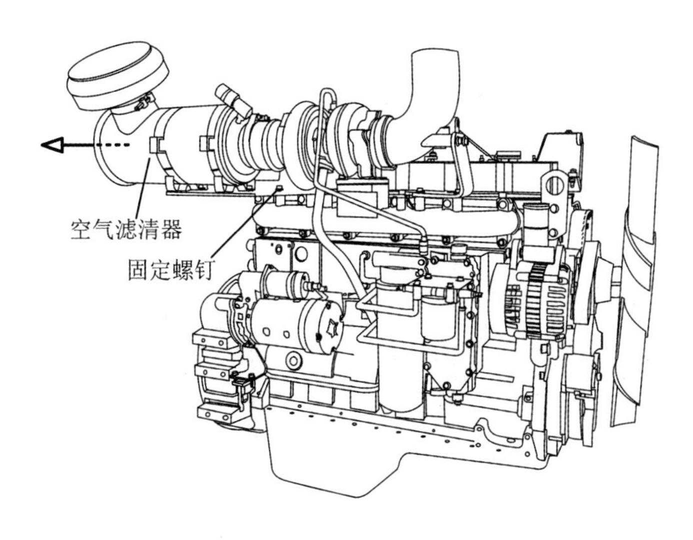

图 3-6　空气滤清器的分解

提示

拆除空气滤清器后,增压器进气口应装上护帽或包上布条,防止异物进入增压器。

2. 增压器

(1)拧下增压器进油管螺钉,拆下增压器进油管。

(2)拧下增压器回油管螺钉,拔出增压器回油管。

(3)拧松增压器排气管卡箍,拧下增压器排气管支架螺栓,拆下增压器排气管。

(4)拧松空气跨接管两端的卡箍,拧下增压器固定螺栓,拆下增压器,取出密封垫,如图 3-7 所示。

(5)拆卸跨接管,若有进气预热器,则一同拆下。

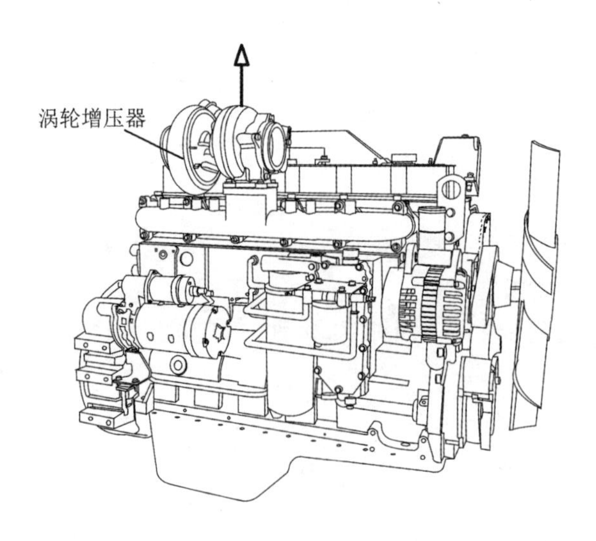

图 3-7　增压器的分解

3. 中冷器进出水管

松开中冷器进出水管卡箍，拆下中冷器进出水管，如图 3-8 所示。上部为回水管，下部为进水管，注意区分。

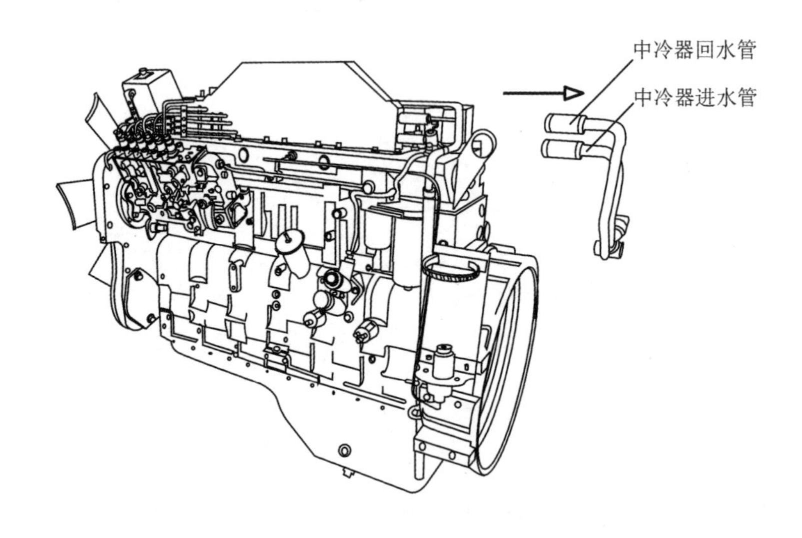

图 3-8　中冷器进出水管的分解

4. 气门室罩盖

(1)拧下曲轴箱通风管固定螺栓，拆下通风管。

(2)从中间向两边拧下气门室罩盖螺栓，拆下气门室罩盖，如图 3-9 所示。

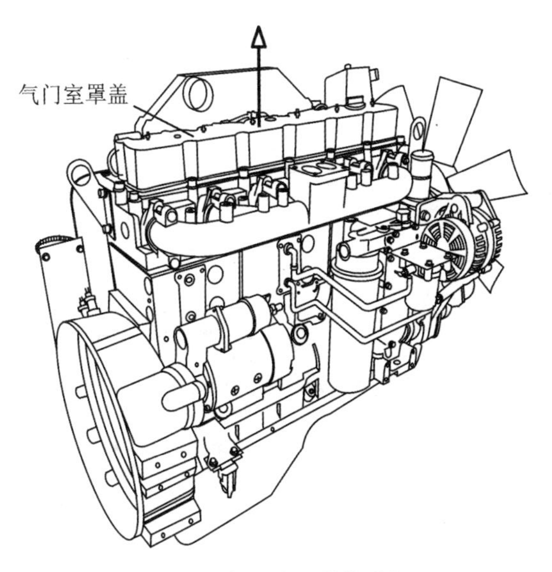

图 3-9　气门室罩盖的分解

知识链接

气门室罩盖上有加机油口，机油可从此加入润滑气门传动组件后从推杆孔流入油底壳。对于停用时间较长的柴油机，再次启用时，从此处加注一定数量的机油，对改善气门及传动组件的润滑条件非常有利，能减少零部件起动时受干摩擦造成的磨损。

5. 回油管

拧下喷油器回油管螺钉，拆下喷油器回油管，如图 3-10 所示。

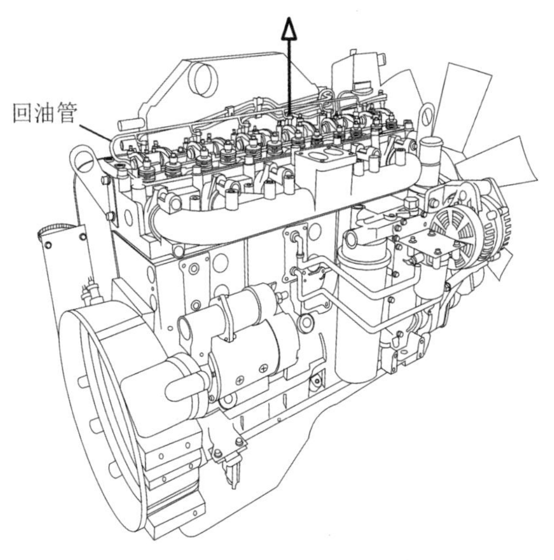

图 3-10　回油管的分解

知识链接

喷油器在工作时，极少量的柴油从针阀与针阀体的配合面内泄漏，起到润滑的作用，为避免积聚过多柴油造成针阀背压太高而动作失灵，这部分柴油需经空心螺钉和回油管引入柴油滤清器或柴油箱。

6.高压油管

逐缸拧下高压油管接头螺母和隔振架螺栓，整体拆下高压油管，如图 3-11 所示。高压油管拆下后，应拧上喷油泵接头护帽，以免脏物进入喷油泵。若无护帽，也可用干净的布条包好。

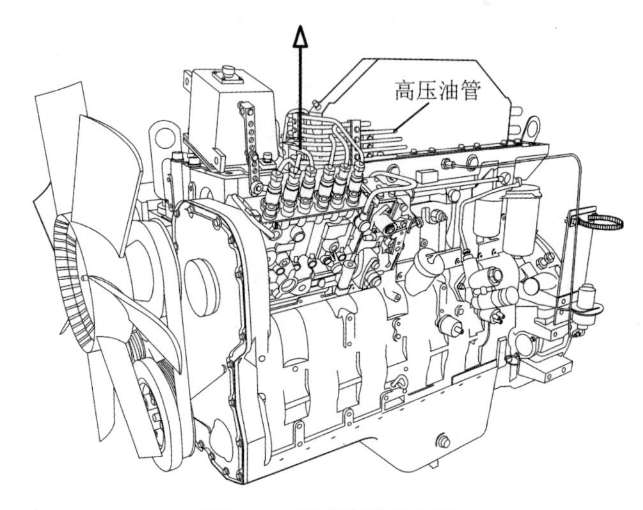

图 3-11　高压油管的分解

知识链接

虽然喷油泵到各缸喷油器的距离不一致，但柴油机的高压油管一般都做成相同的长度，以保证各缸供油规律的一致性。所以，距离喷油泵近的喷油器所用的高压油管要折弯成形，便于捆箍且不失美观。

7.中冷器

从中间向两边对称地拧松中冷器固定螺栓，拆下中冷器，如图 3-12 所示。

8.执行器

(1)拧下执行器与喷油泵的连接球头螺栓，注意该球头位于调速器的停机手柄处。

(2)拧下执行器固定螺栓，整体拆下执行器及其连接杆，如图 3-13 所示。

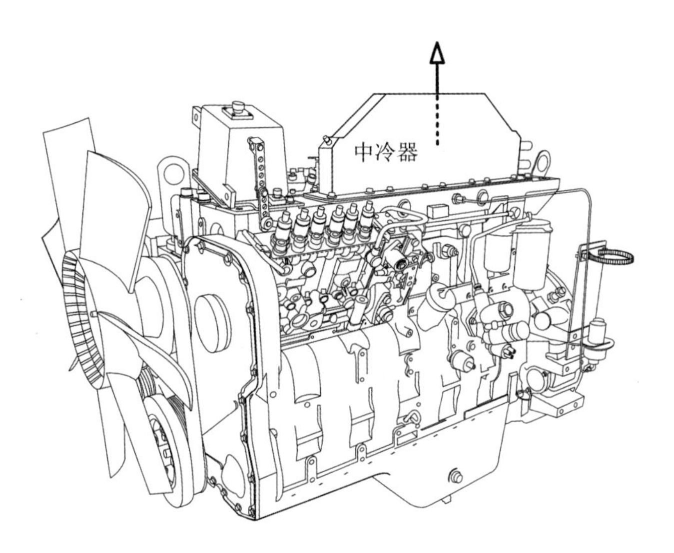

图 3-12　中冷器的分解

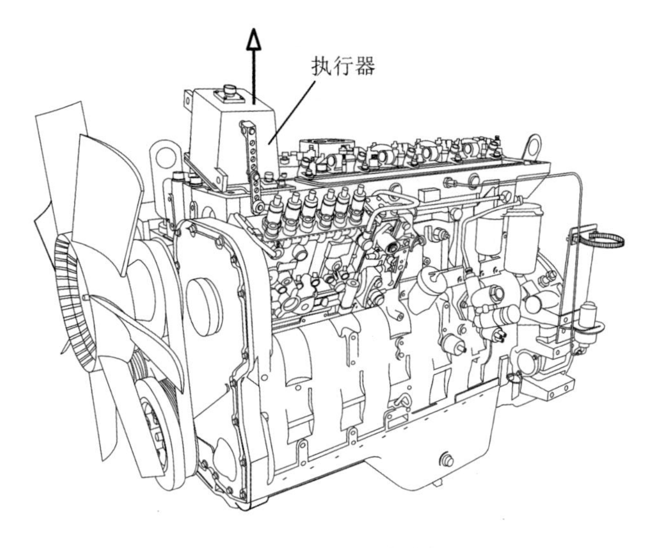

图 3-13　执行器的分解

提示

(1)在拆卸执行器前,拉杆、摆臂和转轴之间的相对位置要做好记号,拉杆的长度不可随意改变。

(2)重新安装后,初次开机前应用手推动油门,确保执行器与喷油泵连接灵活。

3.2.7 右侧零部件的分解

1.喷油泵

(1)拧下喷油泵进、回油管接头螺栓,拆下喷油泵进、回油管。

(2)拧下齿轮室盖上的检修窗盖。

(3)借助盘车工具固定曲轴,用扭力扳手拧下喷油泵齿轮的固定螺母,如图 3-14 所示。

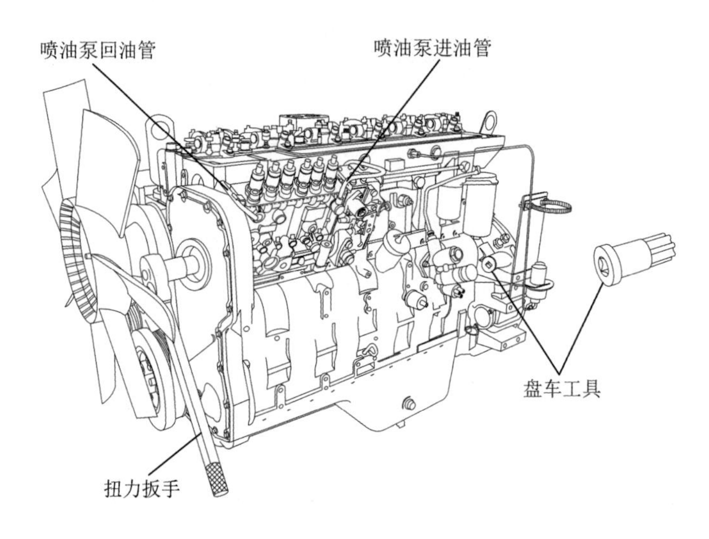

图 3-14 喷油泵齿轮螺母的分解

(4)安装喷油泵齿轮拉拔器,注意拉拔器两个丝杆的拧入深度应大致相等,缓慢拧入拉拔器丝杆螺栓,松脱喷油泵齿轮,如图 3-15 所示。

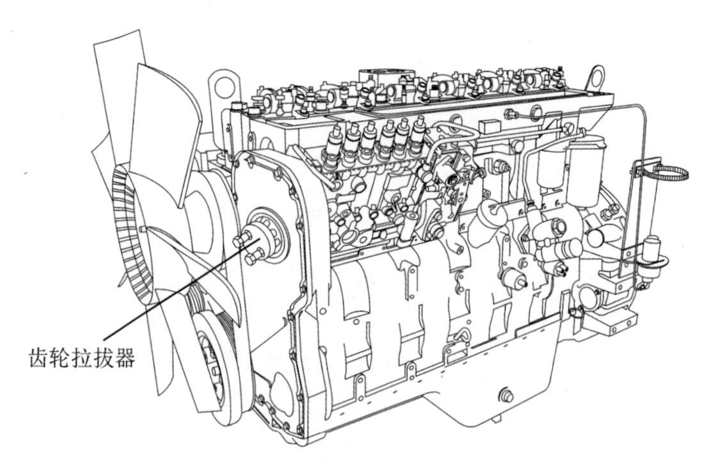

图 3-15 喷油泵齿轮的分解

提示

分解前可先检查各正时齿轮的装配标记是否正确、喷油泵供油是否正时等情况，做到心中有数，也便于再次安装时的正时校正。

(5)交叉对称地拧下喷油泵固定螺母和支架螺栓，拆下喷油泵，如图3-16所示。喷油泵齿轮待拆卸齿轮室盖后取出。

喷油泵的拆卸

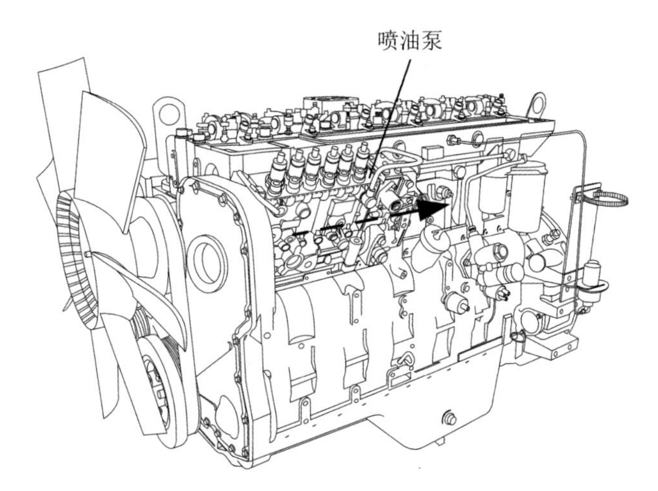

图3-16　喷油泵的分解

2.输油泵

(1)拧下输油泵的出油管接头螺母，拆下出油管。

(2)拧下输油泵的固定螺栓，拆下输油泵，如图3-17所示。

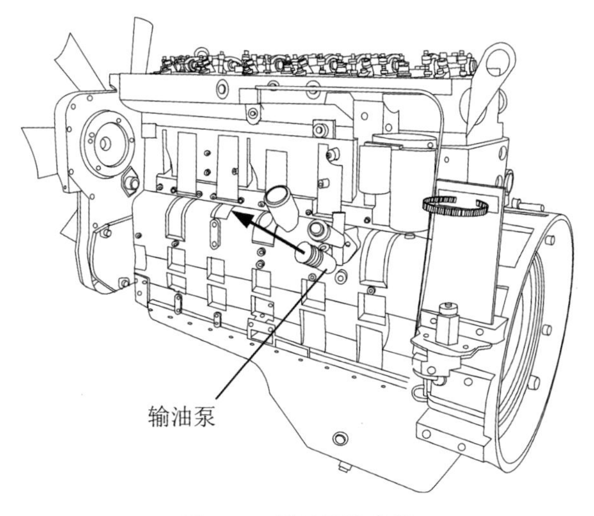

图3-17　输油泵的分解

提示

康明斯B系列柴油机的输油泵除了有两个密封垫外，还有一个金属密封垫块，拆下后注意保管密封垫块，以免漏装而影响输油泵的正常工作。

3.柴油滤清器及支座

(1)将滤清器扳手按拧松的方向套到油水分离器上，如图3-18所示，拧下油水分离器。

(2)用滤清器扳手拧下柴油滤清器。

(3)拧下柴油滤清器座中心的固定螺母，拆下柴油滤清器座。

柴滤的拆装

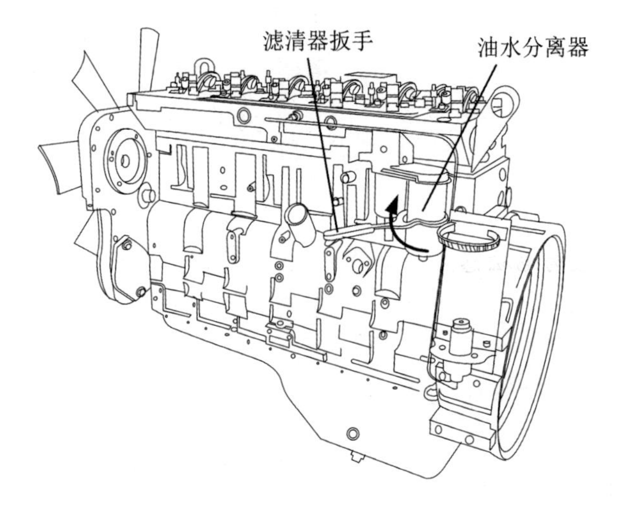

图3-18 油水分离器的分解

提示

(1)常用的皮带式或链条式滤清器扳手，利用自锁原理进行锁紧，使用时应注意扳手的放置方向。

(2)滤清器外壳不能承受过大的外力，拆卸时滤清器扳手应套在壳体上部，防止外壳变形而不能拆下。

4.水温传感器

拧下常用和备用水温传感器，其中常用水温传感器安装在进气歧管上，拆卸时可更换为插拔件连接。

知识链接

水温和油温传感器一般为热敏电阻式传感器，与双金属片式温度表配合使用。传感器内的半导体热敏电阻具有负的温度电阻系数，即温度越低，电阻越高，回路电流越小，温度表指示温度越低，反之指示越高。

提示

如无必要，可以不拆温度传感器，如要拆卸，注意做记号，记住接线方式。

5. 低温起动装置

(1)拧下喷管接头螺母，拆下喷管。

(2)拧下低温起动装置的固定螺栓，拆下低温起动装置。

6. 转速传感器

拧松转速传感器锁紧螺母，拧下转速传感器。

知识链接

转速传感器一般为电磁感应式传感器，飞轮旋转时，齿顶和齿底交替经过传感器顶部，见图2-63，引起磁力线增强或减弱，使线圈产生近似正弦波的交流感应电势，且其频率与柴油机转速成正比。

3.2.8　前端零部件的分解

1. 传动皮带

用张紧轮扳手压下张紧轮，取出皮带，如图3-19所示。如果没有张紧轮扳手，可选用合适尺寸的棘轮扳手、扭力扳手或其他工具，借助其方头拧转张紧轮。

提示

(1)在拆卸皮带前，可先拧松风扇固定螺栓，这是因为风扇在失去皮带的束缚后将变得难以拧松。

(2)使用张紧轮扳手拆卸皮带时，应根据张紧力的方向选择抬起或压下扳手。

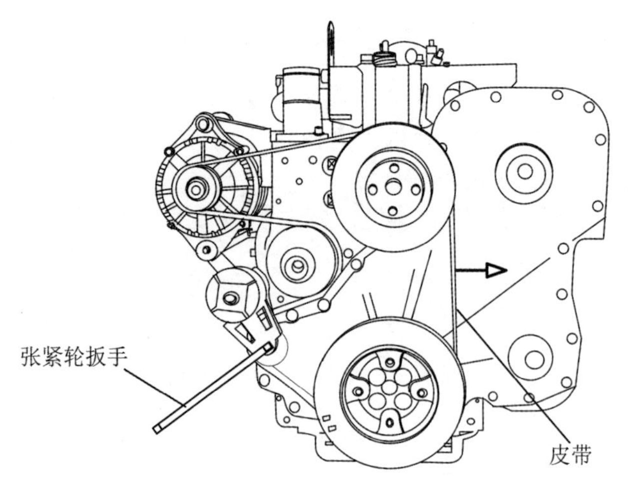

图 3-19 皮带的分解

2. 风扇

交叉、对称地拧下风扇固定螺栓，依次拆下风扇、风扇隔块和风扇皮带轮，如图 3-20 所示。

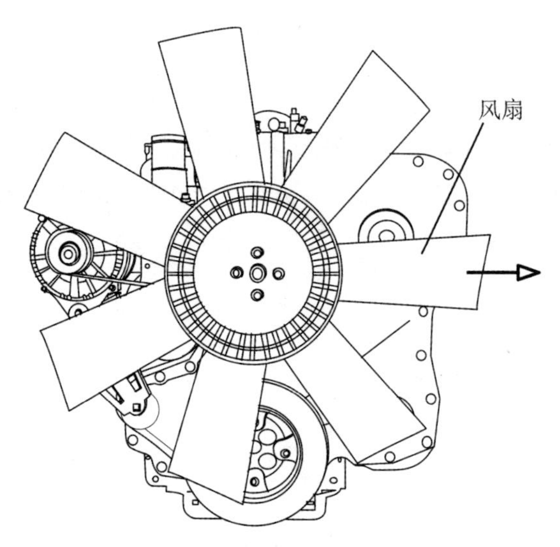

图 3-20 风扇的分解

3. 张紧轮

拧下张紧轮固定螺栓，拆下张紧轮，如图 3-21 所示。

4. 风扇轴承座

交叉、对称地拧下风扇轴承座固定螺栓，拆下风扇轴承座。

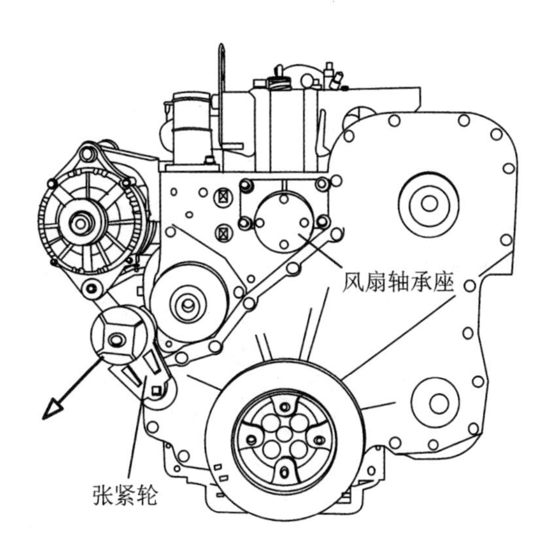

图 3-21　张紧轮的分解

5. 水泵

交叉、对称地拧下水泵固定螺栓，拆下水泵，如图 3-22 所示。

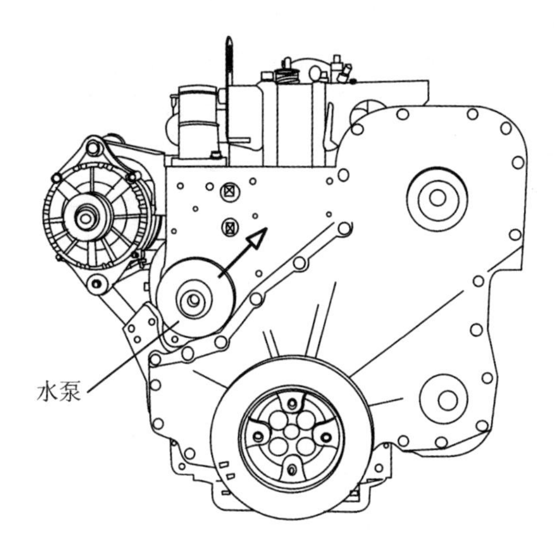

图 3-22　水泵的分解

6. 减振器

借助盘车工具固定曲轴，拧下减振器固定螺栓，拆下减振器，如图 3-23 所示。

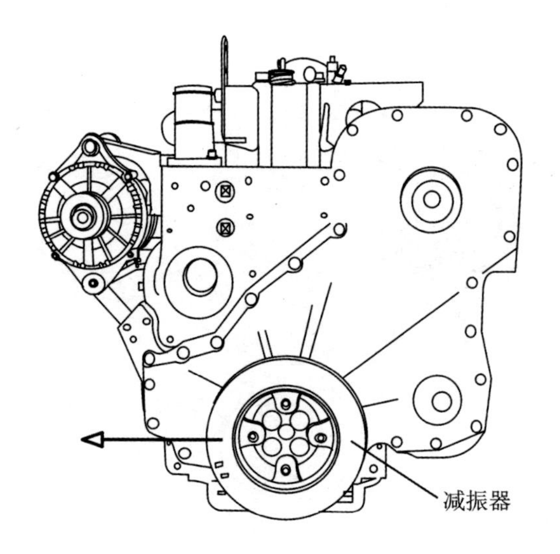

图 3-23 减振器的分解

知识链接

额定转速在 2500 r/min 以下的康明斯柴油机曲轴前端使用的是橡胶式减振器；而转速在 2500 r/min 以上的康明斯柴油机(例如车用柴油机)使用的则是硅油式减振器。当曲轴发生扭转振动时,硅油式减振器的外壳与减振体发生相对滑动,它们之间的硅油受到剪切,产生各油层之间的相对滑动,摩擦生热而消耗振动的能量,从而减小了扭转振幅。硅油式减振器的主要优点是减振性能良好,质量和容积都比较小。其主要缺点是硅油散热性较差,因而容易升温而降低黏度,对曲轴的扭转衰减作用减弱。

7. 齿轮室盖

(1)对称地拧下齿轮室盖固定螺栓,拆下齿轮室盖,如图 3-24 所示。

(2)取出喷油泵齿轮。

提示

操作时注意保护曲轴前油封。

8. 机油泵

交叉、对称地拧下机油泵固定螺栓,拆下机油泵,如图 3-25 所示。

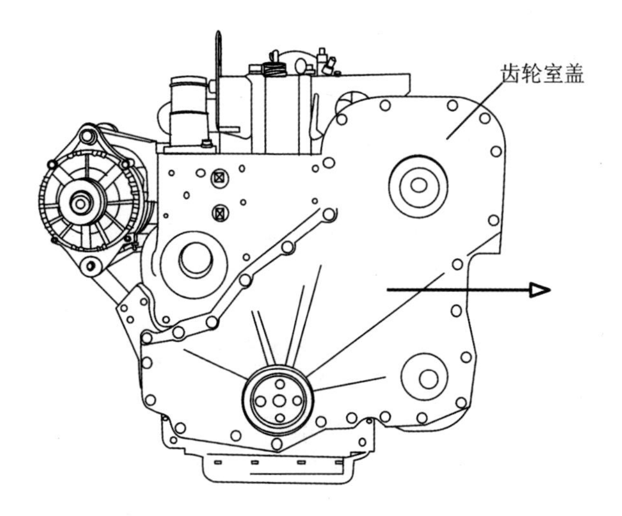

图 3-24　齿轮室盖的分解

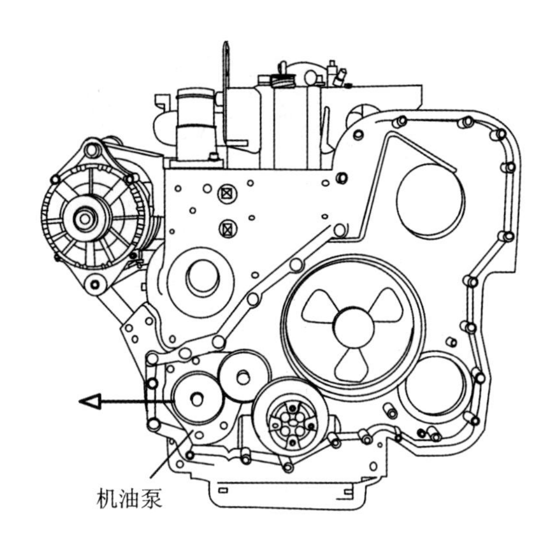

图 3-25　机油泵的分解

提示

机油泵的内外转子精密加工，如果要继续分解零部件，应该先在内外转子上做位置记号。

3.2.9 左侧零部件的分解

1. 排气歧管

从中间向两边对称地拧下排气歧管固定螺栓，拆下排气歧管，取出密封垫，如图 3-26 所示。

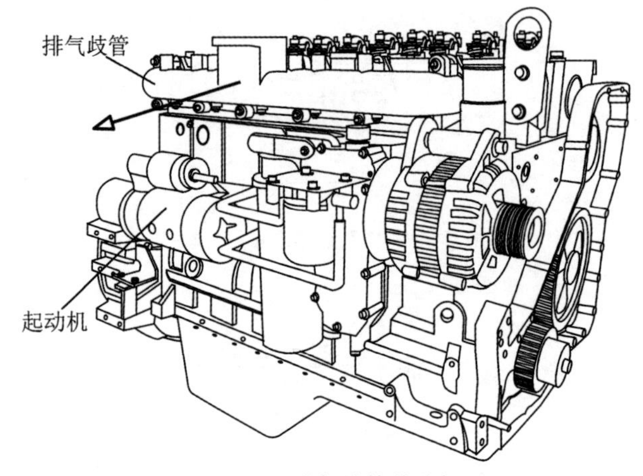

图 3-26 排气歧管的分解

2. 起动机

拧下起动机固定螺栓，拆下起动机。

3. 冷却液滤清器

(1)拧松冷却液滤清器进、出水管卡箍，拆下冷却液滤清器进、出水管。

(2)用滤清器扳手拧下冷却液滤清器，如图 3-27 所示。

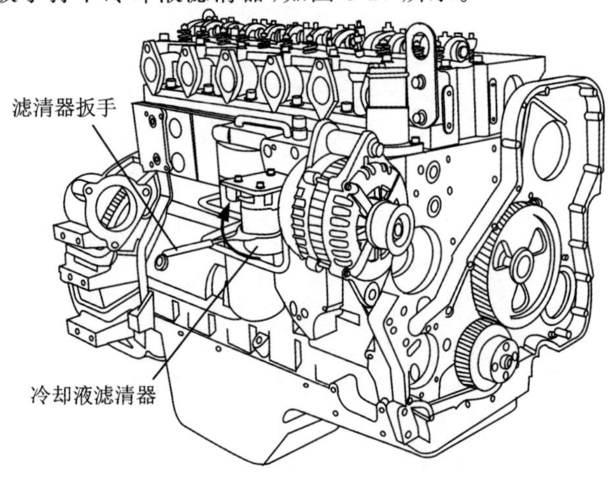

图 3-27 冷却液滤清器的分解

(3)拧下滤清器座固定螺栓,拆卸滤清器座。

4. 机油滤清器

用滤清器扳手拧下机油滤清器,如图 3-28 所示。

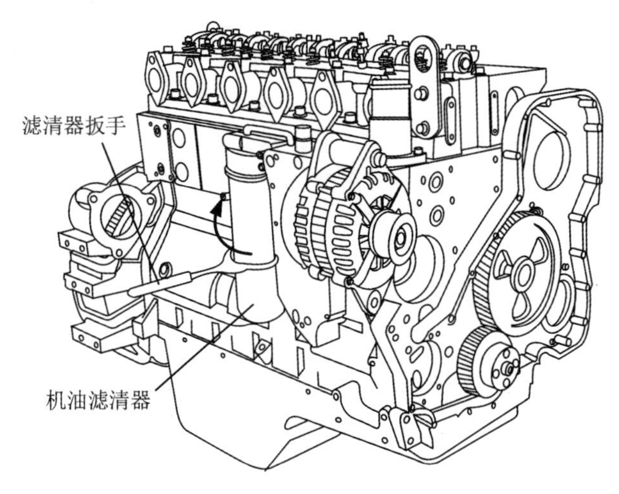

图 3-28　机油滤清器的分解

5. 机油冷却器盖和机油冷却器

从中间向两边对称地拧下机油冷却器盖固定螺栓,用木锤震松后,依次拆下机油冷却器盖、机油冷却器外密封垫、机油冷却器和机油冷却器内密封垫,如图 3-29 所示。

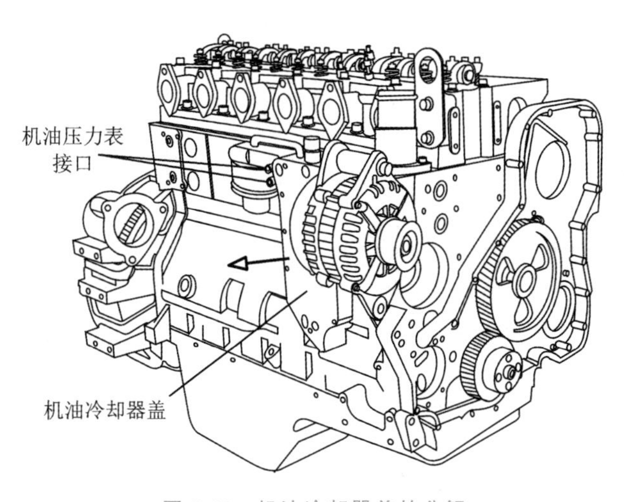

图 3-29　机油冷却器盖的分解

知识链接

机油冷却器盖上有两个机油压力表接口，平时用堵头密封作为检测口，既为出厂检测、试验提供便利，也为维修诊断故障提供便利。若出现机油压力过高或过低故障时，可拧下堵头，外接机油压力表测量机油压力，便于诊断故障，缩小故障范围。

6. 充电发电机

(1)拧下充电发电机下支架固定螺栓，拆下充电发电机下支架。

(2)拧下充电发电机固定长螺栓，拆下充电发电机，如图 3-30 所示。

(3)拧下充电发电机上支架固定螺栓，拆下充电发电机上支架。

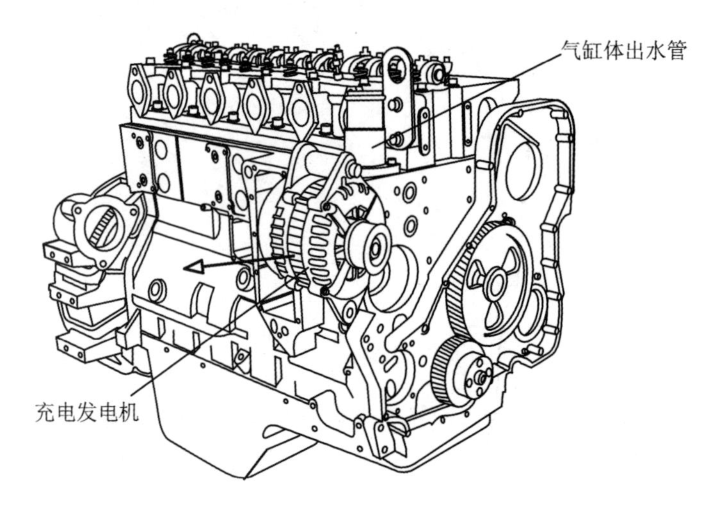

图 3-30　充电发电机的分解

7. 节温器

(1)拧下气缸体出水管固定螺栓，拆下气缸体出水管，见图 3-30。

(2)取出节温器。

3.2.10　下部零部件的分解

1. 油底壳

按照图 3-31 所示从中间向两边对称地拧下油底壳固定螺钉，拆下油底壳，如图 3-32 所示。必要时可先用木锤震松，若空间不够，不能从机座直接取出油底壳，应将柴油机吊起或翻转后拆卸。

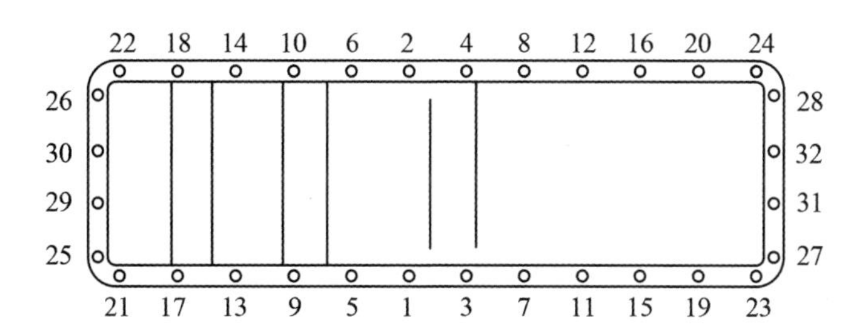

图 3-31　油底壳螺钉的拧松和拧紧顺序

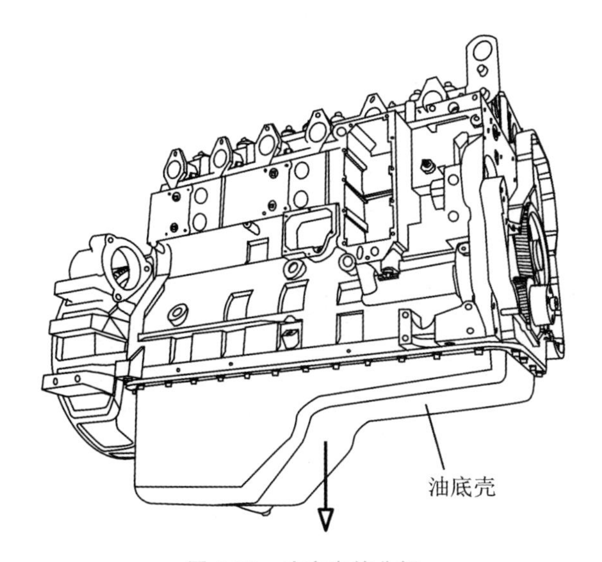

图 3-32　油底壳的分解

2. 机油吸油管

拧下机油吸油管及其支架固定螺钉，拆下机油吸油管及支架，如图 3-33 所示。

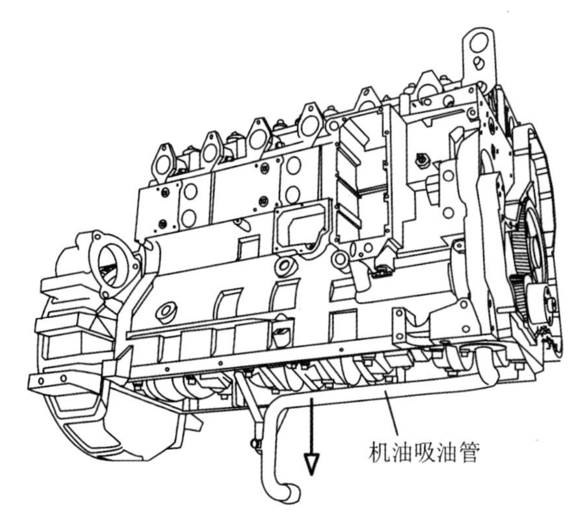

图 3-33　机油吸油管的分解

3.2.11 喷油器的分解

(1)用套筒扳手拧下喷油器压板固定螺栓,拆下喷油器压板。

(2)将喷油器拉拔器接头螺母拧到喷油器进油口上,滑动喷油器拉拔器重锤,拆下喷油器,如图 3-34 所示,如果没有喷油器拉拔器,也可用木锤震松后取出喷油器。

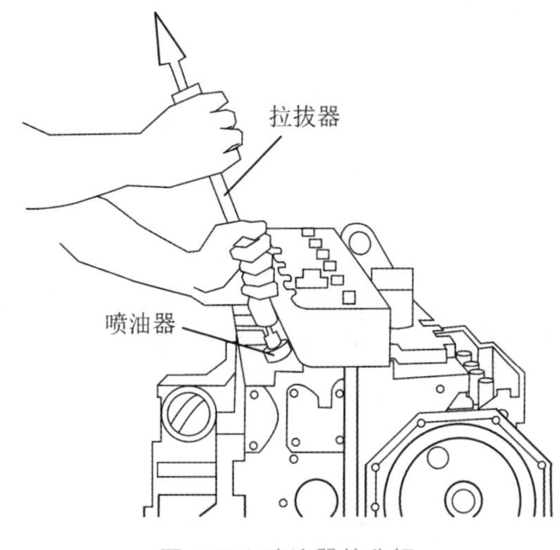

图 3-34 喷油器的分解

提示与警示

(1)在拉拔器两端,有两个不同规格的接头,使用时注意选用合适的接头。

(2)喷油器拆下后,进油口应拧上塑料护帽或用干净布条包裹以避免污杂落入油道。

3.2.12 摇臂总成和推杆的分解

(1)在各摇臂座上做标记,用以在安装时装回原来的位置。

(2)拧松气门间隙调整螺钉的锁紧螺母,拧松气门间隙调整螺钉至极限位置以放松气门弹簧。

(3)拧下摇臂总成固定螺栓,拆下摇臂总成,如图 3-35 所示。

(4)取出机油歧管。

(5)逐个取出推杆并做记号,以便装配时装回原来的位置。

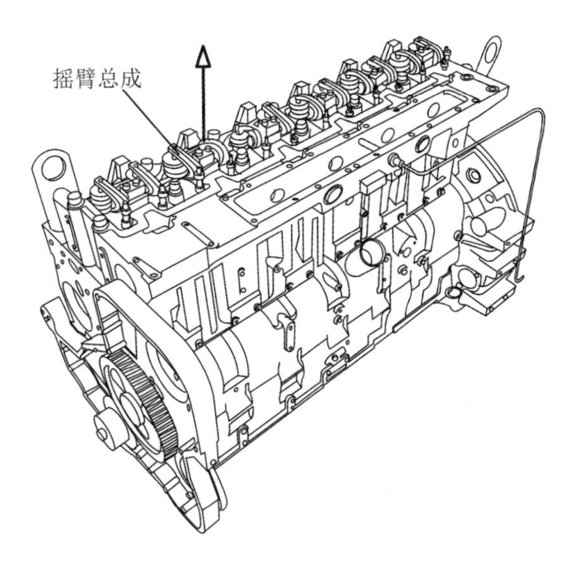

图 3-35　摇臂总成的分解

3.2.13　气缸盖的分解

(1)从中间向两边对称地拧下气缸盖固定螺栓,拆下气缸盖,如图 3-36 所示。

(2)取出气缸垫。

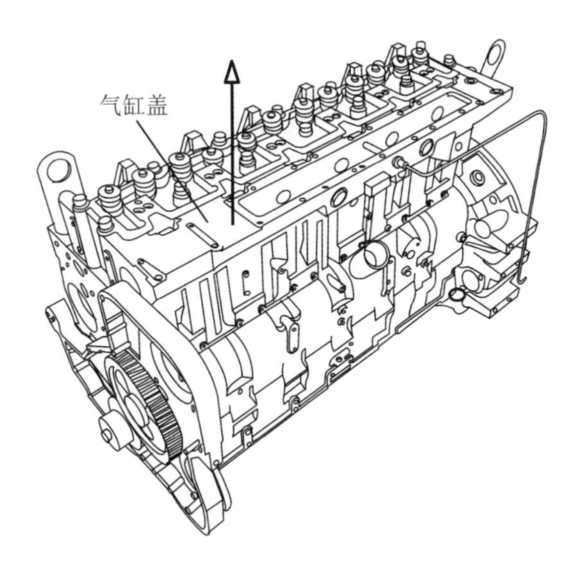

图 3-36　气缸盖的分解

提示

气缸盖螺栓的紧固力矩应分 2～3 次对称、均匀地解除，即不能单个螺栓一松到底。

3.2.14 活塞连杆组的分解

（1）在每个连杆盖上做标记（也可记下连杆盖上的编号），用以在安装时装回原来的位置。

（2）用刮刀清除气缸套上部的积炭，以便稍后能顺利取出活塞连杆组。

（3）用盘车工具转动飞轮至第一缸活塞处于下止点位置附近。

（4）分 2～3 次交叉、对称地拧下第一缸连杆螺栓，拆下连杆盖。若连杆下瓦脱落，应及时将其装回连杆盖，以免与连杆上瓦混用。

（5）将曲轴按工作方向转至第一缸活塞处于上止点位置。

（6）用木棒配合铁锤将活塞连杆组敲离曲轴轴颈。

（7）取出活塞连杆组，如图 3-37 所示，装回连杆盖后按顺序摆放。

（8）按同样的方法拆卸其余的活塞连杆组。

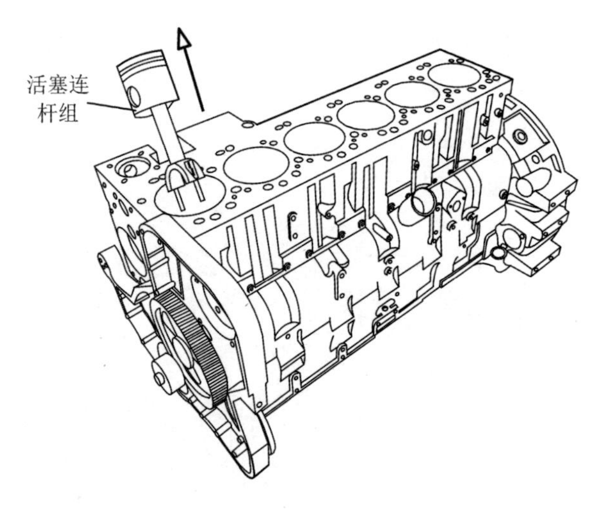

图 3-37　活塞连杆组的分解

提示与警示

（1）若无盘车工具，可拧下两个对称的飞轮螺栓，然后拧入两根导向销钉或长螺栓，借助导向销钉或长螺栓转动曲轴。

(2)并非一定要从第一缸开始拆卸，只要记住活塞连杆组和气缸序号的对应关系，拆卸顺序可随意。

(3)不要同时拆卸多个活塞连杆组，以免转动曲轴时损坏轴颈或轴瓦。

(4)轴瓦与轴颈有严格的对应关系，缸与缸之间不能互换，上瓦与下瓦的位置关系也不能弄混搞错。

(5)严禁生撬硬打，防止损伤连杆大头、轴瓦和轴颈。

(6)注意协同配合，防止人员受伤。

3.2.15　飞轮的分解

(1)借助盘车工具固定曲轴。

(2)拧下两个对称的飞轮固定螺栓，并在这两个螺孔中拧入两根飞轮导向销钉。

(3)对称地拧下其余的飞轮固定螺栓，借助飞轮导向销钉拆下飞轮，如图 3-38 所示，若飞轮不易拆下，可用铜棒或木棒配合铁锤从起动机安装孔敲震飞轮。

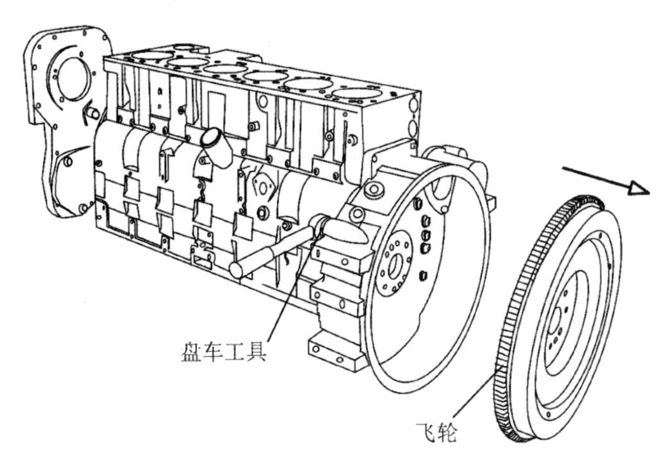

图 3-38　飞轮的分解

3.2.16　飞轮壳的分解

(1)将机体用枕木垫起来，使飞轮壳悬空。

(2)从中间向两边对称地拧松飞轮壳固定螺栓，拆下飞轮壳，如图 3-39 所示。

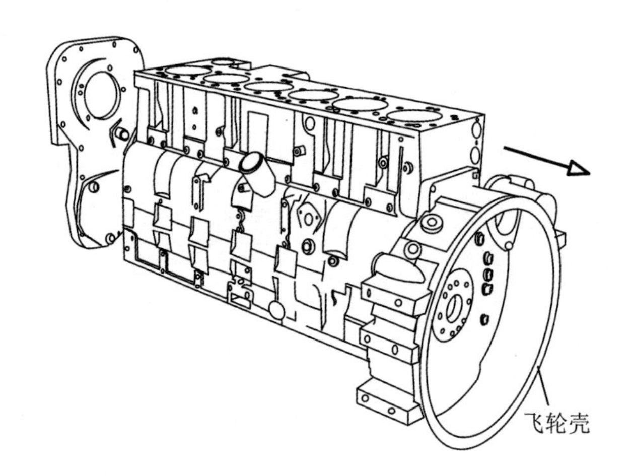

图 3-39　飞轮壳的分解

3.2.17　后油封座的分解

从中间向两边对称地拧松后油封座，拆下后油封座，如图 3-40 所示。

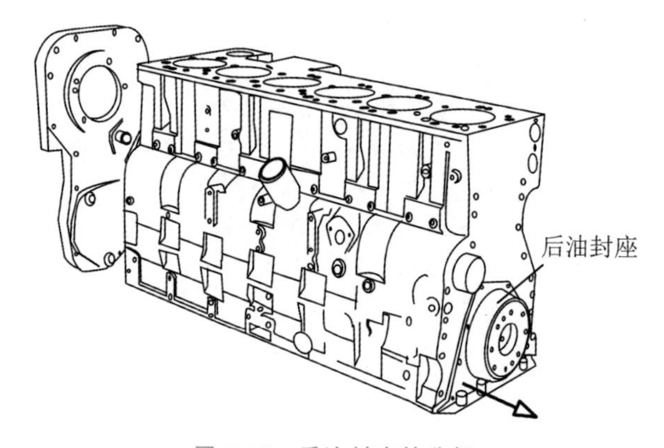

图 3-40　后油封座的分解

提示

同步发电机与飞轮壳之间发生漏机油故障，一般为后油封损坏，除利用大修期解体柴油机进行更换外，还可用油封拉拔器进行就机应急更换。应急更换只需拆除同步发电机和飞轮即可，安装时为保护油封唇口，应借助油封导向工具或用薄塑料板卷制工具实施。

3.2.18 凸轮轴的分解

(1)将机体侧置或倒置,以便稍后能顺利抽出凸轮轴。

(2)拧下凸轮轴止推片固定螺栓,先抽出凸轮轴至露出第一道轴颈,拆下凸轮轴止推片。

(3)边左右旋转边抽出凸轮轴,如图 3-41 所示。

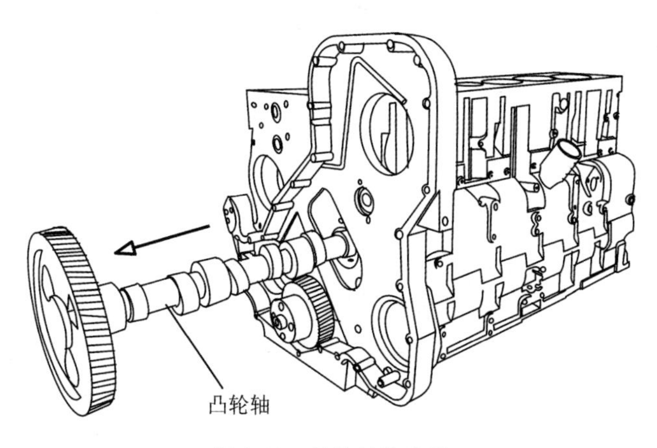

图 3-41 凸轮轴的分解

警示

(1)凸轮轴的凸轮棱边非常锋利,拆卸时注意防护,切忌将手伸入机体支撑凸轮轴后端挤切受伤。

(2)向外抽出凸轮轴时,要防止轴颈离开轴承座孔受重力作用磕伤凸轮轴工作面,故应左右旋转凸轮轴的同时,还要施以向上抬起的力量才妥。

知识链接

凸轮轴与齿轮为过盈配合,一般无须继续分解。若需更换凸轮轴或齿轮,继续分解时要用拉拔器分离二者,重新装合时需先将齿轮加热至 177 ℃左右并保持 45 分钟。

3.2.19 挺柱的分解

逐个取出挺柱并作记号,以便装配时装回原来的位置。

3.2.20 齿轮室的分解

从中间向两边对称拧下齿轮室固定螺栓，拆下齿轮室，必要时可先用木锤震松，如图 3-42 所示。

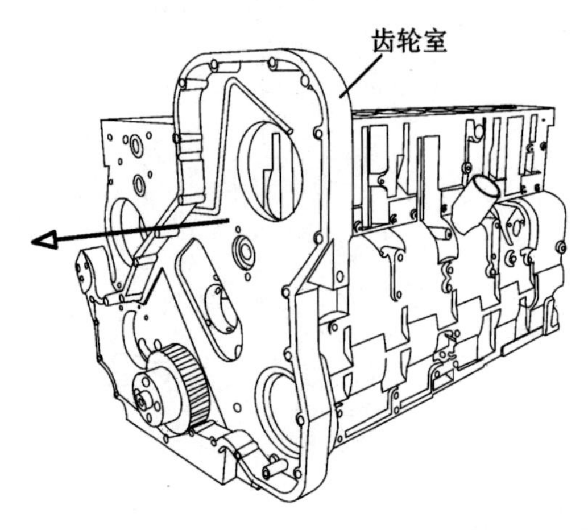

图 3-42　齿轮室的分解

提示

齿轮室上的正时销座一般无需分解，如果活塞连杆组和齿轮室装配后，正时销不能准确指示第一缸压缩冲程上止点位置时，可分解正时销座进行调整。

3.2.21 曲轴的分解

(1)将机体倒置。

(2)检查或记录主轴承盖上的序号，便于在安装时装回原来的位置。

(3)从中间向两边分 2～3 次对称地拧下各主轴承盖螺栓。

(4)用螺栓来回晃动主轴承盖使其松动，取下主轴承盖。若主轴下瓦脱落，应及时装回主轴承盖，以免与其他下瓦混合。

(5)水平地抬出或吊出曲轴。注意，当抬起曲轴时，应防止瓦片脱落混杂，如图 3-43 所示。

(6)取出主轴上瓦并作记号，以便装配时装回原来的位置。

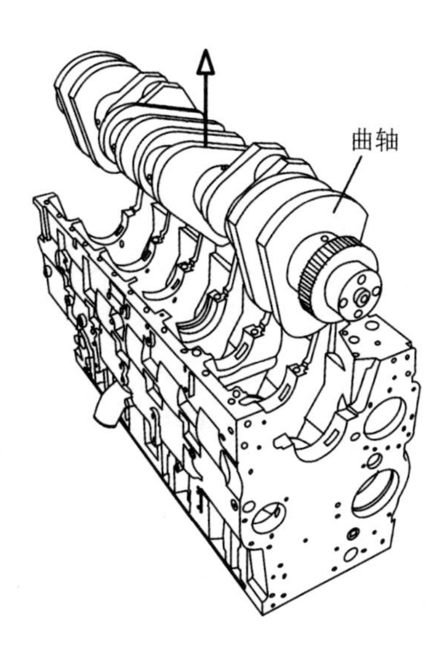

图3-43　曲轴的分解

提示与警示

各缸轴瓦不能互换，上瓦与下瓦之间也不能互换。

3.2.22　活塞冷却喷嘴的分解

用喷嘴铳子拆下各活塞冷却喷嘴，注意：如无必要，可不拆卸活塞冷却喷嘴。

3.2.23　气缸套的分解

(1)在各气缸套与气缸体之间作位置记号，以便装配时调整气缸套的角度。

(2)用气缸套拉拔器拆下气缸套并作记号，如图3-44所示。

(3)拆下封水圈。

提示

如无必要，可不拆卸气缸套。

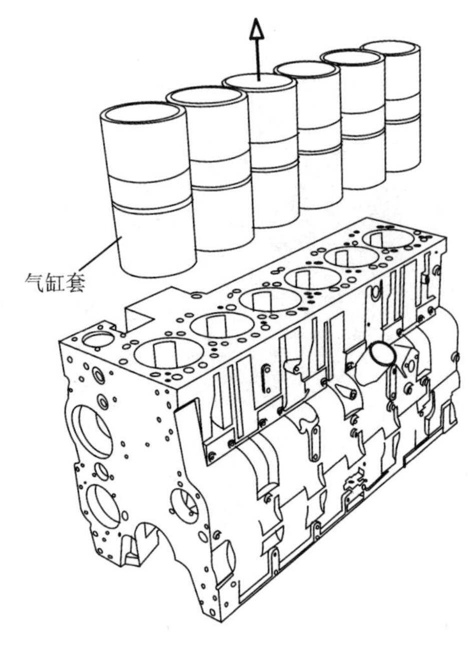

图 3-44　气缸套的分解

3.2.24　气缸盖零部件的分解

(1)将气缸盖放在木板或专用台架上,在气门上做标记,以便在安装时将它们装回原来的位置。

(2)用木锤轻敲气门弹簧座,使与之粘滞或已锈蚀的气门锁夹松动。

(3)安装气门弹簧压缩器,如图 3-45 所示,将压缩臂放到气门弹簧座上,拧入压缩器螺母,压缩气门弹簧直至锁夹脱离弹簧座,取出气门锁夹,若台架镂空,则需在气门头部垫上支承才有效。

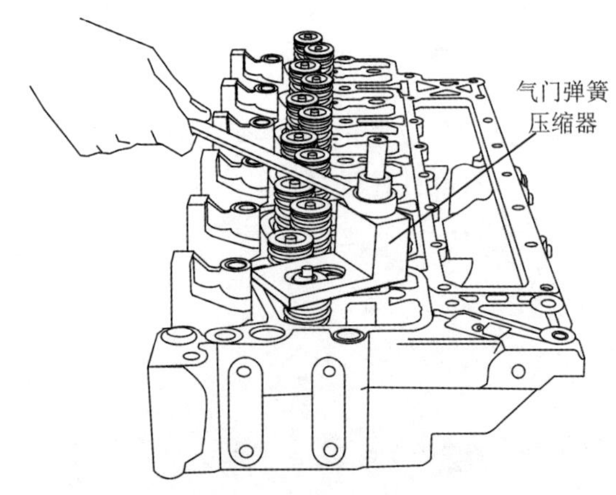

图 3-45　气缸盖零部件的分解

(4)松开压缩器螺母,再按相同的方法拆卸其余气门的锁夹。

(5)取下气门弹簧座和气门弹簧。

(6)将气缸盖侧置,取出气门。

(7)平放气缸盖,用专用工具拆下气门油封,如图 3-46 所示,按顺序摆放各零部件。

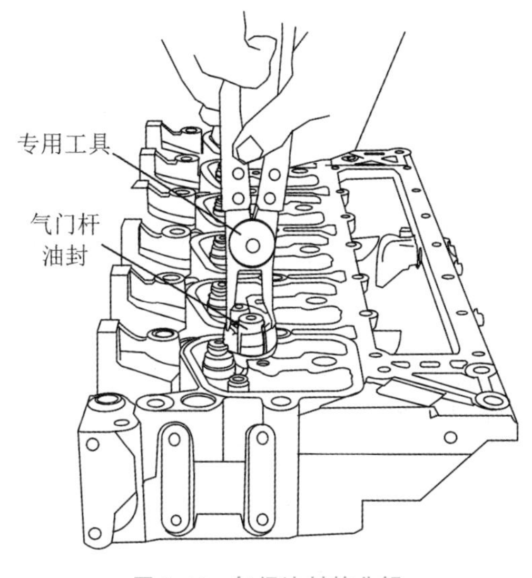

图 3-46　气门油封的分解

提示

压缩弹簧的方法并非唯一,自制其他实用、管用的工具有效即可。

3.2.25　活塞连杆组零部件的分解

(1)用活塞环扩张器水平地拆下各活塞环,取出油环槽内的撑涨环,如图 3-47 所示。

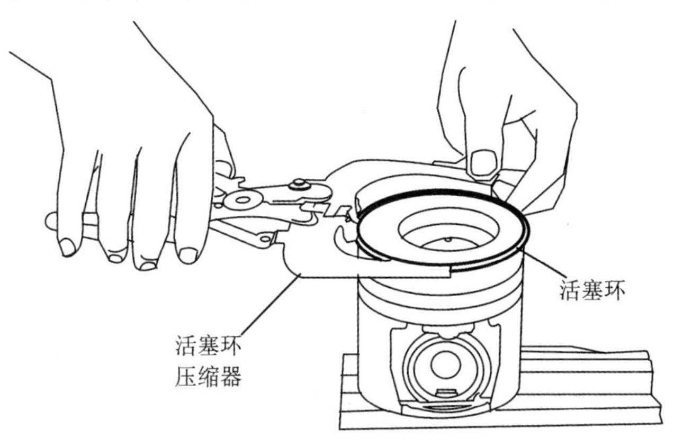

图 3-47　活塞连杆组零部件的分解

(2)按活塞环的次序和朝向将三道活塞环叠好并系上标签(此外还可在活塞环朝上的一侧做标记),用以在安装时装回原来的位置。

(3)用卡簧钳拆下活塞销卡簧。

(4)拆下活塞销和活塞。

提示

扩张活塞环的方法并非唯一,使用其他实用管用的工具有效即可。

/思考题/

扫码做习题

1. 简述柴油机分解的技术要求。

2. 如何拆卸传动皮带和风扇?

3. 康明斯C系列柴油机在拆卸凸轮轴时,机体为什么要侧置或倒置?

Chapter
04

第4章

柴油机的检验与修配

零件的检验与修配，是柴油机大修过程中极为重要的工序，它直接影响大修的质量和成本。因此，必须严格检验条件，规范修配方法。

4.1 柴油机检验与修配的内容和方法

4.1.1 零件的检验内容

零件的修配方法已在“1.3 维修基本方法”介绍，这里不再赘述。零件的检验内容，包括以下几个方面。

(1)零件的尺寸和磨损状况，如直径和高度等。

(2)零件的形位公差，如圆锥度和同心度等。

(3)零件的表面粗糙度、刮痕和裂纹等。

(4)零件的配合间隙和密封性等。

(5)铸造和焊接零件的内部缺陷，如气孔和内部裂纹等。

(6)零件材料的硬度、机械强度和弹簧张力等。

(7)零件的折断、烧损等。

(8)零件的重量和平衡情况。

4.1.2 零件的检验方法

零件的检验方法一般可分为直接观察法、测量法、探伤法和平衡检验法。

1.直接观察法

直接观察法是一种直观的检验方法，简单易行，在实际工作中应用广泛。柴油机中的许多零件，均可采用这种方法进行技术状况检验。

(1)视检法

对于表面损伤零件，例如沟槽、明显裂纹、剥落、折断、粗糙、缺口或破洞等损伤；零件严重变形、弯扭、严重磨损、表面烧蚀等，都可以借助眼睛或放大镜，确定该零件是否修理或报废。

(2)敲击法

对于壳体、铸件、板件、筒件等零件，可以用小锤轻轻敲击(有条件的用好件与待查件对比敲击)，用听觉来辨别其响声是否正常。敲击时，发出的响声如果是清脆的，通常说明零件完好，如果响声沙哑，通常说明零件破损或者已有裂纹。

(3)比较法

采用新的标准零件与被检验零件进行比较，以对比的结果作为判定被检验零件的技术状况。

(4)触摸法

这种方法完全是凭经验，根据技术人员的触摸感觉，可粗略判断零件的工作面、摩擦面的磨损情况和配合件的间隙等。

2.测量法

直接观察法是凭借人的感觉器官或经验来进行判断的，具有很大局限性。在柴油机实际维修过程中，更有效的还是通过千分尺、内径百分表(量缸表)、游标卡尺和厚薄规等量具对零部件磨损情况进行检测判定，通过油泵试验台、喷油器试验台和压力试验器等对总成件的技术性能进行鉴定。

3.探伤法

探伤法主要用来检验零件的隐蔽缺陷，一般方法力所不及，主要包括磁力探伤、超声波探伤、着色探伤、水压试验法和浸油法等。

(1)磁力探伤是借助磁力探伤器，将被检工件磁化，利用零件缺陷部位不导磁原理，在零件表面撒上磁粉或铁粉溶液，以显示裂纹、缺陷的部位和大小，可用于钢、铁制零件的表面和近表面缺陷的检验。

(2)超声波探伤是利用超声波通过两个不同介质的界面，产生折射和反射的原理，来发现零件内部缺陷及其所在部位和大小的方法。

(3)渗透探伤主要包括着色检测和荧光检测两种方法。着色检测法采用某些渗透性很强的有色油液进行渗透，然后利用显像剂，以鲜明的颜色将缺陷显示出来；荧光检测法采用含有某些荧光物质的且渗透性很强的荧光油液进行渗透，然后利用显像剂吸附，再通过紫外灯照射，使之产生荧光来显示缺陷。

(4)水压试验法可对气缸盖、气缸体和进排气歧管等铸铁件、空腔零件壁上的裂纹进行检测，水的压力为0.30～0.40 MPa，保持5分钟。如果零件某些部位有水珠出现，则表示该处有裂纹或缺陷。

(5)浸油法可用于检测零件表面肉眼看不见的裂纹。将被检测零件浸入煤油或柴油中，取出后将表面擦干，涂上滑石粉或石灰粉，用手锤轻击零件非工作面，则零件裂纹处有油液溅出，湿润滑石粉或石灰粉，形成黄色线痕。

4.平衡检验法

平衡检验法用于高速旋转零件(如飞轮、曲轴)的平衡检查，一般应在专门的检验台架上进行。零件不平衡质量的消除通常有两种方法：一是在不平衡质量相对称的一边附加一质量；二是在不平衡质量的一边的适当位置去除一定质量的金属。

4.2 柴油机检验与修配的工艺步骤

4.2.1 气缸体和气缸盖的检验和修配

1.气缸体和气缸盖裂纹的检验和修配

裂纹的检验一般采用水压试验法。将气缸盖及气缸垫装在气缸体上，把水压机水管接在气缸体的进水口处，并将其他水道口一律封闭，然后注水并加压至0.30～0.40 MPa，若某处有水珠出现，表明该处有裂纹或砂眼。气缸体和气缸盖如果出现裂纹，通常需要更换总成。若不具备更换条件，且裂纹处不承受重荷、重压，操作界面良好时，亦可采取粘胶、焊接、栽钉和补板等方法修配以应急。

2.气缸体和气缸盖平面度的检验

用钢板尺(或游标卡尺杆身)和厚薄规测量气缸体顶平面和气缸盖底平面的平面度，如图4-1所示(气缸体纵向平面度≤0.075 mm，气缸体横向平面度≤0.075 mm；气缸盖纵向平面度≤0.200 mm，气缸盖横向平面度≤0.075 mm)。

若平面度偏差较小，可用油石研磨校正；若偏差较大或有凹坑、凹槽，除更换外，还可以采用机加工顶(底)平面，同时更换加厚气缸垫的方法进行修理。

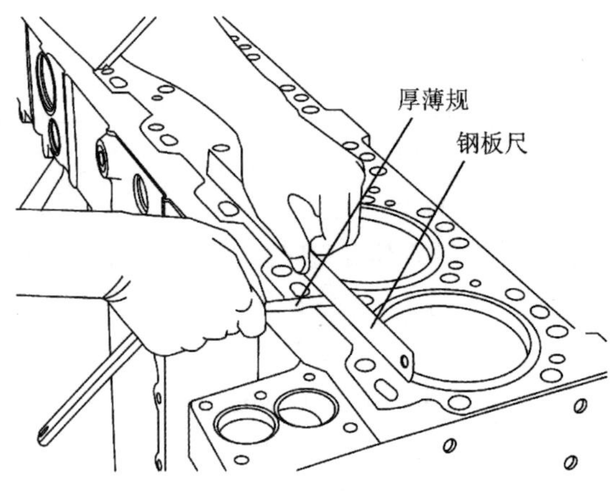

图 4-1 平面度的检验

提示

气缸体顶平面和气缸盖底平面若出现形变甚至翘曲，没有专用研磨设备和修理经验，不推荐修理，应更换总成。

3.气缸的检验

气缸套的更换动画

(1)气缸椭圆度和圆锥度的测量：用量缸表按图 4-2 所示位置测量活塞环通过区域上部和下部的气缸内径，测量时选取互相垂直的两个方向，记录百分表的读数；用千分尺测量该量缸表的测杆长度，如图 4-3 所示，测量时，旋转千分尺测微筒使量缸表指示为记录的读数，然后读取千分尺，该值即为气缸的内径值。再根据测得的四个内径值计算气缸的椭圆度和圆锥度(气缸孔内径标称值为：114.000～114.040 mm，椭圆度≤0.08 mm，圆锥度≤0.08 mm)。

(2)气缸最大磨损量的测量：用量缸表找到气缸磨损最大部位(通常在活塞处于上止点时第一道活塞环对应的位置)的最大直径，用该最大直径减去气缸的标称值即为气缸的最大磨损量。当气缸磨损量过限时，一般采用更换气缸套的方法进行修理。

提示

(1)气缸椭圆度可间接地用来判定活塞环的漏光度和工作时的密封性。

(2)气缸最大磨损量包含了气缸的圆锥度，最大磨损量是确定气缸修理级别和是否更换的依据。修理级别为每加大 0.25 mm 为一级(共三级，即＋0.25 mm，＋0.5 mm，＋0.75 mm)，通常采用镗磨缸工艺，但现代维修通常已不再执行此工艺，以换件为主。

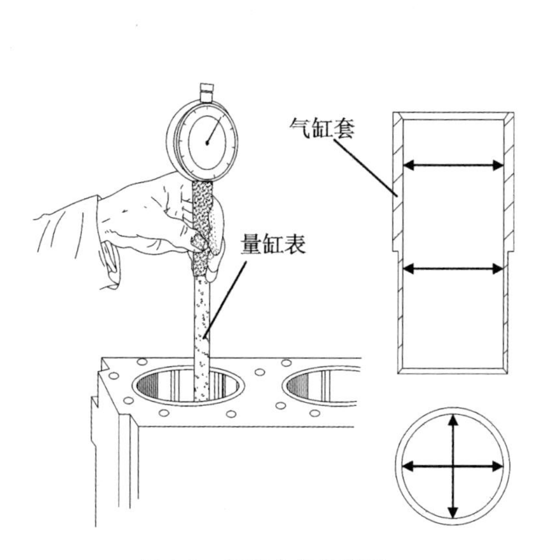

图 4-2　气缸内径的测量

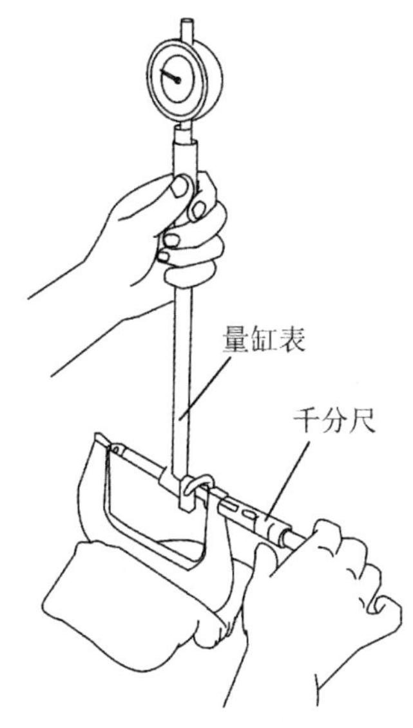

图 4-3　用千分尺测量量缸表的测杆长度

4. 凸轮轴衬套的检验

按照气缸内径的测量方法，用量缸表和千分尺测量凸轮轴衬套的内径（凸轮轴衬套内径≤60.12 mm），测量时选取互相垂直的两个方向，如图 4-4 所示。

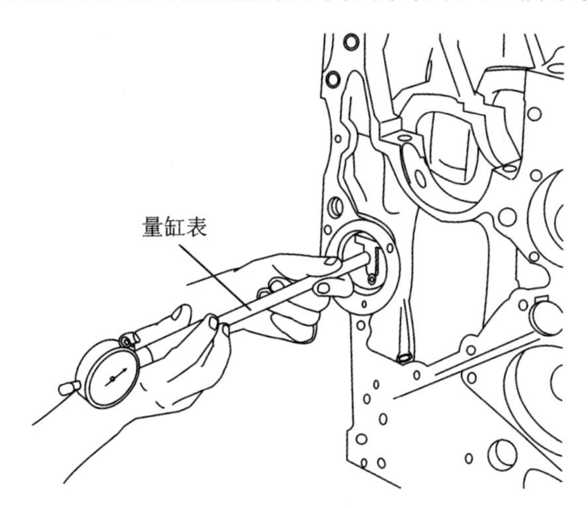

图 4-4　凸轮轴衬套内径的测量

如果凸轮轴衬套尺寸超过规定值，应采用更换衬套的方法进行修理。

5. 主轴瓦的检验

（1）主轴翻边瓦翻边厚度的测量：用外径千分尺或游标卡尺测量翻边轴瓦翻边厚度，如图 4-5 所示（翻边厚度：3.517～3.567 mm）。若翻边厚度超过规定值应更换翻边轴瓦。翻边轴瓦一般有 0.25 mm 和 0.50 mm 两级加大的规格，可以根据曲轴轴向间隙进行选用。

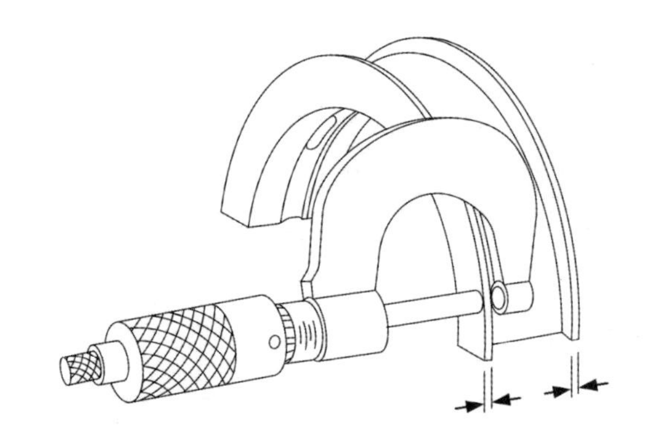

图 4-5　翻边轴瓦凸缘厚度的测量

(2)主轴瓦内径的测量:按照标记装入主轴上瓦,再按照标记安装主轴下瓦和主轴承盖,分三步交替拧紧主轴承盖螺栓(拧紧力矩:第一步 50 N·m,第二步 119 N·m,第三步 176 N·m);按照气缸内径的测量方法,用量缸表和千分尺测量主轴瓦内径(主轴瓦内径:98.079 mm～98.125 mm),测量时选取互相垂直的两个方向,如图 4-6 所示。

若主轴瓦内径超过规定值,需成对更换主轴瓦。

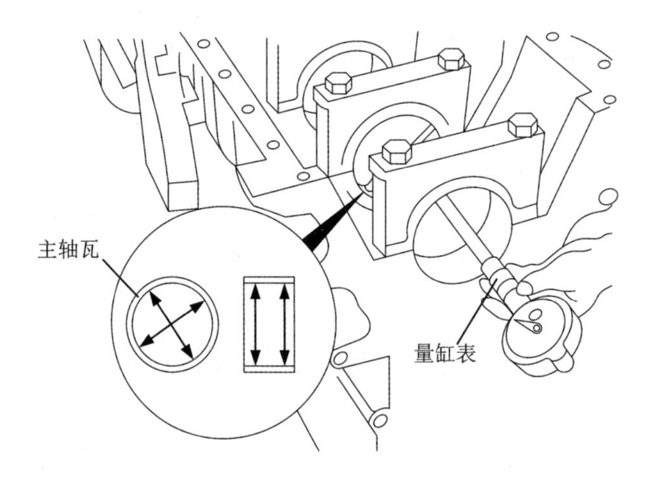

图 4-6　主轴瓦内径的测量

提示

(1)紧固螺栓螺纹处拧紧时应涂少量机油以保护螺纹。

(2)轴瓦磨合面若有麻点腐蚀、较重磨痕或较深沟槽,则直接更换新品。

(3)轴瓦累计工作时间满足大修周期建议全部更换新品。

(4)不推荐使用加大轴瓦。

4.2.2　曲轴的检验和修配

1. 外观检查

检查曲轴各轴颈的磨合面、工作面和应力集中处，若轴颈表面有轻微粘连或磨痕，可使用细平锉、砂布或油石手工打磨处理；若有深的沟槽和较重的金属粘连，又无条件更换曲轴时，可采用磨削轴颈并选配加大轴瓦的方法进行修理；若出现裂纹，则必须更换曲轴。

2. 连杆轴颈的检验和修配

用外径千分尺按图 4-7 所示位置测量连杆轴颈的直径、椭圆度、圆锥度（连杆轴颈直径为 75.962～76.013 mm；椭圆度≤0.050 mm，圆锥度≤0.013 mm）及轴颈磨损量。

若连杆轴颈尺寸或磨损量超过规定值，除更换曲轴外，也可采用磨削连杆轴颈并选配加大轴瓦的方法进行修理。

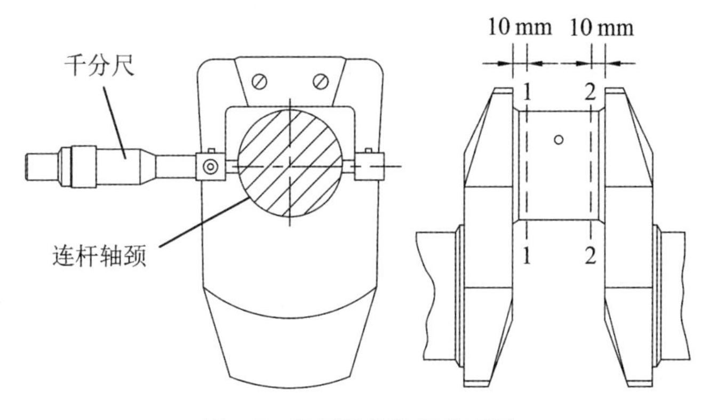

图 4-7　连杆轴颈外径的测量

提示

轴瓦加大（加厚）按每加大 0.25 mm 为一级，共分三级，即+0.25 mm，+0.50 mm，+0.75 mm。选配加大轴瓦的前提是曲轴轴颈必须按加大尺寸同步进行过搪削处理，满足原配合间隙，但现在维修已不推荐执行这种工艺，以换件为主。

3. 主轴颈的检验和修配

按照相同的方法，用外径千分尺测量主轴颈的直径和椭圆度、圆锥度（主轴颈直径为 97.962～98.013 mm，椭圆度≤0.050 mm，圆锥度≤0.013 mm）及轴颈磨损量。

若主轴颈尺寸或磨损量超过规定值，除更换曲轴外，也可采用磨削主轴颈并选配加大轴瓦的方法进行修理（加大轴瓦维修的工艺同前述提示内容）。

4. 曲轴同心度的检验

（1）先装入第一道和第七道主轴上瓦，注意轴瓦瓦面要涂机油，然后安装曲轴，使其支撑在这两道轴瓦上。

（2）用磁性表座和百分表测量曲轴的同心度，如图 4-8 所示。测量时，百分表的测头轻触（2 mm 之内预压量）第四道主轴颈上（测头避开油孔），然后按工作方向缓慢旋转曲轴，观察百分表指针的摆动情况，用最大摆差来表征曲轴的同心度（同心度≤0.15 mm）。若曲轴同心度超过规定值，应冷压校正或更换曲轴（推荐更换）。

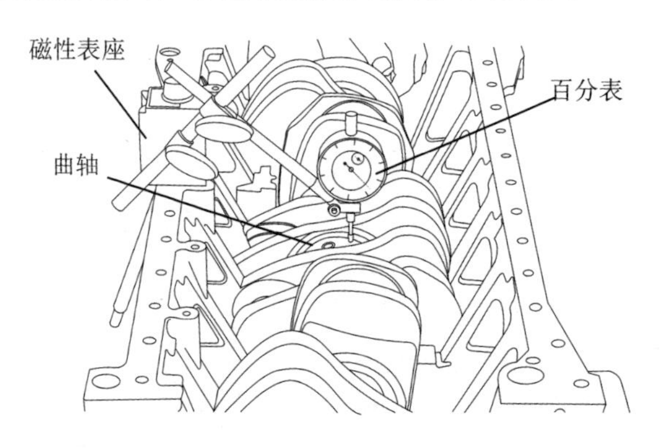

图 4-8 曲轴同心度的测量

4.2.3 凸轮轴的检验和修配

1. 轴颈的检验和修配

用外径千分尺测量凸轮轴各轴颈的直径（轴颈直径为 59.962～60.013 mm）。
若轴颈直径超过规定值，应更换凸轮轴。

2. 同心度的检验

用 V 形铁支撑凸轮轴两端轴颈，两端轴颈要涂抹机油。用百分表测头轻触在第四道轴颈上，按照曲轴同心度的测量方法，测量凸轮轴的同心度，如图 4-9 所示（同心度≤0.10 mm）。若凸轮轴同心度超过规定值，应冷压校正或更换凸轮轴（推荐更换）。

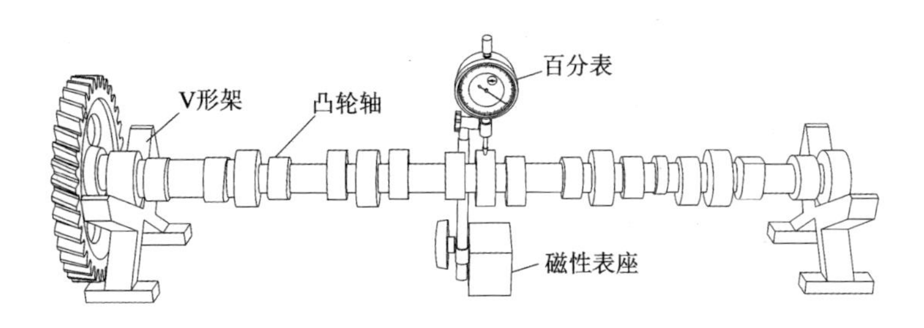

图 4-9　凸轮轴同心度的测量

4.2.4　活塞的检验

1.外观检查

检查活塞是否有裂纹和烧蚀的凹坑、活塞圆周是否有拉伤、环槽是否有明显的磨损、活塞销孔有无高温变色等缺陷，若存在这些缺陷，都应更换活塞。

2.活塞裙部直径的检验

用外径千分尺在活塞销垂直方向测量活塞裙部的直径，测量时选取距离活塞边缘 18 mm 的部位，如图 4-10 所示（活塞裙部直径为 113.814～113.886 mm）。

若裙部直径超过规定值，需更换新活塞。

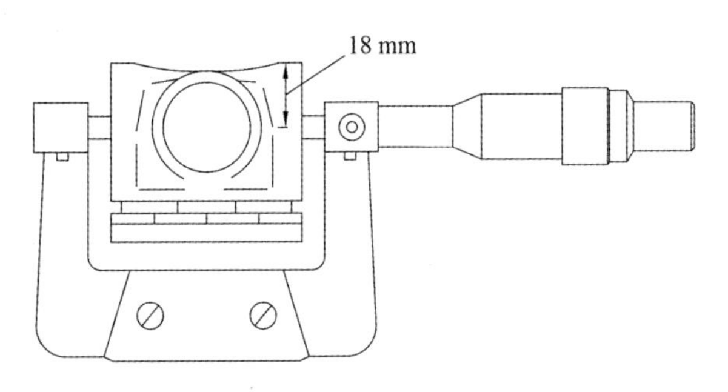

图 4-10　活塞裙部尺寸的测量

4.2.5　活塞环的检验

1.端隙的测量

将活塞环放入相应气缸中，并用活塞顶部将其平正地推至正常工作区域，再用厚薄规测量活塞环的端隙，如图 4-11 所示（端隙：第一道气环为 0.35～0.60 mm，第二道气环为 0.35～0.65 mm，油环为 0.30～0.60 mm)。

若端隙大于规定值，需重新选配活塞环；若端隙小于规定值，除重新选配外，还可适量锉修活塞环开口的一端(通常不推荐锉修，应继续选配)，如图 4-12 所示，使其满足端隙要求。

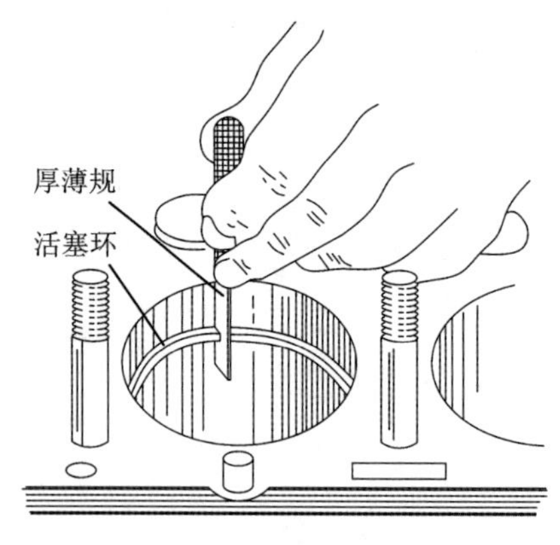

图 4-11 活塞环端隙的测量

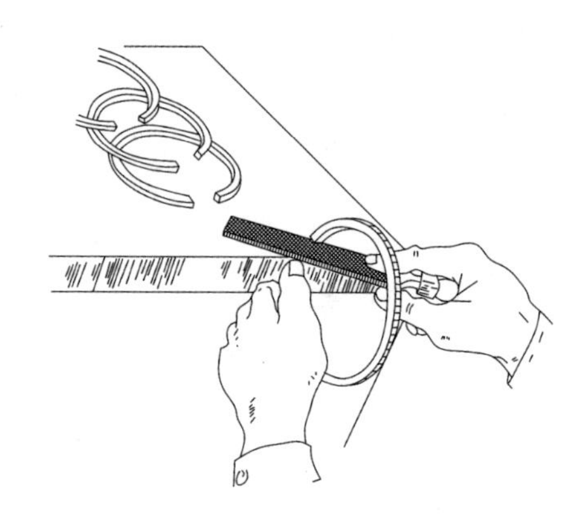

图 4-12 活塞环端隙的锉修

2. 侧隙的测量

由于第一、二道气环为梯形环，其侧隙的测量一般在活塞装入气缸后进行。测量时，向上推活塞，使一截活塞环露出气缸，活塞环将紧靠环槽下端，此时可用厚薄规测量活塞环与环槽上端之间的间隙，即为活塞环的侧隙值，如图 4-13 所示。油环的侧隙则可在气缸外部直接测量，如图 4-14 所示(侧隙：第一道气环为 0.095～0.115 mm，第二道气环为 0.085～0.130 mm，油环为 0.020～0.130 mm)。

若侧隙超过规定值，应重新选配活塞环。

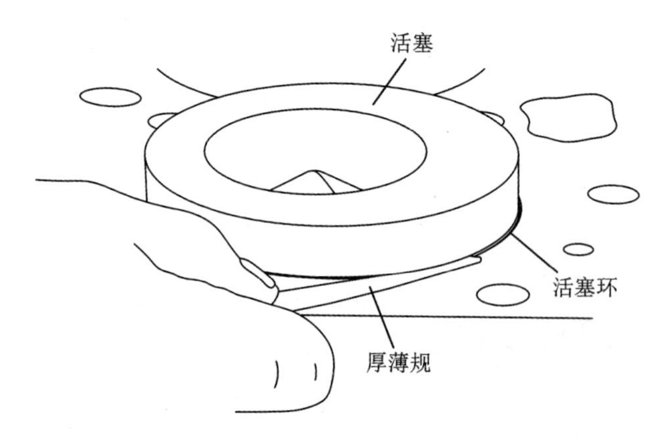

图 4-13 气环侧隙的测量

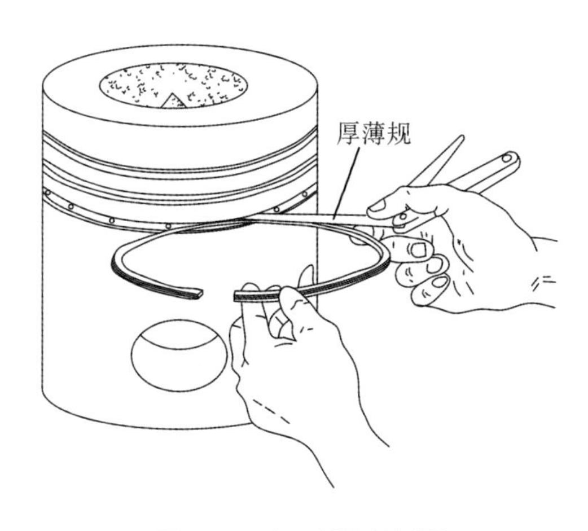

图 4-14　油环侧隙的测量

3. 背隙的测量

用游标卡尺分别测量环槽的深度和相应活塞环的厚度，可将它们的差值作为背隙值（背隙：0.15～0.70 mm）。若背隙超过规定值，应重新选配活塞环。

4.2.6　连杆轴瓦的检验

(1)按照标记安装连杆盖，分两步交替拧紧连杆螺栓(拧紧力矩：第一步 40 N·m，第二步 80 N·m，第三步 120 N·m)。

(2)按照气缸内径的测量方法，用量缸表和千分尺测量连杆轴瓦内径(连杆轴瓦内径：76.046～76.104 mm)，测量时特别关注互相垂直的两个方向的椭圆度和整个内圆表面磨损是否均匀。

若连杆轴瓦内径超过规定值，需成对更换连杆轴瓦。

提示

(1)连杆螺钉螺纹处紧固前应涂少量机油以保护螺纹。

(2)轴瓦磨合面若有麻点腐蚀、较重磨痕或较深沟槽，则直接更换新品。

(3)轴瓦累计工作时间满足大修周期，建议全部更换新品。

(4)不推荐使用加大轴瓦。

4.2.7 气门的检验和修配

1.气门的检验

(1)外观检验

外观检查气门头部,应无烧蚀、深的沟槽、裂纹和折断等缺陷,否则应更换新气门。气门头部密封锥面上若有浅的沟槽和麻点,在光磨后可重新使用。

外观检查气门杆部,应无明显弯曲,气门杆顶部和锁夹槽应无明显磨损,否则应更换新气门。

(2)气门杆直径的检验

用外径千分尺检查气门杆的直径,检查部位为气门与导管的上下口接触处及其中部,如康明斯 C 系列柴油机气门杆直径应为 9.46~9.50 mm。气门杆的直径若超过规定值或椭圆度、圆锥度大于 0.02 mm,应更换新气门。

(3)气门杆弯曲度的检验

气门杆的弯曲和头部偏摆,可用百分表进行检查,其方法如图 4-15 所示,也可将气门杆放在平板上,边滚动边观察其偏摆度和弯曲情况。当在 100 mm 长度上的弯曲度超过 0.025~0.03 mm、摆动量超过 0.05 mm 时(或偏摆和弯曲较明显时),应更换新气门。

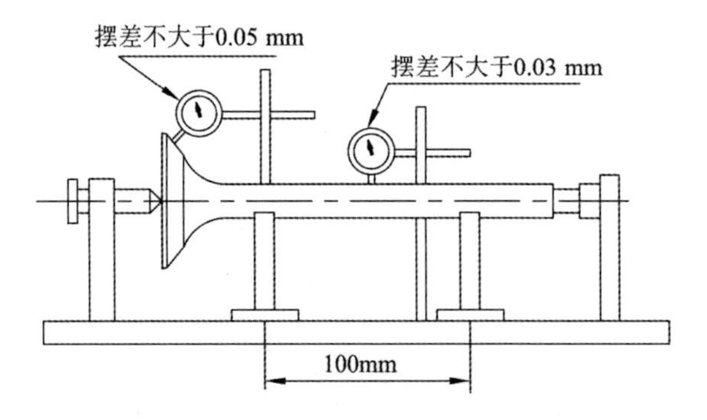

图 4-15 气门杆弯曲度的检验

2.气门的修配

气门锥面上如有浅的沟槽和麻点或工作面变宽等缺陷,可在气门光磨机上消除,气门光磨机结构如图 4-16 所示。光磨时必须按照气门的锥角调整气门夹架的角度,如康明斯 C 系列柴油机进气门锥角为 30°,排气门为 45°。

气门光磨后,应按图 4-17 所示测量气门头部外缘处的厚度,如果厚度减小并超过规定值,应更换新气门,如康明斯 C 系列柴油机进气门头部厚度不小于 3.01 mm,排气门不小于 2.22 mm。

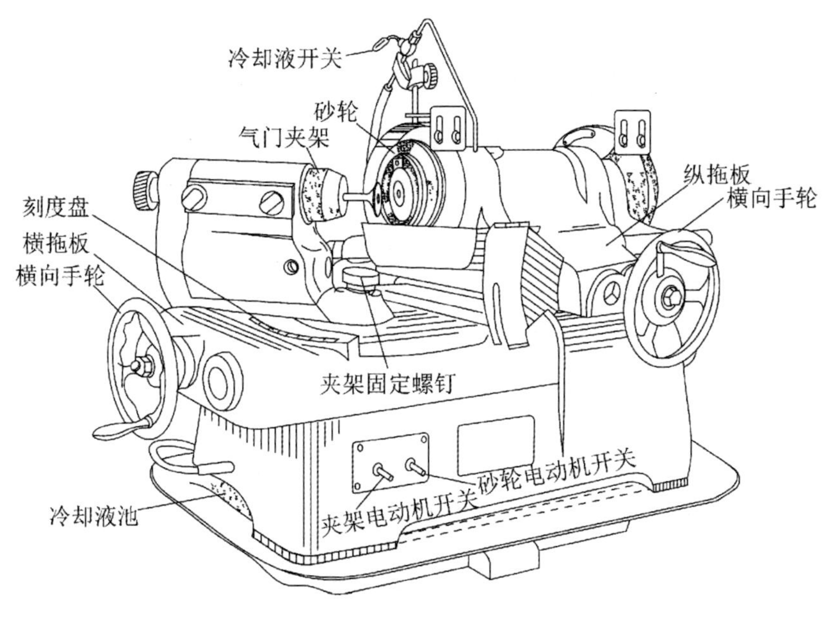

图 4-16　气门光磨机

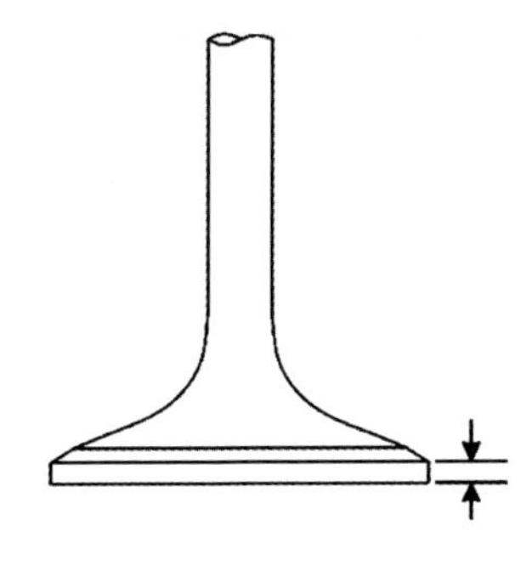

图 4-17　气门的头部厚度

提示

气门光磨对设备的要求较高，不可用台钻或电钻等设备代替。

4.2.8　气门导管的检验和修配

1. 气门导管的检验

(1)外观检验

检查气门导管，应无拉伤和划痕等缺陷，否则应更换新气门导管。

(2)气门导管配合间隙的检验

将气门插入相应的导管内,使气门头部贴近气缸盖平面,然后用磁性表座固定百分表并将百分表测头抵在气门头部的边缘(百分表应平放,以贴近气缸盖)。沿百分表测头方向来回摆动气门,记录百分表指针的摆动量,如图 4-18 所示。气门导管的配合间隙约等于摆动量的 1/3(配合间隙:0.039～0.099 mm)。

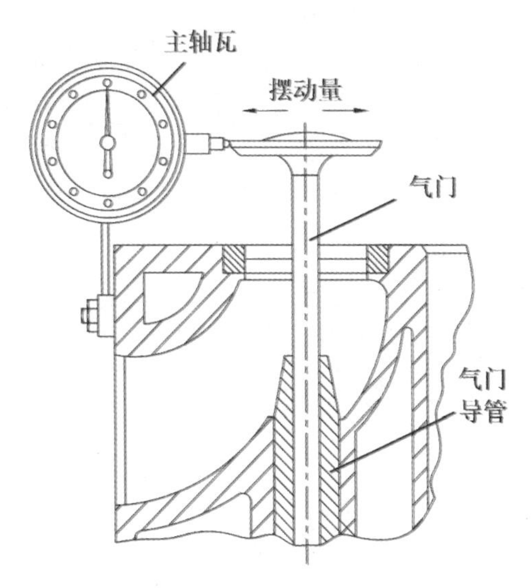

图 4-18　气门与气门导管配合间隙的测量

若配合间隙超过规定值,需要进一步判断是气门还是导管磨损过度,然后再进行相应的更换。实际上,由于气门的材料一般为合金钢,导管的材料一般为铸铁,所以气门导管的磨损速度比气门要快得多,当气门导管配合间隙超过规定值后一般要对气门导管进行更换。

除用百分表测量气门导管的配合间隙外,还可用简易方法进行检查。其方法是在气门杆上涂少量机油,然后将其插在导管中,如气门能以自身重量缓慢下降,则间隙为合适;也可在不涂机油的情况下,用手堵住导管下端,然后迅速提起气门,如感到有吸力,则间隙为合适。

2.气门导管的更换

(1)拆卸。按图 4-19 所示用专用拆卸工具拆下旧导管。

(2)清洗。清除气门导管座孔内的积炭和杂质。

(3)选配。选择新导管时,要求导管的内径与气门杆的尺寸相适应,导管外径与导管座孔的配合有一定的过盈,过盈量为 0.017～0.069 mm。

(4)安装。在气门导管和导管座孔内涂机油后,用专用安装工具压入气门导管,如图 4-20 所示。

(5)检验。按图 4-18 所示检查气门导管配合间隙。若配合间隙超过规定值,应重新更换气门导管。

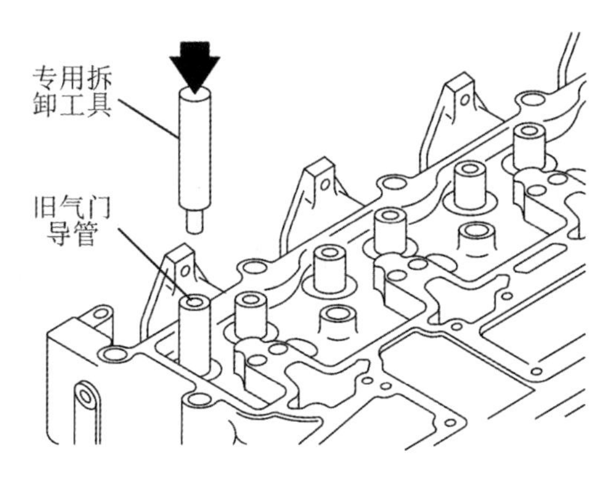

图 4-19　气门导管的拆卸

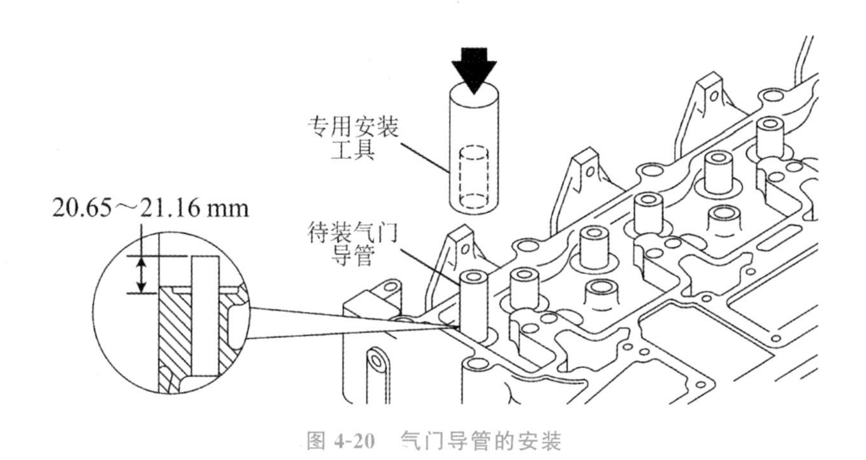

图 4-20　气门导管的安装

提示

(1)注意安装时应控制挥锤的幅度,尽量使导管竖直均匀地受力,避免损伤导管。

(2)若无专用工具,拆卸时可用合适尺寸的杆件敲震出气门导管,安装时可用合适的工具(如套筒和铜质垫片)压入气门导管。

4.2.9　气门座的检验和修配

1. 气门座的检验

(1)外观检查

外观检查气门座,应无烧蚀、深的沟槽和裂纹等缺陷,否则应更换新气门座。密封锥面上若有浅的沟槽和麻点,在铰削后可重新使用。

(2)气门下沉量的检验

将气门装入相应的气门座中,用百分表、磁性表座和钢板尺(或游标卡尺杆身)测量气门的下沉量,如图 4-21 所示(进气门下沉量:0.59~1.12 mm;排气门下沉量:1.09~1.62 mm)。

如果气门下沉量超过规定值,可先更换新的气门,如果装上新气门后的下沉量满足要求,则气门座可以继续使用;如果装上新气门后下沉量还不满足要求,则应更换气门座。

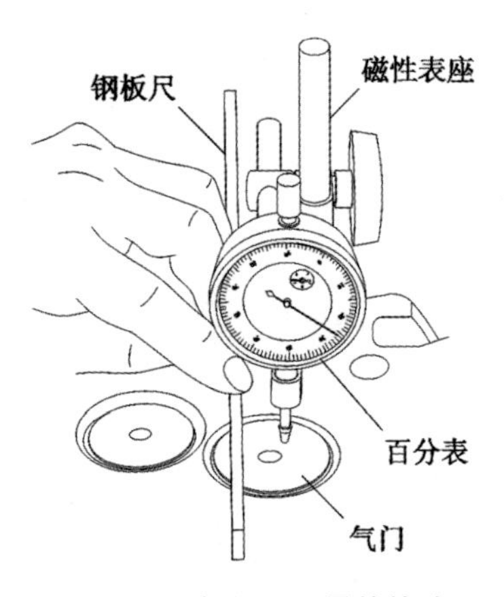

图 4-21 气门下沉量的检验

(3)密封性检验

气门座和气门的密封性通常采用以下几种方法进行检验:

① 仪器法。

按图 4-22 所示将气门插入对应气门座中,用空气罩罩住气门并压紧,然后压缩橡胶球,使空气罩内的空气压力达到 0.6~0.7 MPa。如果空气压力在 30s 时间内不下降,则表示密封性合格。

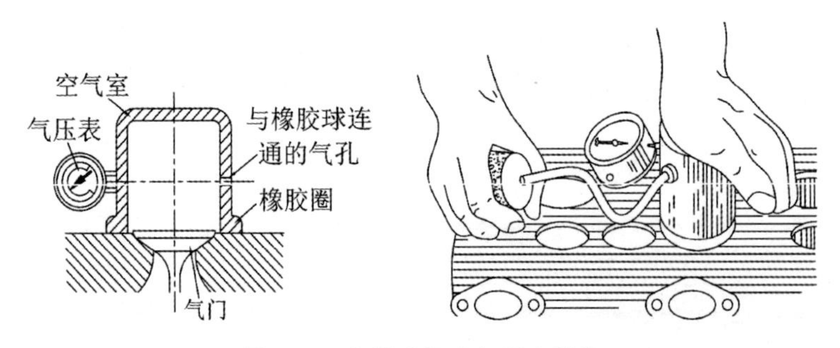

图 4-22 仪器法检验气门密封性

② 划线法。

用软铅笔在气门锥面上沿径向划数条等距的直线,如图 4-23 所示,然后将气门装入相应气门座中并轻拍几下,若每条直线均被切断则表示密封良好。

③ 渗油法。

按要求将气门组件装到气缸盖上，然后将煤油或柴油注入进、排气孔道，如图 4-24 所示。此后注意观察气门与气门座的接合处有无渗漏，一般在 5 min 内无油渗出，即表示密封性良好。此外，也可将研磨好的气门插入气门座中，将气缸盖底平面朝上平放，在气门头上注满煤油或柴油，若 30 min 内无明显渗漏则为合格。

若气门座和气门的密封性不良，应进行研磨修复。

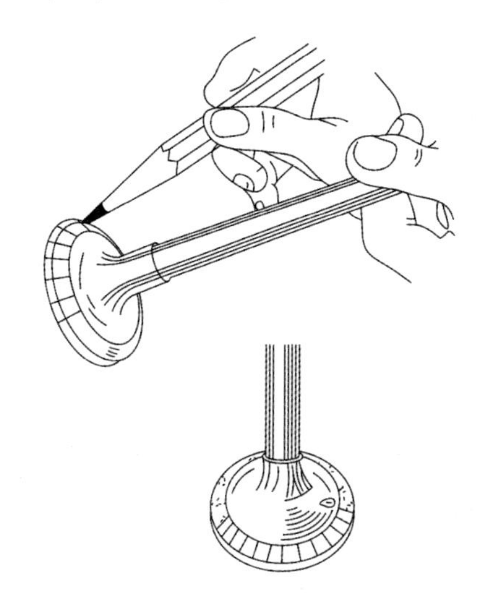

图 4-23　划线法检验气门密封性

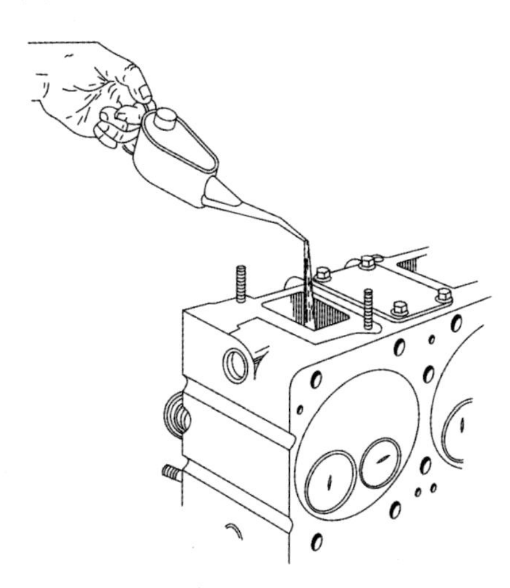

图 4-24　渗油法检验气门密封

2. 气门座的更换

如果气门座和气门导管都需要更换，则应先更换气门导管。气门座更换的步骤如下：

(1)在旧气门座内部铣出一道环槽。

(2)安装气门座拉拔器，滑动重锤，拆出气门座，如图 4-25 所示。

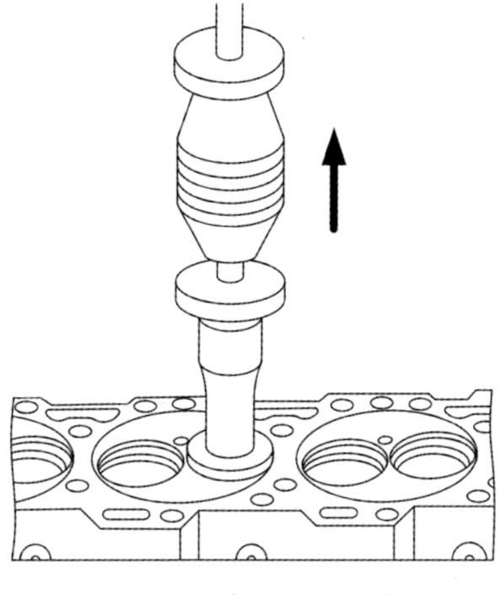

图 4-25　气门座的拆卸

(3)清洁气门座孔并进行外观检查。若气门座孔有裂纹或损坏,则应更换气缸盖。

(4)测量气缸盖上气门座圈孔的内径和深度(进气门座孔内径≤53.93 mm,排气门座孔内径≤47.03 mm;进气门座孔深度≤12.20 mm,排气门座孔深度≤9.830 mm),若任一尺寸超过规定值,则应更换气缸盖。

(5)选用配套的新气门座,为便于安装,先将气门座在−18 ℃下冷冻 30 min。

(6)将气门座的密封锥面朝上,用合适的工具顶入座孔中。当发出清脆的撞击声时,表明安装到位。

(7)将气门放入气门座中,检查气门下沉量。若下沉量过大,应重新更换;若下沉量过小,应进行铰削处理。

3. 气门座的铰削

气门座铰削的步骤如下:

(1)选择铰刀

根据气门头部和气门导管的直径,选择一组合适的铰刀和导杆,导杆应能轻松插入气门导管,配合间隙应不大于 0.05 mm。

(2)砂磨

由于气门座表面有一硬化层,在铰削时,铰刀往往会打滑,可先用粗砂布垫在铰刀下进行砂磨,然后再铰削。

(3)粗铰

根据气门座锥度要求,将 45°(或 30°)粗铰刀套在导杆的锥面上,按图 4-26(a)所示进行铰削。

铰削时,铰刀应水平,两手用力要均匀,大小要适当,转动要平稳,不能抖动,以免铰偏和起棱。铰刀应始终按顺时针方向(从上向下看)铰削,不得反转,以免损坏铰刀。铰刀的起止位置应不断变化以保证铰削均匀。在铰削过程中应经常提起铰刀,检查气门的下沉量。

粗铰一般进行至沟槽和麻点消除,同时满足气门下沉量要求为止。

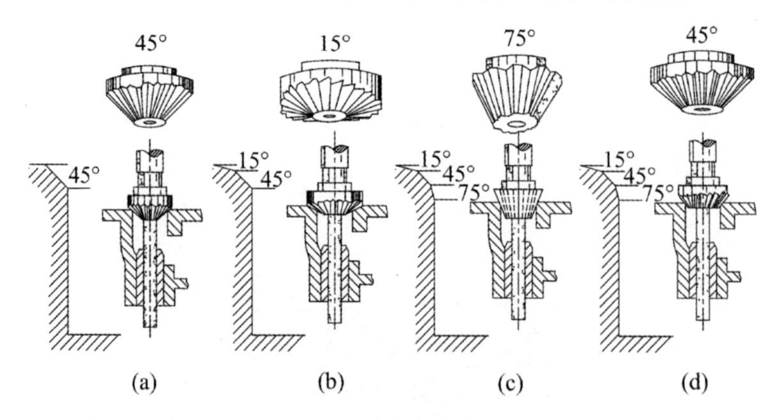

图 4-26　气门座的铰削

(4)试配与修整

试配时,先在铰削面上涂红丹油,然后将气门插入气门座内轻拍几下,取出气门查看,要求接触环带在气门锥面的中下部或中部,宽度一般为 1.5～2mm,如图 4-27 所示。

图 4-27　气门座与气门的接触环带

若接触环带过宽且偏上,应用 15°铰刀铰削锥面的上口(见图 4-26(b));若接触环带过宽且偏下,则需用 75°铰刀铰削锥面的下口(见图 4-26(c))。若接触环带过窄,则需返回步骤(3)继续粗铰。这样边试配边铰削,直到符合规定为止。

(5)精铰

最后用 45°(或 30°)的细刃铰刀或在铰刀下垫细砂布,修铰(或修磨)接触环带(见图 4-26(d))。

4.气门座的研磨

气门座和气门的密封性不良时,应进行研磨处理。经过铰削的气门座,也应进行研磨才能使用。研磨的步骤如下:

(1)清洁:清洗气门、气门座和气门导管,然后在气门杆上涂抹机油。

(2)粗磨:在气门锥面上均匀地涂一薄层粗研磨砂,将气门装入相应气门座内,用皮碗吸住气门头部,单手捻转木柄进行研磨,如图 4-28 所示。

研磨动作要领:不同起点,不同角度,带旋转的拍击气门。即保持气门与气门座是旋转摩擦接触,旋转角度一般为 10°～30°,以保证研磨均匀。粗磨数分钟后,再重复步骤(1)和步骤(2)一到两次,直到磨出一条整齐无沟槽和麻点的接触环带为止,如图 4-27 所示。

(3)精磨:换用细研磨砂进行精磨,直至锥面出现一条均匀、整齐的灰色环带为佳。

(4)油磨:在气门锥面上涂抹机油,继续研磨数分钟以提高光洁度。

(5)检查:按前述方法检查气门座和气门的密封性,若不合格,应重新研磨。

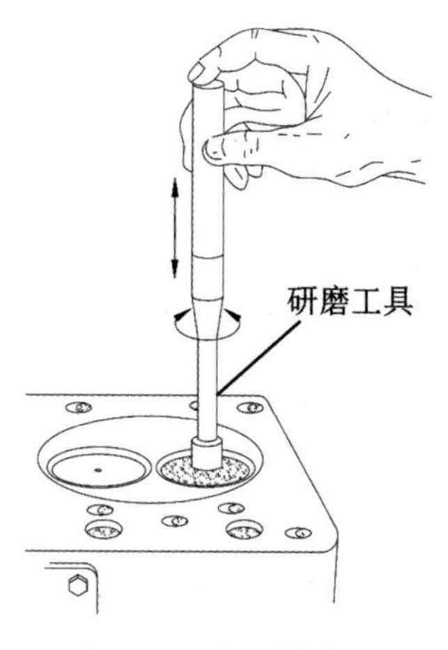

图 4-28　气门的研磨

提示

(1)研磨时,不要将研磨砂落入气门杆与导管之间,以免造成磨损。

(2)有条件的可采用电动工具研磨,以提高效率。

4.2.10　中冷器的检验

(1)外观检查中冷器是否有裂纹或破损等缺陷,若有损坏则应进行更换。

(2)按图 4-29 所示将出水口堵住,把中冷器浸没于水池中,从进水口中通入 0.5 MPa 的压缩空气,若中冷器四周有气泡冒出,则说明中冷器芯已损坏。若破损处位于外层冷却管或进出水管接头且漏气量较小,则可焊补修复。若破损处位于内部冷却管,应更换中冷器。

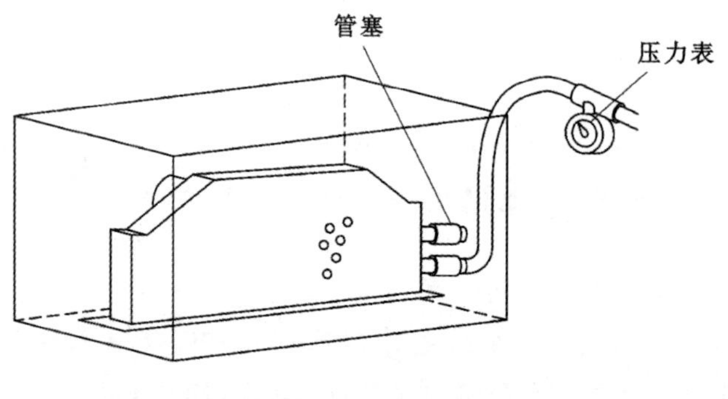

图 4-29　中冷器的检验

4.2.11　节温器的检验

1.冷却系统节温器的检验

(1)把节温器和温度计悬挂在水中,如图 4-30 所示,然后缓慢的对水进行加热。

(2)观察节温器开始打开时和全部打开时的温度,然后取出节温器,立即测量全部打开时通流阀与凸缘的距离,如图 4-31 所示(节温器开始打开温度为 82 ℃±1 ℃,节温器全部打开温度为 95 ℃±1 ℃,节温器全部打开时通流阀与凸缘的距离≥41.5 mm)。

如节温器的开启温度或距离不符合规定,应予以更换。

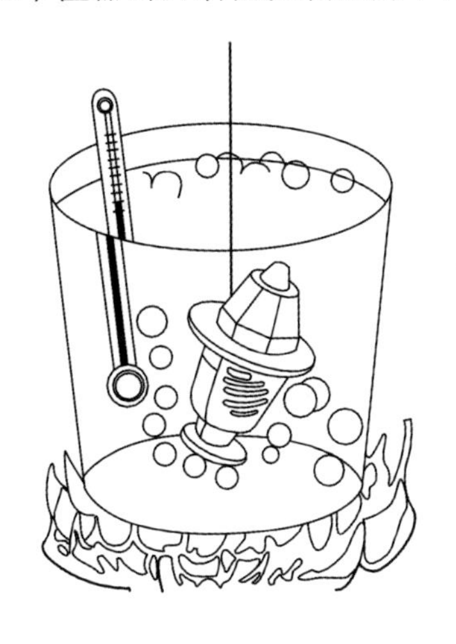

图 4-30　节温器的检验

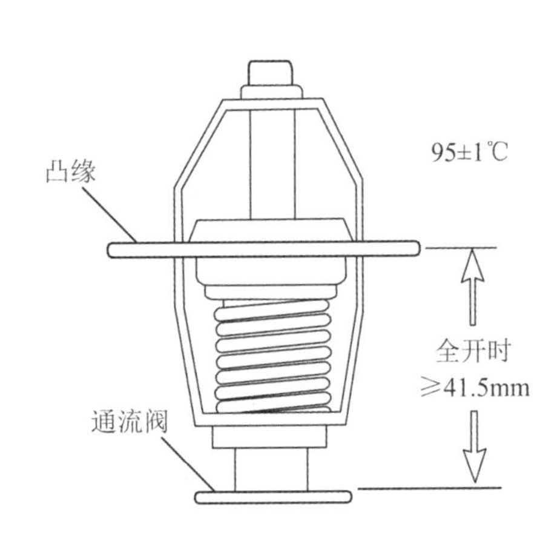

图 4-31　节温器开启距离的测量

提示

不要让节温器或温度计接触容器,以免产生误差。

2.润滑系统节温器的检验

检查机油节温器时应先观察弹簧是否有折断和其他损伤,然后把节温器和温度计悬吊在新机油中,注意不要让节温器接触到容器的底和壁,如图 4-32 所示。对机油进行加热,记下节温器全部打开时的温度。当温度达到 116 ℃时,节温器必须全部打开,伸展长度最少为 45.9 mm。

如果机油节温器不能符合上述测试要求,则应更换新的节温器。

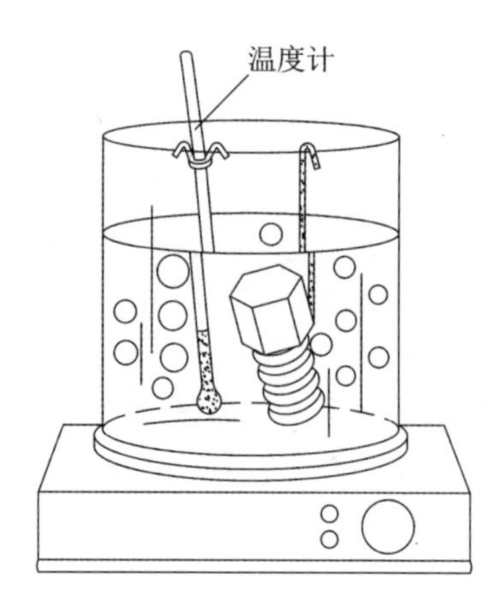

图 4-32　机油节温器的检验

4.2.12　增压器的检验

1.转子轴向间隙的测量

借助磁性表座固定百分表并使其测头轻触在增压器转子轴端面上。用手轴向推拉转子轴,百分表的最大摆差即为转子轴向间隙,如图 4-33 所示(轴向间隙:0.03 mm～0.08 mm)。

若轴向间隙超过规定值,应更换增压器的推力轴承。

2.转子径向间隙的测量

将压气机转子推向外壳,用厚薄规测得转子边缘与外壳间的最小间隙值,如图 4-34 所示,然后将压气机转子推离外壳,在同一位置测得转子边缘与外壳间的最大间隙值,两间隙值之差为摆差,摆差的 1/3 即为转子的径向间隙(径向间隙:0.21～0.46 mm)。

若径向间隙超过规定值,应更换增压器的浮动轴承。

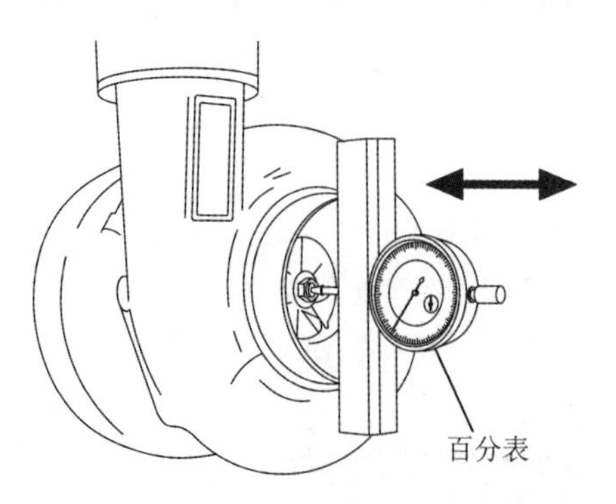

图 4-33　增压器转子轴向间隙的测量

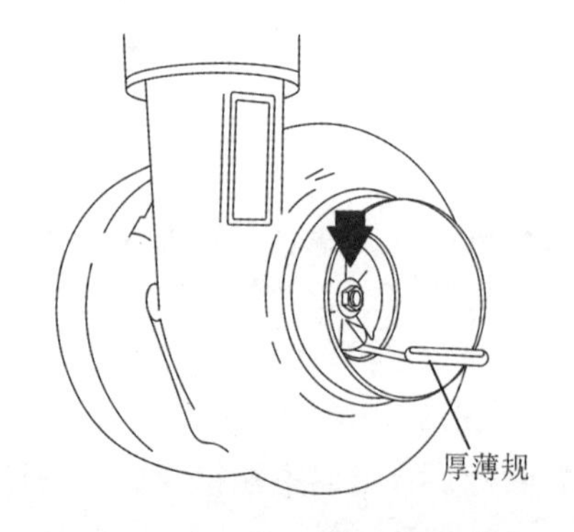

图 4-34　增压器转子径向间隙的测量

提示

(1)增压器优先肉眼和触摸检查,若发现壳内腔和转子存在油污,通常可判断轴承已有磨损,且油污程度与磨损成正比。

(2)增压器转子和轴承的材质及加工工艺非常考究复杂,实际维修时更换轴承难度很大,且维修效果不佳。若漏油严重,推荐更换总成。

(3)增压器工作条件恶劣,价值贵重,严格按操作规程正确使用、保养可延缓其使用寿命。

4.2.13　喷油器的检查和调整

1.喷油器的分解

(1)将喷油器夹在垫有维护布的台钳上,使喷油嘴朝上。

(2)拧下喷油器紧帽,拆下针阀偶件并成对放置,然后拆下接合座和弹簧座,取出调压弹簧和调压垫片,如图4-35所示。注意:调压垫片一般是在调压弹簧弹性降低后才会安装。

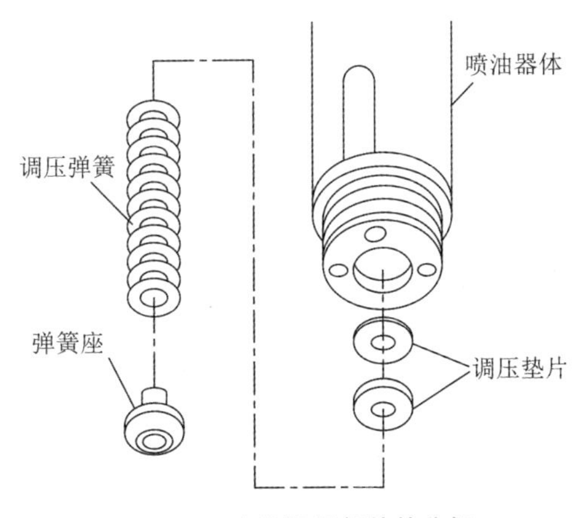

图4-35　喷油器零部件的分解

2.清洗和检查

(1)用清洁的柴油清洗针阀偶件,如针阀偶件粘滞,应在柴油中浸泡后取出,不允许硬拔。检查针阀能否自由滑动,若不能,则更换针阀偶件。

(2)用专用通针检查疏通喷孔,用专用工具剔除喷油器体油道内的污物,再用铜丝刷清除针阀体外部积炭,最后用毛刷洗净其余各零部件。

3. 喷油器的装配

依次将调压垫片、调压弹簧、弹簧座和接合座装入喷油器体，对正进油孔，将针阀偶件套到喷油器体的两个定位销上，拧入喷油器紧帽，注意拧入紧帽时应按住针阀偶件，防止其离开定位销。将喷油器夹在垫有维护布的台钳上，拧紧喷油器紧帽至 30 N·m。

4. 喷油器的调试

喷油器的调试一般在试验器上进行，如图 4-36 所示。

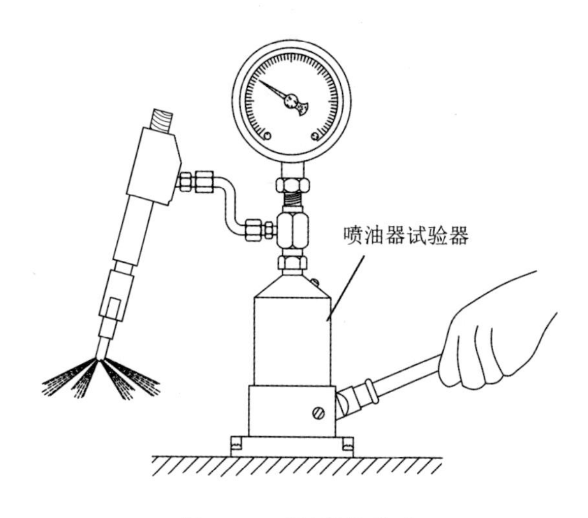

图 4-36　喷油器的检验

(1)检查调整喷油器的开启压力

检查时，按压试验器手柄(频率为 1 次/秒)。喷油器开始喷油时压力表所示压力即为喷油器开启压力(开启压力：20.5 MPa 或 30 MPa，一般在喷油器体上标有压力值)。

如果喷油器开启压力不符合规定，可适当增加调压垫片厚度以提高开启压力，适当减少调压垫片厚度以降低开启压力。

(2)喷油器密封性试验

按压试验器手柄，使压力大致保持在低于开启压力 2 MPa 的位置，观察喷油器喷孔，在 10 秒内不得有渗漏现象。

(3)喷油质量试验

按规定的压力使喷油器以 1 次/秒的频率进行喷油质量试验，要求油雾均匀分布、无油滴飞溅现象、同时伴随有清脆的喷油声。

若以上试验不符合要求，应更换针阀偶件后再进行调试。

4.2.14　喷油泵和调速器的检查和调整

喷油泵和调速器通常每工作 2000 h 或因故更换主要零部件后，需在试验台上进行检查和调整，如图 4-37 所示，主要有供油提前角和供油间隔角的检查和调整，以及喷油泵供油量的检查和调整。

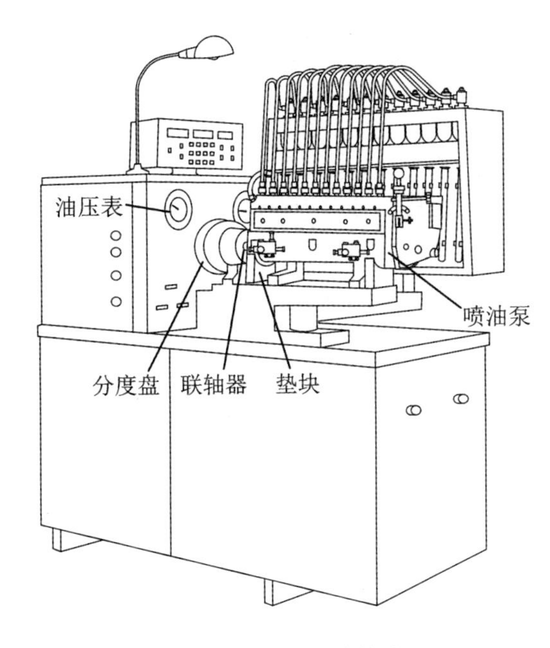

图 4-37　喷油泵的检验

1. 安装和润滑

选择合适的联轴器接头和喷油泵垫块，将喷油泵固定在试验台上，确保喷油泵与试验台同心。加装调速手柄固定支架。打开调速器侧面的窗口，加注 CF 15W/40 机油至喷油泵前端漏油为止。注意：在喷油泵检查调整过程中还应及时添加机油。

2. 试运转

手动试运转，检查有无异响、卡滞和泵体晃动现象。接上柴油进油管和回油管，起动试验台电动输油泵，输油压力调整至 0.1 MPa 左右，排除油路中的空气。起动试验台电机进行试运转，转速不宜过高，各处应无漏油、无阻滞及无不正常响声，凸轮轴转动平顺，若发现异常，应立即关闭电源，并排除故障。

3.检查调整供油提前角

缓慢正转喷油泵轴，当第一缸分泵出油阀紧帽中的油面开始波动时停止，记录分度盘读数。拧下喷油泵正时销护帽，如图 4-38 所示，取出正时销并调头后装回并向内推，同时继续正转喷油泵轴，当正时销进入泵轴的销孔时停止，记录此时分度盘的读数。两次读数差值的 2 倍即为供油提前角(供油提前角：14.5° CA)。

正时销的安装动画演示

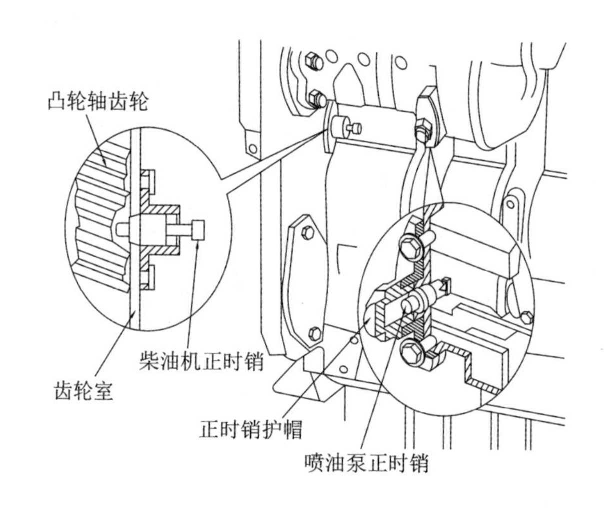

图 4-38　康明斯 C 系列柴油机供油正时检查

如果供油提前角错误，可增大或减小第一缸分泵法兰钢套的正时垫片厚度，如图 4-39 所示。增大垫片厚度，供油提前角增大，反之减小。

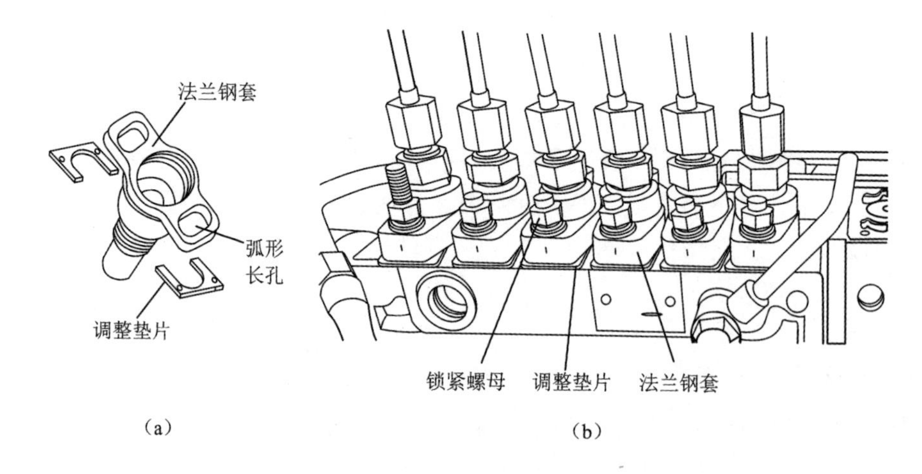

图 4-39　喷油泵的法兰钢套和调整垫片

4. 检查调整供油间隔角

慢慢转动喷油泵凸轮轴，当第一分泵油面开始波动时，停止转动，记下分度盘读数。然后按工作次序(1-5-3-6-2-4)逐个检查各分泵供油间隔角是否相隔 60°±0.5°。其操作方法是：转动喷油泵轴，当第五缸分泵油面开始波动时，分度盘应转过 60°±0.5°，当第三缸波动时应转过 120°±0.5°，当第六缸波动时应转过 180°±0.5°，当第二缸波动时应转过 240°±0.5°，当第四缸波动时应转过 300°±0.5°。

若不符合要求，可通过增减各分泵法兰钢套的正时垫片厚度进行调整。

5. 检查调整额定供油量

将调速手柄固定至限位位置，起动试验台并调整至 750 r/min，检查额定供油量 2～3 次，供油量应为(26±0.5) mL/200 次，否则应拧松对应分泵法兰钢套的锁紧螺母，轻敲法兰钢套使其转动。向左旋转法兰钢套，供油量增大；向右旋转法兰钢套，供油量减小。锁紧螺母后再次检查供油量，直至符合标准为止。

提示

由于康明斯 6CT 电站柴油机使用的是电子调速器，所以电站工作时，机械调速器手柄应始终固定在限位位置，避免与电子调速器产生干涉。

6. 复试与复查

复试上述全部试验项目，复查紧固各调整螺母。倒出机油，用柴油清洗内部，最后加注新机油，堵塞全部进、出油口，防止灰尘等脏污进入泵内。

4.2.15　曲轴油封的更换

1. 曲轴前油封的更换

(1)拆卸

将拆卸夹具垫在齿轮室盖下方，用拆装工具和手锤拆下前油封。

(2)分装

将安装夹具垫在齿轮室盖下方，然后放入新的前油封，用拆装工具和手锤将前油封装入齿轮室盖，直到油封底平面贴到安装夹具为止，如图 4-40 所示。

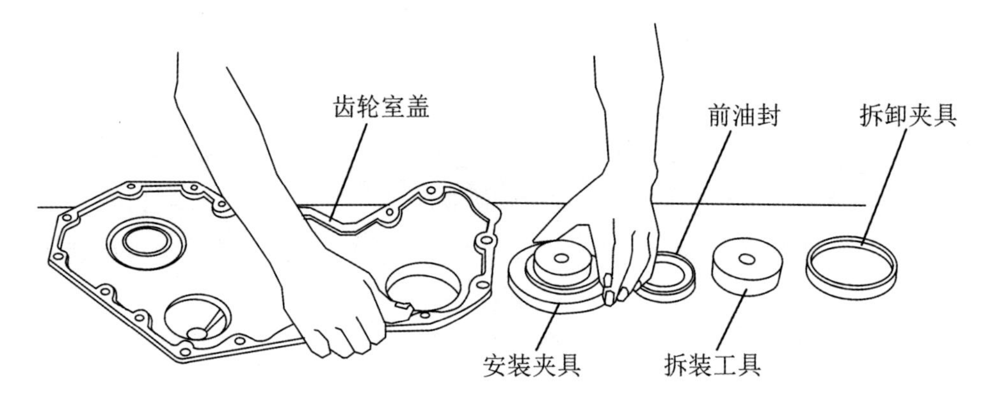

图 4-40　曲轴前油封的分装

2.曲轴后油封的更换

(1)拆卸

将木块垫在后油封座下方,用铜棒和手锤拆下后油封。

(2)分装

将新的后油封装到安装夹具上,再将后油封和安装夹具一起放入后油封座中,然后借助铜棒和手锤将后油封装入后油封座,直到安装夹具贴到后油封座为止,如图 4-41 所示。

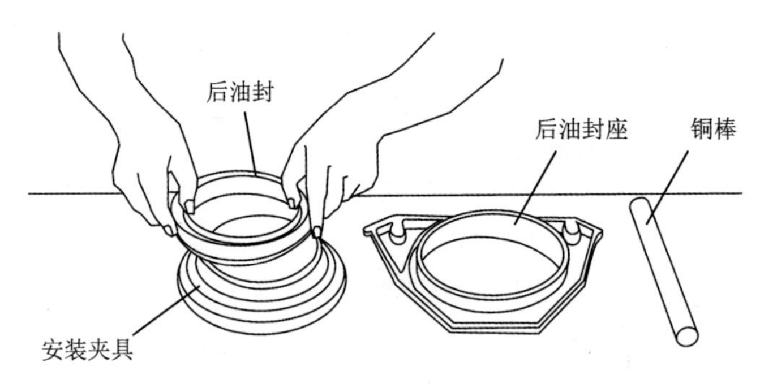

图 4-41　曲轴后油封的分装

/思考题/

1.简述柴油机轴类和孔类零件配合间隙的测量方法。

2.简述气门的研磨方法。

3.简述喷油器的检查和调整方法。

扫码做习题

Chapter 05

第5章

柴油机的装配

柴油机构造复杂、组成零件多、加工精密、配合严格、装配工艺高，所以柴油机的装配，是柴油机修理工作的重要步骤。

5.1 柴油机装配前的准备和技术要求

(1)做好思想动员、技术资料和安全措施等准备。

(2)做好台架、器皿、油料、工具等维修物资设备和器材的准备。

(3)工作场所应尽量选择在宽敞、平整、清洁和光线充足的地方。

(4)装配的顺序要合理。以气缸体为主体，从内向外、自下而上、先零部件后总成件，逐段进行。

(5)掌握各零部件之间的连接关系，避免出现漏装和错装。

(6)各配合件的工作表面，应无伤痕和毛刺等损伤。

(7)装配前各摩擦工作面一般要用 CF 15W/40 机油润滑(以下所述的机油皆为 CF 15W/40 机油)。运动件一般要逐个安装、逐个检查，避免一次装配完成后出现返工现象。

(8)柴油机各部件凡是有一定方向和位置标记的，安装时必须按规定的方向和位置标记进行装配。

(9)各种固定螺栓，要按规定的顺序和力矩拧紧。

(10)重要零部件安装后，需要检查配合关系，以保证装配的质量。如曲轴和凸轮轴的轴向间隙、连杆的侧向间隙和正时齿轮的齿隙等。

5.2 柴油机装配的工艺步骤

本节主要以康明斯 C 系列柴油机为例，介绍在一般条件下的装配步骤及有关注意事项。

5.2.1 活塞连杆组零部件的装配

(1)在活塞销孔和活塞销上涂机油，将一个卡簧装入卡簧槽中。

(2)在连杆衬套内涂机油。调整活塞和连杆相对位置，使得活塞顶部的“FRONT”字样和连杆上的钢印编号朝向如图 5-1 所示。对正活塞和连杆上的销孔，装入活塞销，如图 5-2 所示。

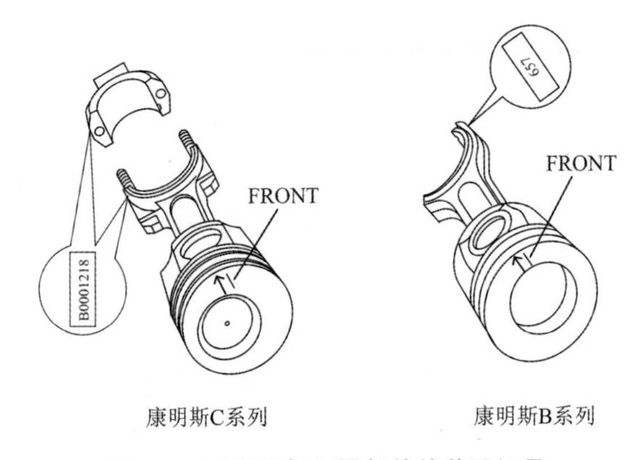

图 5-1 活塞连杆组零部件的装配记号

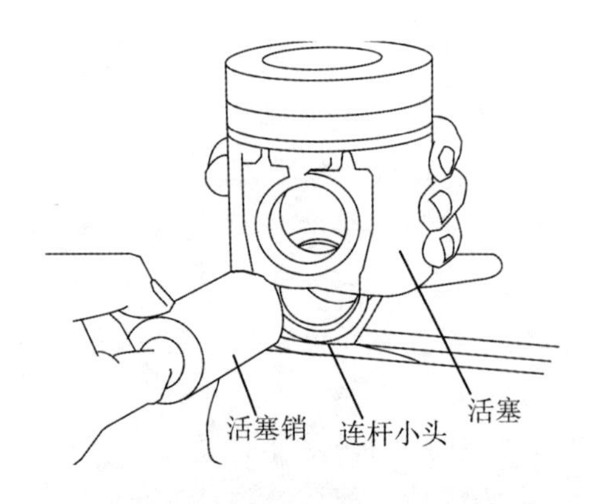

图 5-2 活塞销的装配

(3)装入第二个卡簧。

(4)把油环的撑涨环装到油环槽内,如图 5-3 所示,用活塞环扩张器按标记的朝向安装油环并使其开口与撑涨环的开口错开 180°。

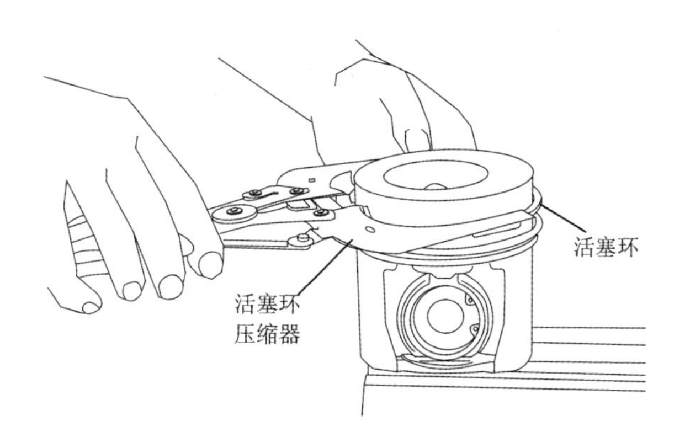

图 5-3　活塞环的装配

(5)按原朝向和次序装上两道气环。两道气环的上表面可通过字样“TOP”或一个小点来辨别,装配时标记应朝上。如果安装使用过的活塞环,则必须按照原朝向和次序装回到原来的位置。

提示

活塞环扩张器并非是唯一装配工具,也可自制简易实用的工具实施安装。

5.2.2　气缸盖零部件的装配

(1)安装面涂机油,装上气门油封。

(2)气门导管和气门杆涂机油后,将气门装入导管中,注意:如果使用旧气门,必须按照标记将它们装回到原来的位置。

(3)安装气门弹簧压缩器,放入气门弹簧及弹簧座。压缩气门弹簧至适当高度,装入两个气门锁夹,放松气门弹簧,如图 5-4 所示。

(4)用木锤轻敲气门杆端面,确保锁夹正确地装配在弹簧座上。

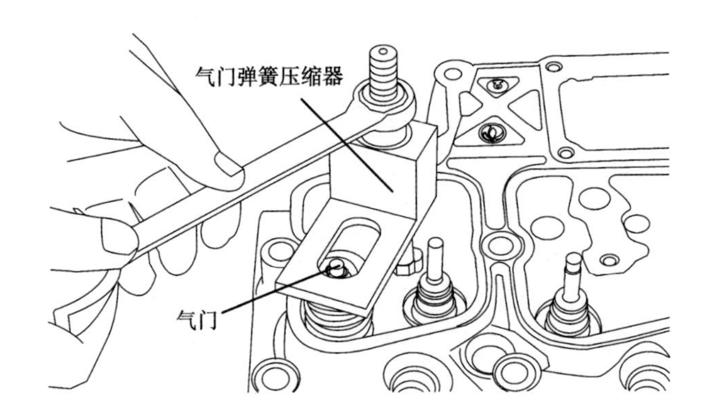

图 5-4　气缸盖零部件的装配

5.2.3　气缸套的装配

(1)封水圈涂抹肥皂水后,安装到气缸套上,注意封水圈不得有扭曲或损伤。

(2)在气缸体的座孔内涂抹肥皂水后,按记号将气缸套旋转 45°后装入原来的气缸孔中,用气缸套安装铳子压入气缸套,如图 5-5 所示。

(3)在互相错开 90°的四个点上测量气缸套凸出量(凸出量:0.025～0.122 mm,同一气缸套间隔 180°的凸出量高度差不得超过 0.025 mm,各气缸套的高度差不得超过 0.03 mm)。

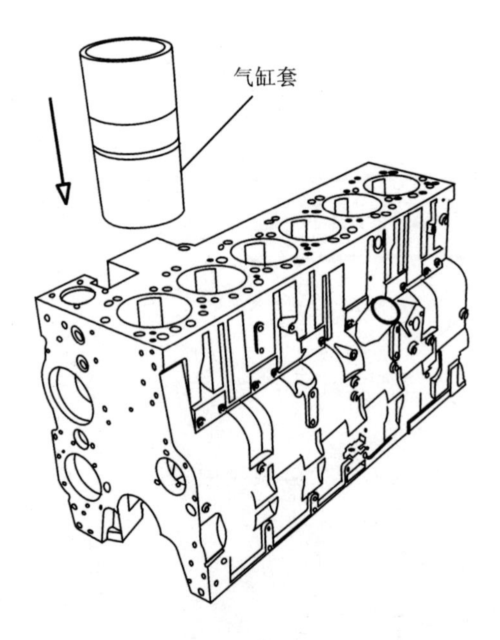

图 5-5　气缸套的装配

提示

(1)安装新缸套无旋转 45°要求,位置任意。

(2)缸套必须压实消除封水圈的弹性影响,才可测其凸出量。

5.2.4　活塞冷却喷嘴的装配

用喷嘴铳子安装活塞冷却喷嘴。

5.2.5　曲轴的装配

(1)检查机体安装面和主轴上瓦是否清洁和损坏。

(2)按标记装配上瓦,翻边轴瓦暂时不装。

(3)瓦面涂机油,注意瓦背不要涂油。

(4)擦净曲轴各轴颈并涂机油,将曲轴吊装到机体主轴承座上。

(5)在翻边轴瓦瓦面和侧面涂机油,将其扣放到第四道主轴颈上,然后边压翻边轴瓦边缓慢转动曲轴,将翻边轴瓦推入主轴承座,如图 5-6 所示。后装翻边轴瓦的原因是翻边轴瓦和曲轴止推面的配合间隙非常小,避免吊装曲轴时损伤翻边轴瓦。

(6)擦净主轴下瓦和主轴承盖,按标记将下瓦装入相应的瓦盖内。

(7)瓦面涂机油。调整瓦盖方向,使下瓦的定位凹槽与上瓦的定位凹槽在同一侧,如图 5-7 所示。按序号标记安装瓦盖,并轻敲瓦盖使其贴合。

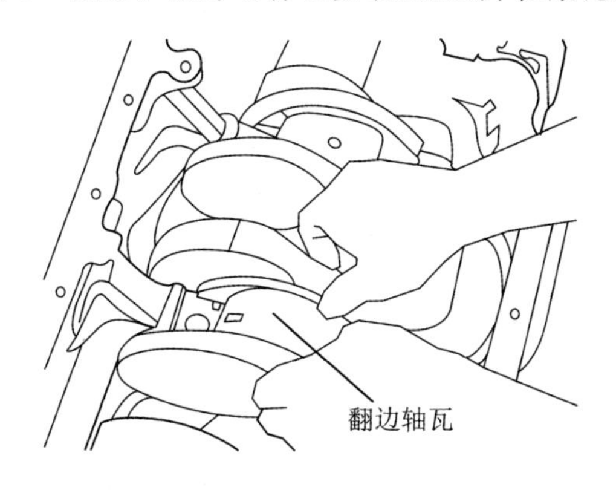

图 5-6　翻边轴瓦的装配

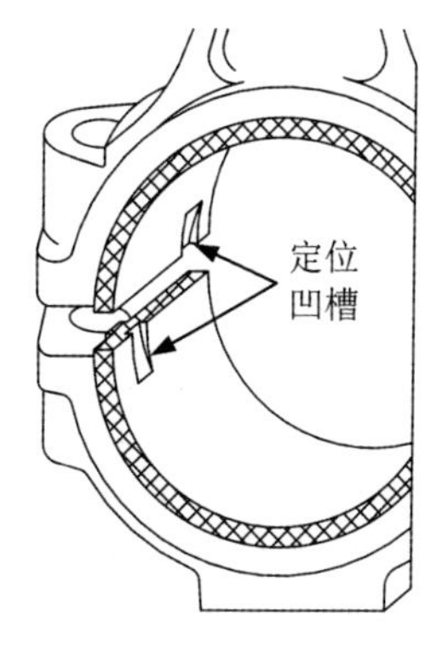

图 5-7　连杆瓦盖和主轴瓦盖的安装方向

(8)螺纹处涂少量机油后，拧入瓦盖螺栓。按图 5-8 所示顺序分三步拧紧瓦盖螺栓(拧紧力矩:第一步 50 N·m，第二步 119 N·m，第三步 176 N·m)。螺纹处涂机油的目的是减少拧紧时丝牙之间的干摩擦，以保护螺纹。全部螺栓拧紧后，曲轴应能转动自如，否则应检查主轴瓦的安装情况和配合间隙。

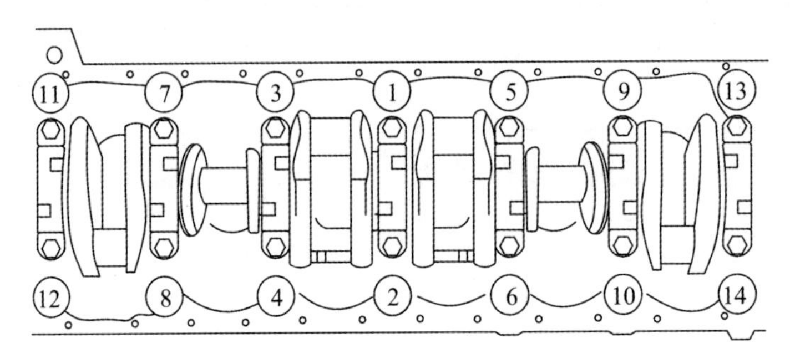

图 5-8　主轴承盖螺栓的拧紧顺序

(9)用磁性表座将百分表的测头抵在曲轴端面上。用撬棍找支点使曲轴轴向窜动起来，记录百分表的摆差，如图 5-9 所示，百分表的最大摆差即为曲轴轴向间隙(轴向间隙：0.127～0.330 mm)。如果轴向间隙超过规定值，应更换翻边轴瓦。

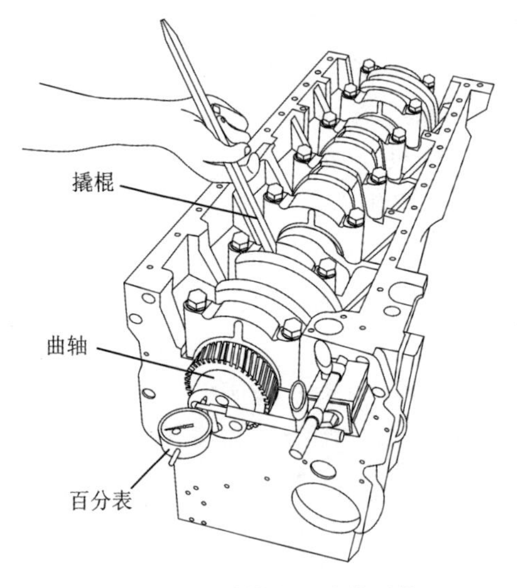

图 5-9　曲轴轴向间隙的测量

提示

(1)瓦盖螺栓拧紧也可按先两侧后中间的对称顺序拧紧。

(2)两人配合，边缓慢转动曲轴边拧紧瓦盖螺栓为佳，整个过程不应有卡滞或转动阻力明显增大的现象，否则应拆下做检查。

5.2.6　齿轮室的装配

(1)将密封垫套到定位销上,装上齿轮室,如图 5-10 所示,从中间向两边对称拧紧齿轮室固定螺栓至 24 N·m。

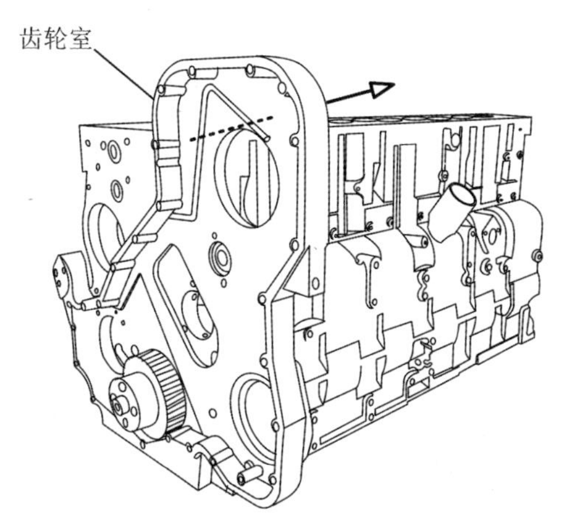

图 5-10　齿轮室的装配

(2)将密封垫的露出部分裁齐并检查齿轮室与机体底平面是否平齐,必要时可松开螺钉进行调整。注意:裁剪时不要让密封垫边角料掉入机体中。

5.2.7　凸轮轴的装配

(1)将机体侧置或倒置,以便稍后能顺利装入挺柱和凸轮轴。

(2)挺柱涂机油后,按记号装入原来的挺柱孔中。挺柱应能自由落座并自由转动。注意:不要在新的凸轮轴上使用旧的挺柱。

(3)用清洁机油润滑凸轮轴孔和凸轮轴各工作面,边转动边装入凸轮轴,如图 5-11 所示,直至剩下最后一道轴颈。

(4)放入止推片,将凸轮轴齿轮上的正时记号“00”对正曲轴齿轮上的正时记号“0”,见图 2-43,推入最后一道轴颈,拧紧止推片螺栓至 24 N·m。注意:凸轮两棱边非常锋利,装配时应注意防护。

(5)用磁性表座和百分表测量凸轮轴齿轮与曲轴齿轮的齿隙,如图 5-12 所示,测量时将百分表测头垂直地抵在凸轮轴齿轮的一个齿面上,左右扳动凸轮轴齿轮,百分表的最大摆差即为齿隙(齿隙:0.08～0.33 mm)。注意:测量时应保持与之啮合的齿轮静止不动,否则读数为两齿轮的总齿隙。

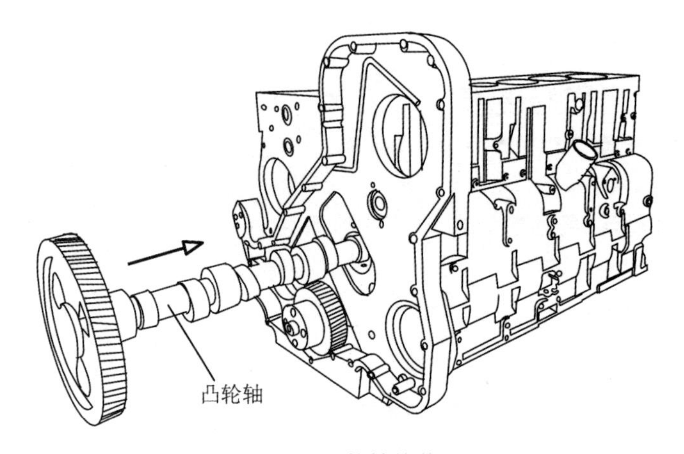

图 5-11　凸轮轴的装配

图 5-12　凸轮轴齿隙的测量

(6)按照图 5-13 所示测量凸轮轴的轴向间隙(轴向间隙:0.12～0.46 mm),如果轴向间隙超过规定值,应更换或修磨止推片。

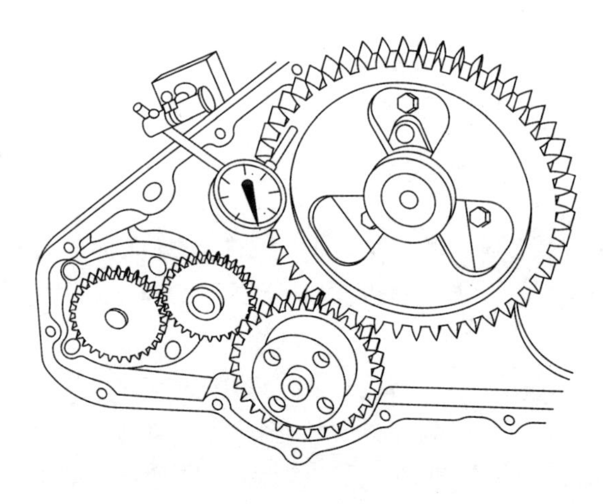

图 5-13　凸轮轴轴向间隙的测量

5.2.8　后油封座的装配

(1)清洁曲轴后端,将油封导向工具贴到曲轴后端面上,装入密封垫、后油封座和橡胶密封圈,如图 5-14 所示。

(2)从中间向两边对称拧紧后油封座固定螺栓至 10 N·m。

(3)将密封垫的露出部分裁齐,检查后油封座与机体底平面是否平齐,必要时可松开螺钉进行调整。注意:裁剪时不要让密封垫边角料掉入机体中。

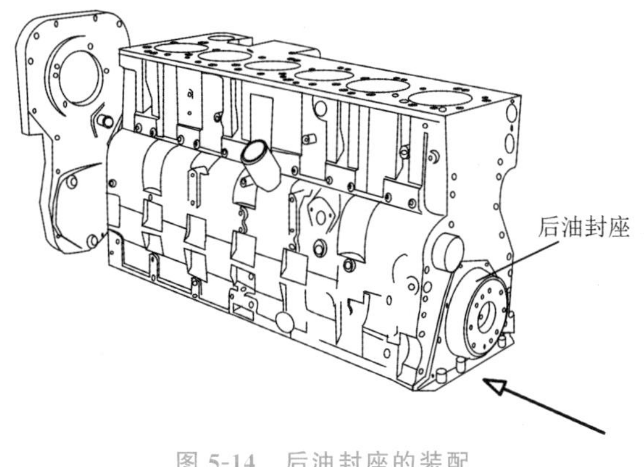

图 5-14　后油封座的装配

5.2.9　飞轮壳的装配

将飞轮壳套到定位销上,如图 5-15 所示,从中间向两边对称拧紧飞轮壳固定螺栓至 77 N·m。

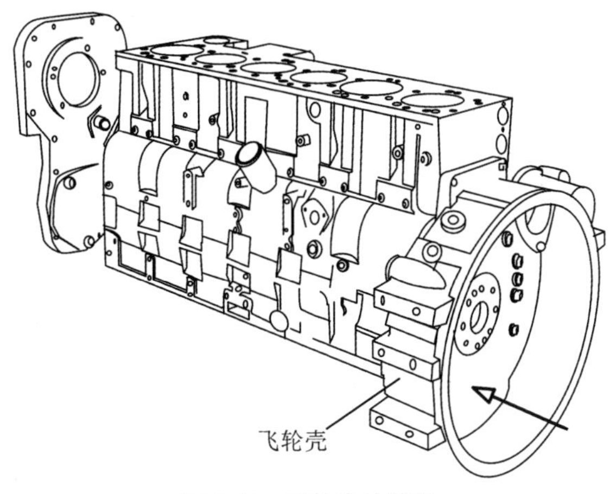

图 5-15　飞轮壳的装配

5.2.10 飞轮的装配

(1)擦净曲轴后端,将两根飞轮导向销钉对称地拧入曲轴后端的两个螺孔,借助飞轮导向销钉装入飞轮,如图 5-16 所示。

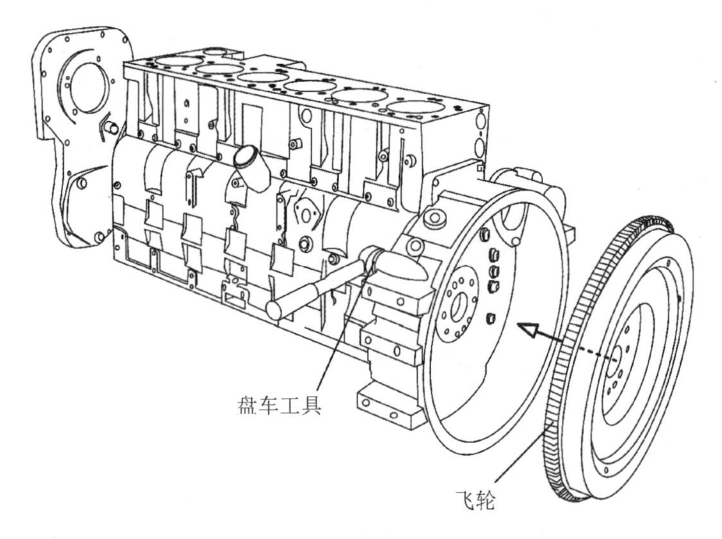

图 5-16 飞轮的装配

(2)拧下飞轮导向销钉,在飞轮固定螺栓的螺纹处涂少量机油后,按顺时针或逆时针方向对称地拧紧飞轮固定螺栓至 140 N·m,拧紧时可借助盘车工具固定曲轴。

(3)用盘车工具使曲轴旋转一圈,用百分表检查飞轮内孔的径向跳动量(径向跳动量≤0.20 mm),如果超过规定值,应拆下飞轮,检查安装情况。

(4)用盘车工具使曲轴旋转一圈,用百分表检查飞轮端面上四个对称点的端面跳动量(端面跳动量≤飞轮半径/1000)。注意:每测一个点时,都必须向前推飞轮以消除曲轴轴向间隙的影响。如果飞轮端面跳动量超过规定值,应拆下飞轮,检查安装情况。

5.2.11 活塞连杆组的装配

(1)擦净气缸套,涂抹机油润滑气缸壁。

(2)在曲轴后端拧入两个导向销钉,借助导向销钉转动曲轴,使第一道连杆轴颈处于下止点位置。擦净连杆轴颈并用机油润滑。

(3)擦净第一缸的连杆盖、连杆瓦和连杆,然后将连杆瓦装入连杆盖和连杆中,一定要保证连杆瓦上的定位凸舌嵌入连杆盖和连杆的定位凹槽中。如果安装使用过的轴瓦,则必须按照标记把它们装到原来的瓦盖中。

(4)在连杆上瓦、活塞销、活塞裙部和活塞环等处涂机油。将活塞环的开口相互错开120°,注意避开活塞销和侧压力的方向,然后用活塞环压缩器压缩活塞环,注意压缩器接合处应避开活塞环的开口,以免损坏活塞环。

(5)把活塞上的箭头标记和“FRONT”字样朝向气缸体前端,然后将活塞连杆组放入第一道气缸中,如图5-17所示,使压缩器紧贴气缸体。慢慢地将活塞连杆组推入气缸,直到连杆下落到连杆轴颈上。注意:如果推入活塞时阻力过大,应取出活塞连杆组,检查有无异常情况。

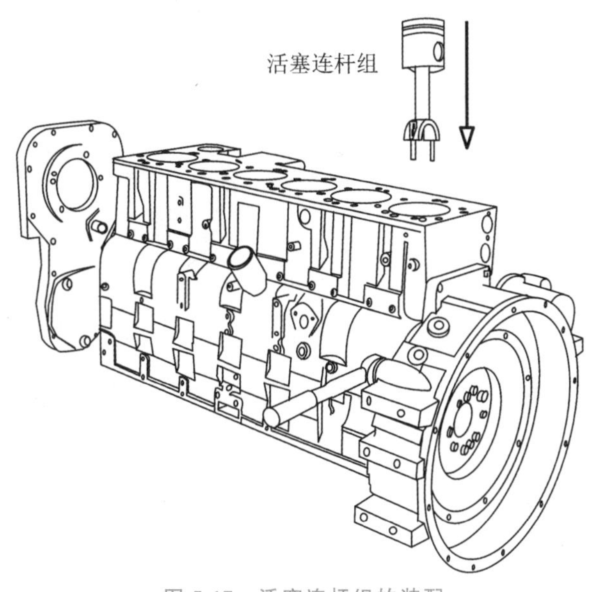

图5-17　活塞连杆组的装配

(6)连杆下瓦涂抹少许机油,安装连杆盖。注意:连杆下瓦的定位凸舌与连杆上瓦的定位凸舌应在同一侧。

(7)螺纹处涂少量机油后,拧入连杆盖螺栓并按规定交替拧紧(拧紧力矩:第一步40 N·m,第二步80 N·m,第三步120 N·m)。

(8)左右晃动连杆,用百分表和磁性表座测量连杆侧向间隙(侧向间隙:0.100～0.330 mm)。如果侧向间隙不符合规定,应检查安装情况。

每装完一组活塞连杆组,应转动曲轴数圈,检查曲轴是否能自由转动。如果不能自由转动,应先查明原因并排除后再装下一组。

5.2.12　气缸盖的装配

(1)清洁气缸和气缸体顶平面,将气缸垫有记号的一侧朝上,套到气缸体的两个定位销上,注意气缸垫上的孔要与气缸体上的孔对正。

(2)清洁气缸盖底平面,小心地将气缸盖抬放到气缸体上,并使其嵌入到定位销中,如图 5-18 所示。

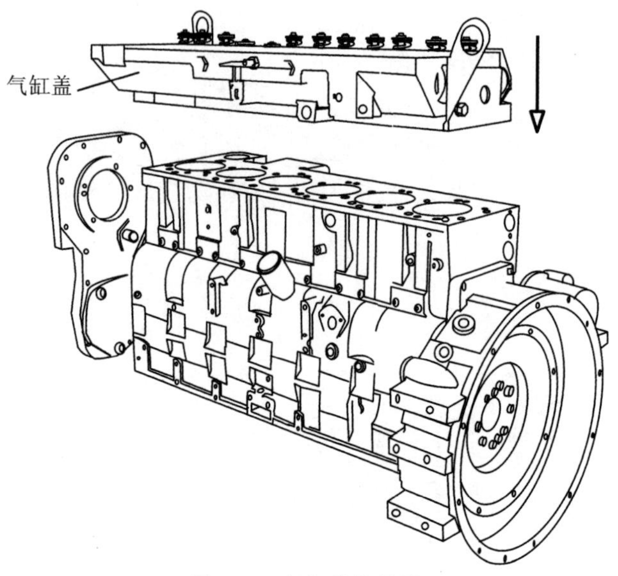

图 5-18 气缸盖的装配

(3)在气缸盖螺栓的螺纹处涂少量机油后，拧入气缸盖螺栓并从中间向两边对称地拧紧(拧紧力矩：第一步，所有螺栓 70 N·m；第二步，14 个长螺栓 145 N·m；第三步，所有螺栓拧转 90°)。

5.2.13 推杆的装配

用机油润滑推杆球头，按记号将推杆装回原来的挺柱中，如图 5-19 所示，然后在推杆球窝中和气门杆上加注少量机油，注意一定要确保推杆球头落入挺柱球窝中。

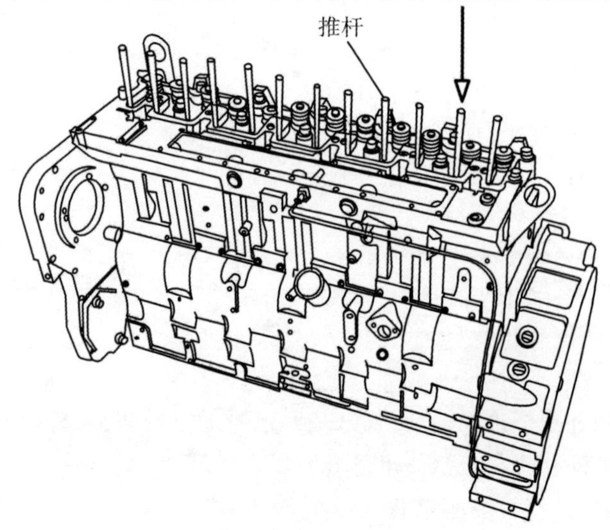

图 5-19 推杆的装配

5.2.14　摇臂总成的装配

(1)放置机油歧管,注意机油歧管底部的进油孔应与气缸盖顶平面上的机油孔对正。

(2)将摇臂总成底部的定位销对准气缸盖上的定位销孔,将摇臂总成装到机油歧管上,如图 5-20 所示。

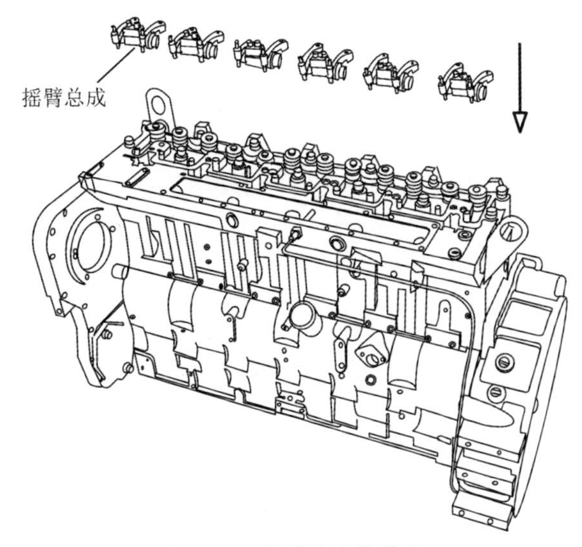

图 5-20　摇臂总成的装配

(3)拧入气门间隙调整螺钉使其进入推杆的球窝中。

(4)在摇臂总成固定螺栓的螺纹处涂少量机油后,拧入固定螺栓并拧紧至 55 N·m。

5.2.15　气门间隙的调整

(1)用盘车工具缓慢转动曲轴,当柴油机正时销能进入凸轮轴齿轮上的正时孔时,表示第一缸处于压缩冲程上止点位置,拔出正时销,并在曲轴(或飞轮)端面上与机壳间做上标记。

(2)按照表 5-1 所示的气缸序号调整 6 个气门的气门间隙(冷态气门间隙:进气门为 0.30 mm,排气门为 0.61 mm)。在摇臂和气门之间插入厚薄规,如图 5-21 所示,边拧紧调整螺钉边推拉厚薄规,当推拉感觉到轻微阻力时,表明间隙是合适的,保持调整螺钉不动,拧紧锁紧螺母(拧紧力矩为 24 N·m)。

(3)将曲轴转动 360°,让标记再次对正,注意一定要保证正时销已经拔出。

(4)按照表 5-2 所示的气缸序号调整余下 6 个气门的气门间隙。

(5)再次转动曲轴,复查两次调整气门间隙的质量。

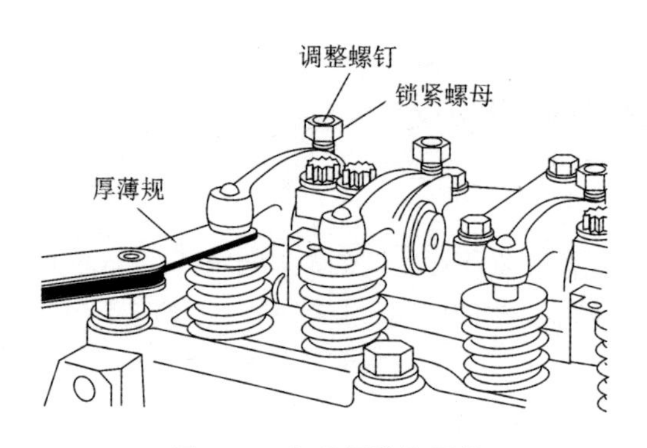

图 5-21　气门间隙的调整

表 5-1　第一缸处于压缩冲程上止点时的可调气门

气缸 气门	1	2	3	4	5	6
进气门	√	√		√		
排气门	√		√		√	

表 5-2　第六缸处于压缩冲程上止点时的可调气门

气缸 气门	1	2	3	4	5	6
进气门			√		√	√
排气门		√		√		√

5.2.16　喷油器的装配

(1)清洁喷油器和座孔，将喷油器装入座孔中，如图 5-22 所示，注意，喷油器回油管接头应朝外，喷油器底部只允许安装一个密封铜垫圈。

(2)安装喷油器固定卡子，拧入卡子固定螺栓并拧紧至 24 N·m。

5.2.17　油底壳的装配

(1)将机油吸油管和密封垫安装到气缸体底平面上，拧入固定螺栓并拧紧至 9 N·m。注意：要保证密封垫与气缸体油孔对正。

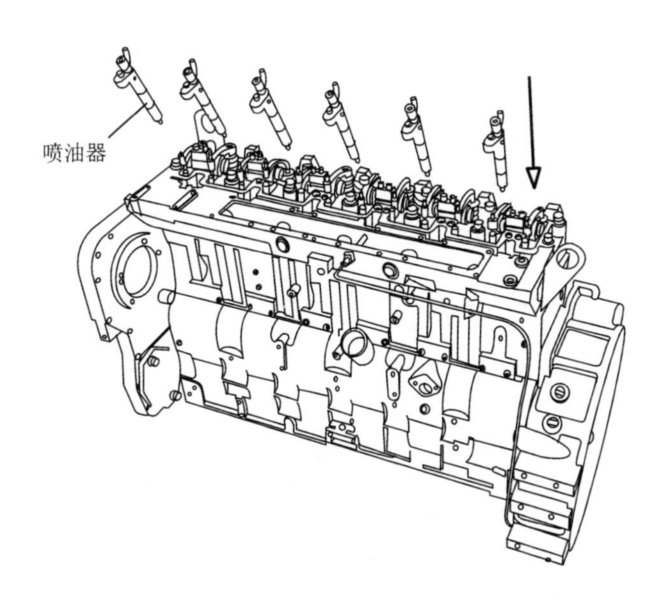

图 5-22　喷油器的装配

(2)擦净机体与油底壳结合面,在油底壳密封垫正反两面居中呈线状涂抹密封胶,线条宽约 2 mm。

(3)装上密封垫和油底壳,如图 5-23 所示,拧入油底壳固定螺栓并从中间向两边对称地拧紧至 24 N·m,拧紧顺序见图 3-31。

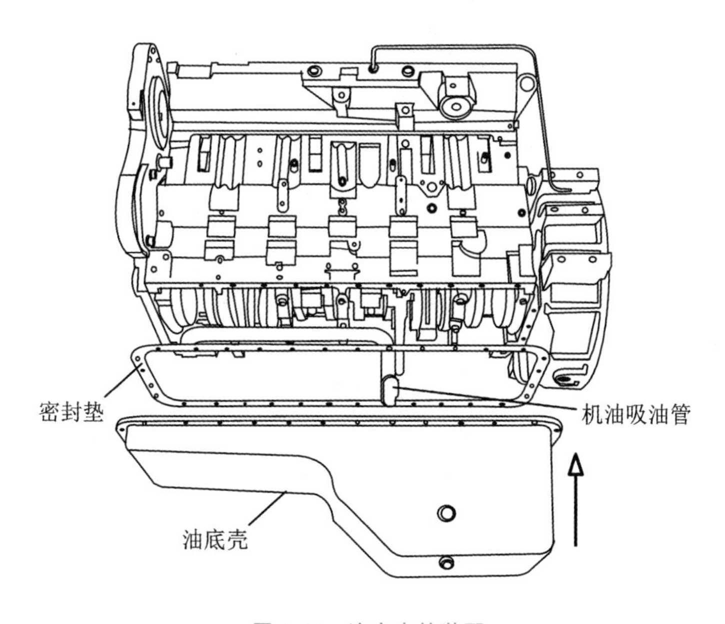

图 5-23　油底壳的装配

5.2.18 左侧零部件的装配

1. 节温器

依次装入节温器、密封垫和气缸体出水管，如图 5-24 所示，拧入固定螺栓并拧紧至 24 N・m。

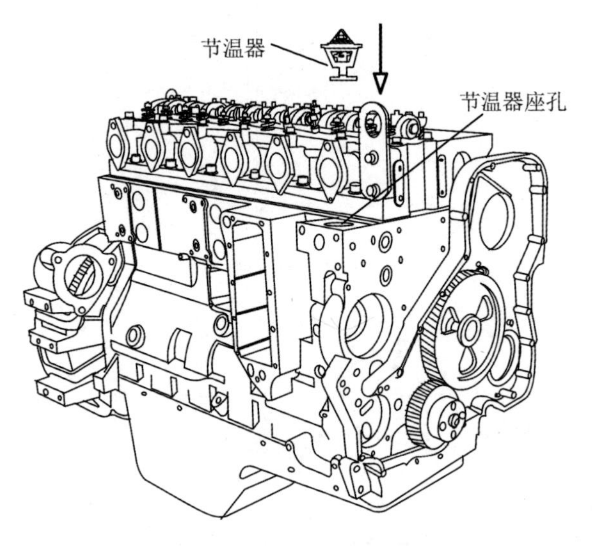

图 5-24 节温器的装配

2. 充电发电机

(1)安装充电发电机支座，拧入固定螺栓并拧紧至 24 N・m。

(2)安装充电发电机，如图 5-25 所示，拧入固定螺栓并拧紧至 80 N・m。

(3)安装充电发电机支撑杆，拧入上、下固定螺栓并分别拧紧至 43 N・m 和 24 N・m。

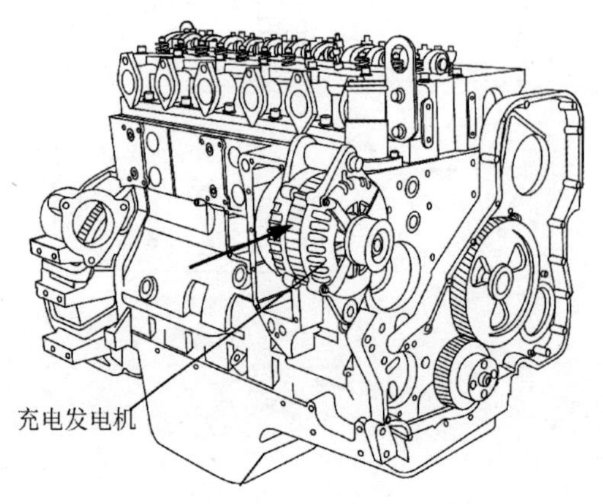

图 5-25 充电发电机的装配

3. 机油冷却器盖和机油冷却器

(1)清洁各安装面后，拧入两个导向销钉，依次装入机油冷却器内密封垫、机油冷却器、机油冷却器外密封垫和机油冷却器盖，如图 5-26 所示。

(2)取出导向销钉，拧入固定螺栓并从中间向两边对称地拧紧至 24 N·m。

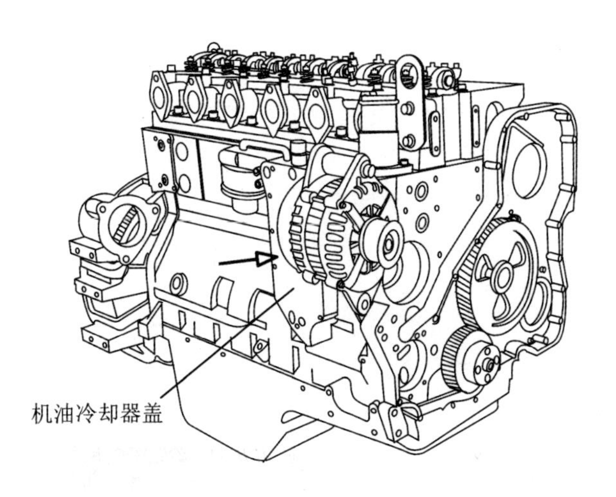

图 5-26　机油冷却器盖的装配

4. 机油滤清器

(1)将机油滤清器注满干净机油。

(2)在密封圈处涂少量机油后，用手拧入机油滤清器直到与座接触，如图 5-27 所示，然后再拧紧 1/2～3/4 圈。

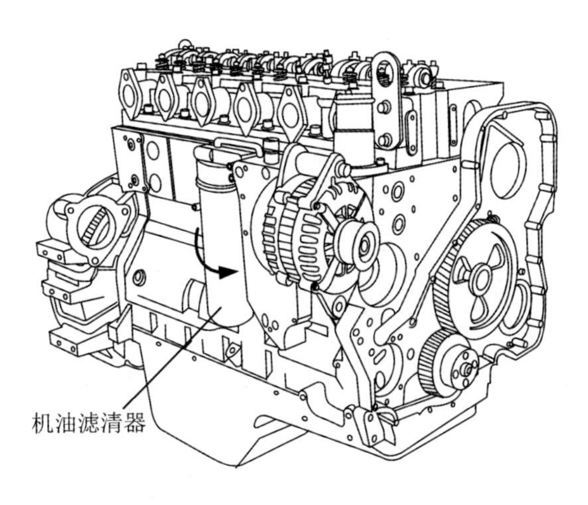

图 5-27　机油滤清器的装配

提示

若重新使用旧的机油滤清器、冷却液滤清器和柴油滤清器，安装时应使用滤清器扳手拧紧。

5.冷却液滤清器

(1)安装冷却液滤清器座，拧入固定螺栓并拧紧至 24 N·m。

(2)在冷却液滤清器的密封圈处涂少量机油，用手拧入滤清器直到与滤清器座接触，如图 5-28 所示，然后再拧紧 1/2～3/4 圈。

(3)安装冷却液滤清器进出水管，拧紧进出水管卡箍。

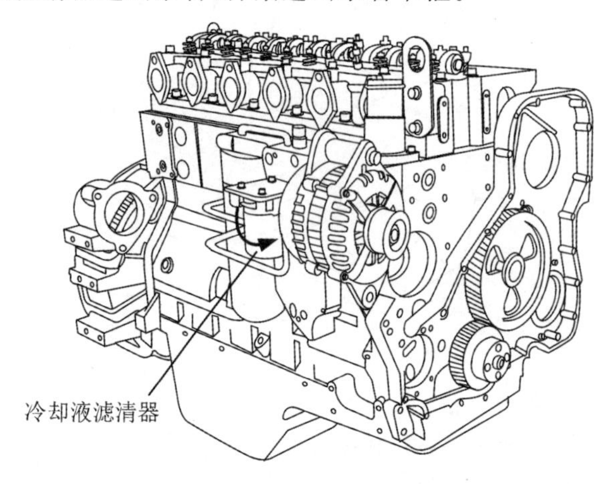

图 5-28　冷却液滤清器的装配

6.起动机

安装起动机，如图 5-29 所示，拧入固定螺栓并拧紧至 77 N·m。

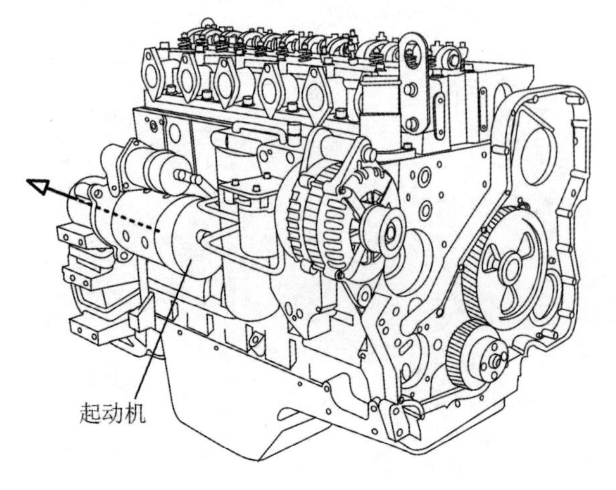

图 5-29　起动机的装配

7.排气歧管

(1)依次装入排气歧管密封垫、排气歧管和固定螺栓锁片,如图 5-30 所示。

(2)在固定螺栓的螺纹处涂少量机油后,拧入固定螺栓并从中间向两边对称地拧紧至 43 N·m。

(3)扳弯锁片以防松。

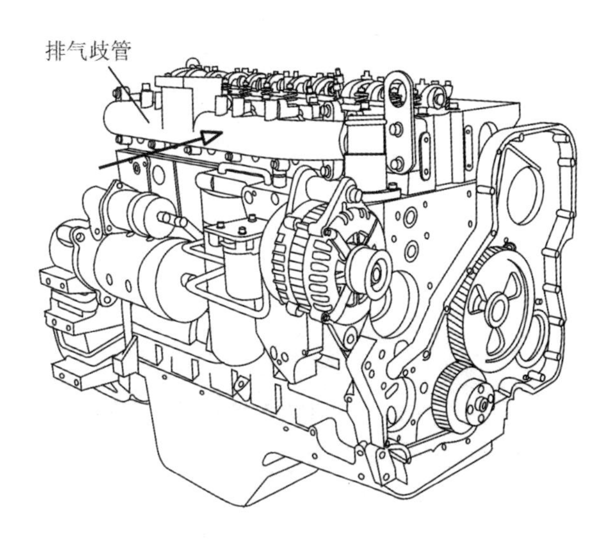

图 5-30 排气歧管的装配

5.2.19 前端零部件的装配

1.机油泵

(1)在机油泵转子内注入适量机油,将其定位销对正气缸体上的销孔,装入机油泵,如图 5-31 所示。

(2)拧入固定螺栓并交叉对称地拧紧(拧紧力矩:第一步 5 N·m,第二步 24 N·m)。

(3)按照凸轮轴齿轮齿隙的测量方法,测量机油泵的齿轮齿隙(齿隙:0.08～0.33 mm)。

2.喷油泵

(1)用盘车工具转动曲轴,插入柴油机正时销,使第一缸处于压缩冲程上止点。

(2)拧下喷油泵正时销护帽,取出喷油泵正时销,转动喷油泵轴使轴上的正时凹槽朝外,调换正时销方向(将较长的一端朝内),插入正时销,拧上护帽。

(3)在齿轮室安装面上涂机油后将喷油泵安装到齿轮室上,如图 5-32 所示,拧入固定螺母和支架螺栓,但先不要拧紧。

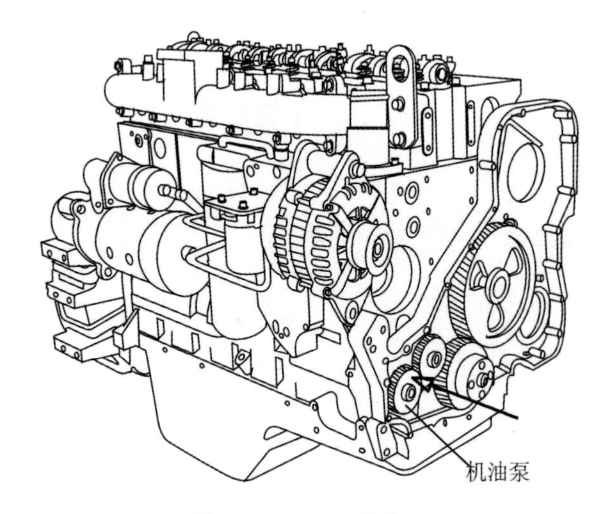

图 5-31　机油泵的装配

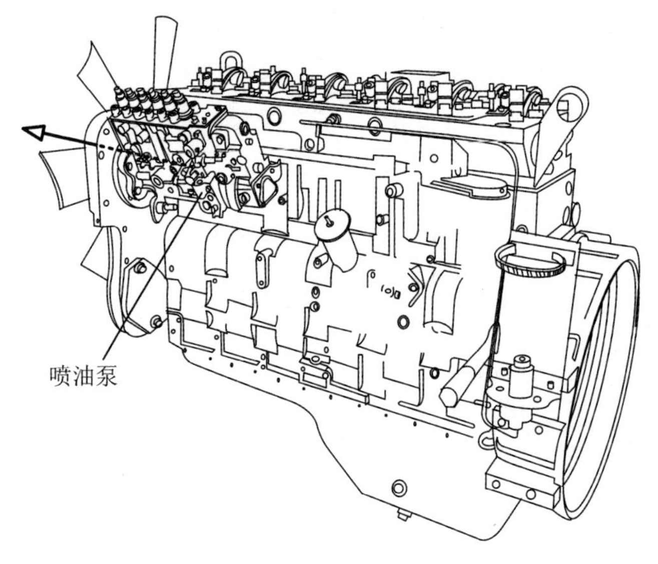

图 5-32　喷油泵的装配

(4)将喷油泵推向气缸体，消除喷油泵齿轮与凸轮轴齿轮的传动间隙后，拧紧喷油泵固定螺母和支架螺栓。

(5)退出柴油机正时销，取出喷油泵正时销并再次调换方向后(将较短的一端朝内)装入喷油泵，拧紧护帽。

(6)用盘车工具固定曲轴，拧紧喷油泵齿轮固定螺母(拧紧力矩：MW 泵 104 N·m；P 泵 195 N·m)。

(7)按照凸轮轴齿轮齿隙的测量方法，测量喷油泵齿轮齿隙(齿隙：0.08～0.33 mm)。若齿隙超过规定值，应检查安装情况，必要时应修配或更换正时齿轮。

3.齿轮室盖

(1)清洁各安装面，拧入两个导向销钉，将齿轮室盖密封垫套在导向销钉上。

(2)将油封导向工具贴到曲轴前端上，借助导向工具装入齿轮室盖，如图 5-33 所示，取出导向工具和导向销钉，拧入齿轮室盖固定螺栓并从中间向两边对称拧紧至 24 N·m。

(3)安装齿轮室盖检修盖板。

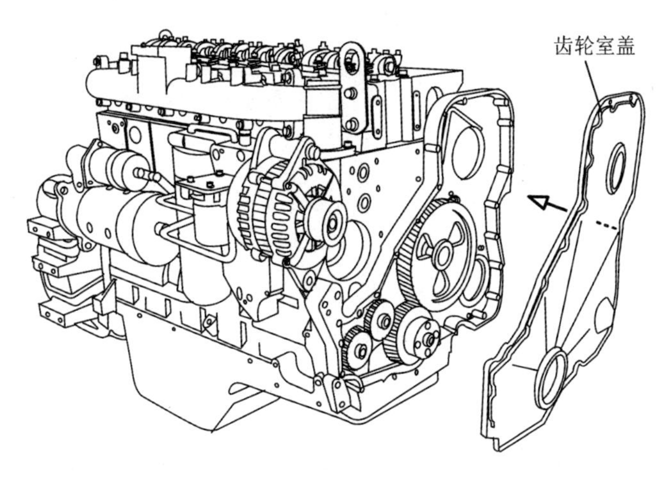

图 5-33　齿轮室盖的装配

4. 张紧轮

将张紧轮上的定位销与齿轮室上的定位销孔对正，装入张紧轮，拧入固定螺栓并拧紧至 43 N·m。

5. 减振器

安装减振器，拧入固定螺栓，借助盘车工具固定曲轴，将减振器螺栓交叉、对称地拧紧至 200 N·m。

6. 水泵

将密封圈装入水泵密封圈槽内，调整水泵方向使泄水孔朝下，安装水泵，拧入固定螺栓并交叉、对称地拧紧至 24 N·m。

7. 风扇

(1)安装风扇轴承座，拧入固定螺栓并交叉、对称地拧紧至 24 N·m。

(2)依次装入风扇皮带轮、风扇隔块和风扇，拧入固定螺栓并交叉、对称地拧紧至 45 N·m，如图 5-34 所示。

8. 传动皮带

(1)用张紧轮扳手抬起张紧轮，将传动皮带套到皮带轮上，松开张紧轮，如图 5-35 所示。

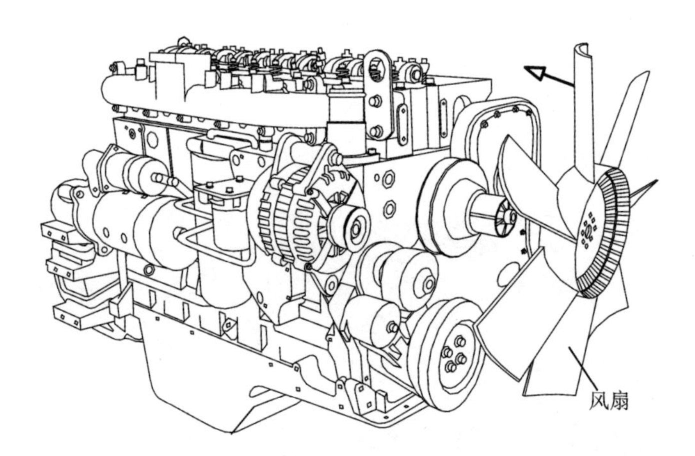

图 5-34 风扇的装配

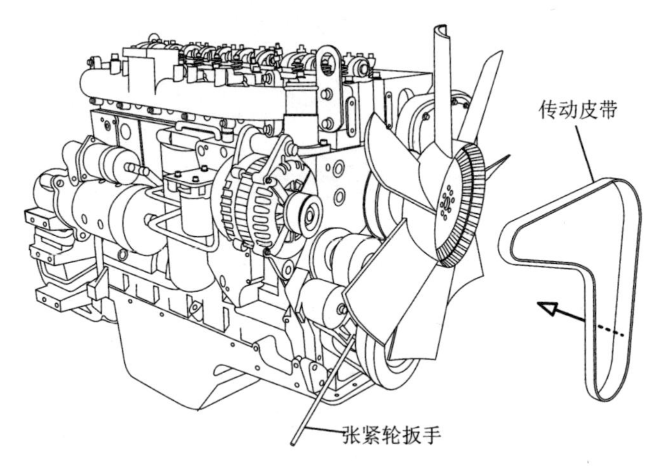

图 5-35 传动皮带的装配

(2)在最大跨度处测量传动皮带的张紧度,如图 5-36 所示(在 30～40 N 压力下的张紧度:9.5～12.7 mm)。若张紧度超过规定值,应检查安装情况,必要时更换传动皮带或张紧轮。

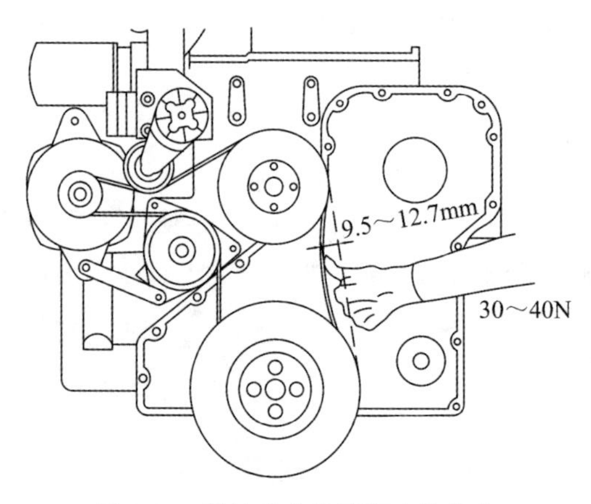

图 5-36 柴油机皮带张紧度的检查

提示

(1)若传动皮带难以安装,可最后把皮带滑到水泵皮带轮上。

(2)若皮带过松,风扇和水泵的转速将下降,影响冷却效果;若过紧,水泵轴和皮带受力增大,磨损加剧甚至断裂。

5.2.20　右侧零部件的装配

1.转速传感器

(1)用盘车工具转动飞轮,使任一齿牙正对传感器安装孔中心。

(2)拧入转速传感器直至接触飞轮齿牙,然后退回 1/2～3/4 圈,拧紧锁紧螺母,注意拧紧时要防止传感器转动。

2.低温起动装置

安装低温起动装置,拧入固定螺栓并交叉、对称地拧紧至 24 N·m。安装喷管并拧紧接头至 24 N·m。

3.水温传感器

在水温传感器螺纹处涂螺纹胶或裹上适量生料带后,安装水温传感器并拧紧至 8 N·m。

4.输油泵

(1)按照分解时记录的输油泵密封垫厚度,换上新的密封垫。

(2)安装输油泵,拧入固定螺栓并拧紧至 24 N·m,如图 5-37 所示。

(3)安装输油泵出油管,用两把扳手拧紧接头螺母至 24 N·m。

5.柴油滤清器及其支座

(1)将滤清器座接头螺柱上有内六角孔的一端朝外拧入气缸盖安装孔(拧紧力矩:4 N·m),套上螺柱的密封圈并涂机油。

(2)将滤清器座密封圈装入滤清器座安装槽内并涂少量机油,然后一同套到滤清器座接头螺柱上,使其与曲轴中心线成 50°角,拧入滤清器座螺母并拧紧至 32 N·m。

(3)将柴油滤清器注满干净柴油,并在密封圈处涂少量机油。安装滤清器时,用手拧至与滤清器座接触,然后再拧 1/2～3/4 圈即可。

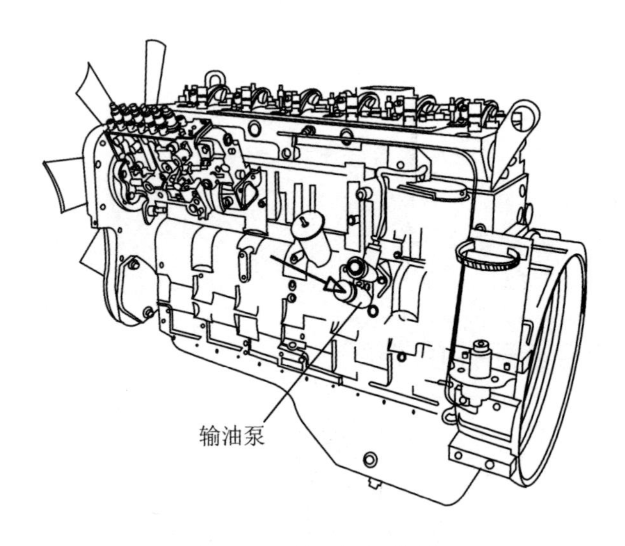

图 5-37　输油泵的装配

(4)将油水分离器注满干净柴油,并在密封圈处涂少量机油。安装油水分离器时,用手拧至与滤清器座接触,然后再拧 1/2～3/4 圈即可,如图 5-38 所示。

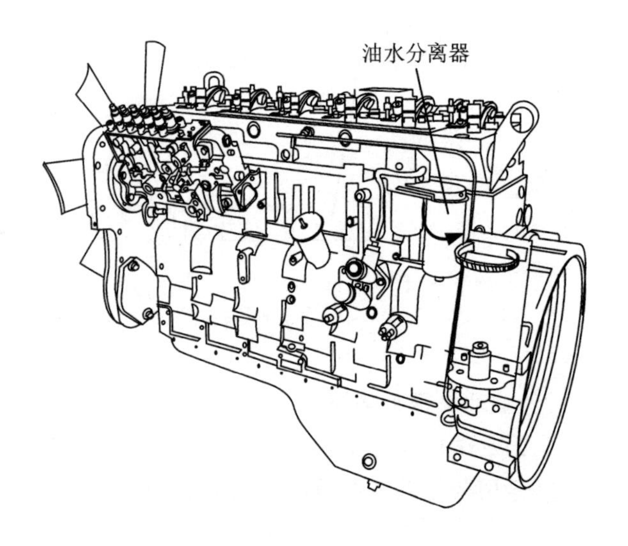

图 5-38　油水分离器的装配

6.机油压力传感器

在传感器螺纹处涂螺纹胶或裹上适量生料带后,安装机油压力传感器并拧紧至 20 N・m。

7.喷油泵进、回油管

安装喷油泵进、回油管接头螺栓并拧紧至 24 N・m。

5.2.21　上部零部件的装配

1. 执行器

(1)安装执行器总成,如图 5-39 所示,拧入固定螺栓并拧紧至 24 N·m。

(2)拧入连接杆球头螺栓并拧紧至 8 N·m。装配后,检查执行器动作是否灵活、行程能否达到限位位置。注意:如果分解时拆下了连接杆,则应按标记的位置还原。

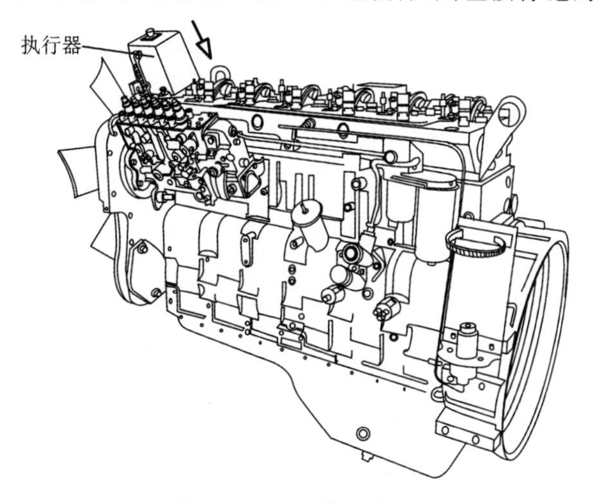

图 5-39　执行器的装配

2. 中冷器

清洁各安装面,在密封垫两侧均匀涂抹密封胶后,安装密封垫和中冷器,如图 5-40 所示,拧入固定螺栓并从中间向两边对称地拧紧至 24 N·m。

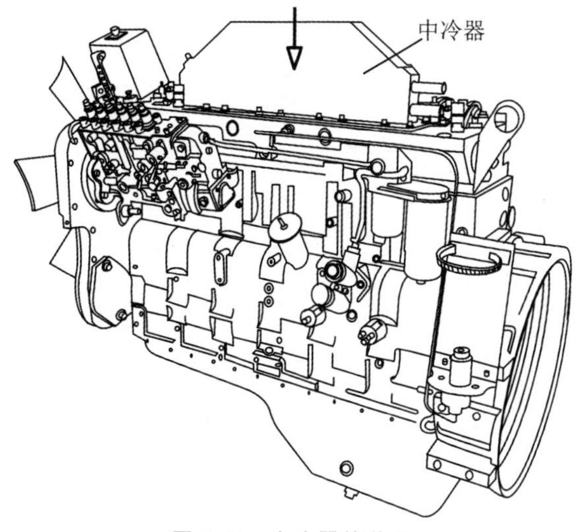

图 5-40　中冷器的装配

3. 高压油管

用压缩空气将高压油管吹净后，安装高压油管，拧紧高压油管接头螺母至 24 N·m，拧紧高压油管支座螺栓至 24 N·m，拧紧隔振架螺栓至 6 N·m。

4. 喷油器回油管

安装喷油器回油管，拧紧回油螺钉至 8 N·m。

5. 气门室罩盖

安装气门室罩盖，如图 5-41 所示，拧入固定螺栓并从中间向两边对称地拧紧至 24 N·m。

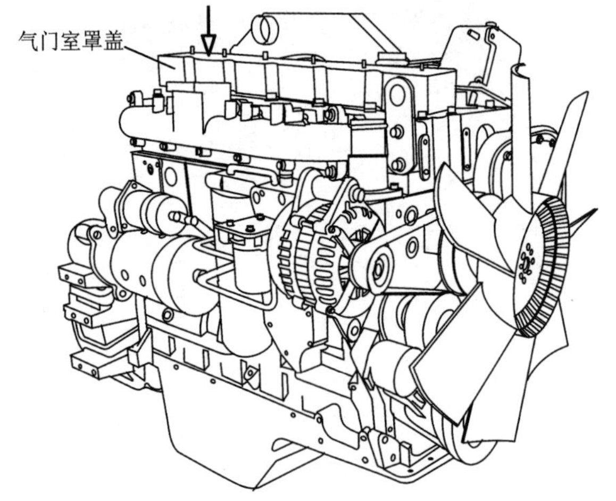

图 5-41　气门室罩盖的装配

6. 中冷器进、出水管

安装中冷器进、出水管和卡箍，如图 5-42 所示。

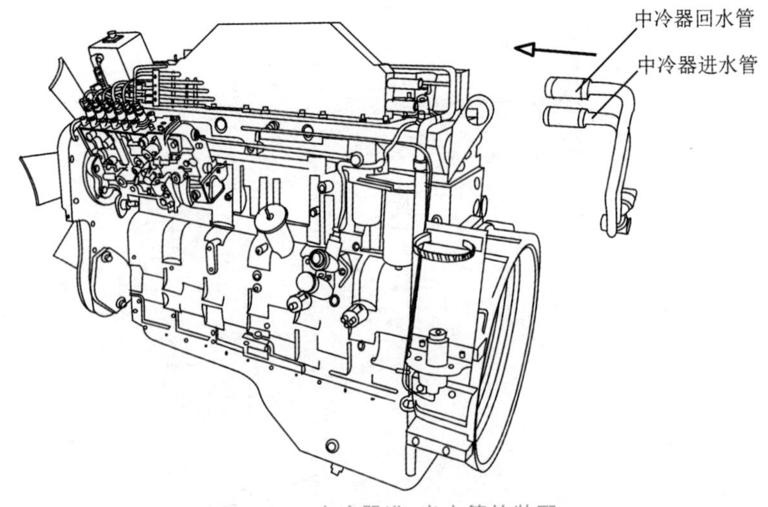

图 5-42　中冷器进、出水管的装配

7. 增压器

(1)安装增压器密封垫,使密封垫上有凸起翻边的一侧朝上。

(2)在固定螺栓螺纹处涂少量机油后,安装增压器,如图 5-43 所示,拧入固定螺母并交叉、对称地拧紧至 45 N·m。

(3)安装空气跨接管并拧紧卡箍至 5 N·m。

(4)在 O 形圈涂抹少量植物油后,将增压器回油管下部装入机体座孔,然后安装增压器回油管上部密封垫和回油管,对称拧紧固定螺栓至 24 N·m。

(5)先从增压器顶部的进油管接头处倒入 50～60 mL 的干净机油,同时转动叶轮使机油分散到轴承上。然后在进油管下部的 O 形圈上涂抹少量植物油后,拧紧下部接头螺母至 24 N·m,拧紧上部接头螺母至 35 N·m。

(6)放入排气管密封圈,然后安装增压器排气管,拧紧卡箍至 8 N·m,拧紧排气管固定螺栓至 43 N·m。

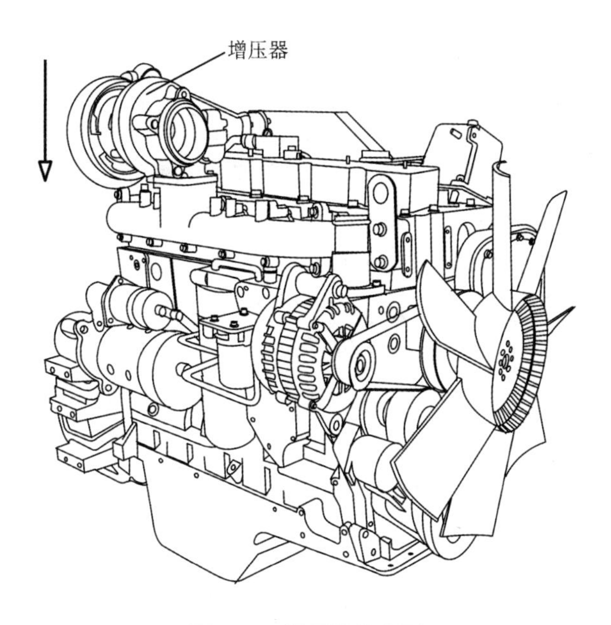

图 5-43　增压器的装配

8. 空气滤清器

(1)将空气滤清器总成的出口和增压器的压气机入口用软管连接,如图 5-44 所示。

(2)拧紧空气滤清器总成固定螺栓,拧紧软管卡箍至 5 N·m。

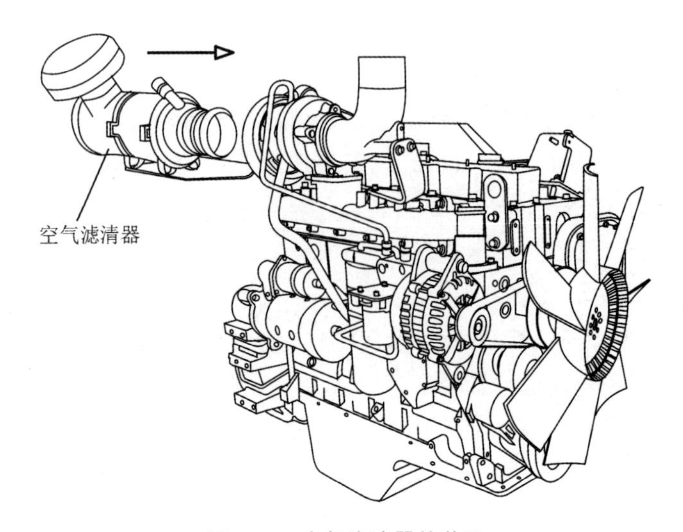

图 5-44　空气滤清器的装配

5.2.22　水箱的装配

(1)水平地装入水箱，如图 5-45 所示，注意调整水箱位置使其与风扇的间距保持均匀。

(2)拧入水箱固定螺栓并交叉、对称地拧紧至 45 N·m。

(3)装入风扇保护罩，交叉、对称地拧紧固定螺钉至 5 N·m。

(4)安装水箱进出水管，拧紧进出水管卡箍至 5 N·m。

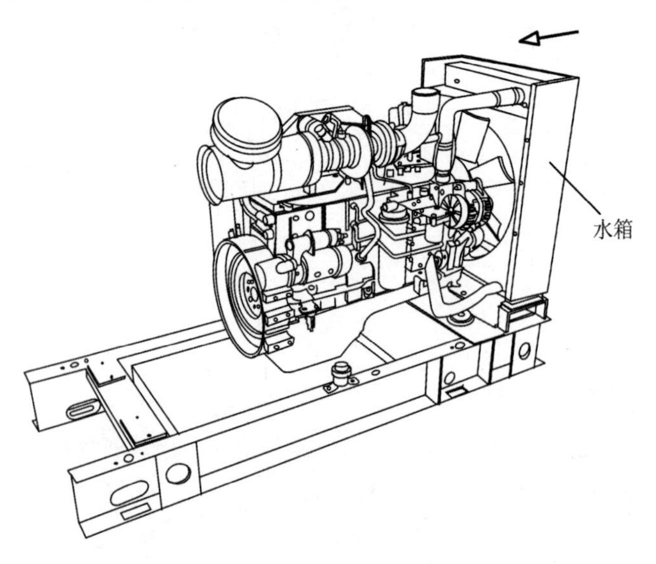

图 5-45　水箱的装配

5.2.23　同步发电机的装配

(1)借助吊具慢慢地安装同步发电机，直至同步发电机的联轴器嵌入飞轮的安装槽中，如图 5-46 所示。

(2)拧入同步发电机与飞轮壳的连接螺栓并交叉、对称地拧紧至 45 N·m。

(3)拧入同步发电机底部支承螺栓并交叉、对称地拧紧至 45 N·m。

(4)安装同步发电机保护罩，拧紧固定螺栓至 24 N·m。

(5)接上同步发电机与机座之间的接地线。

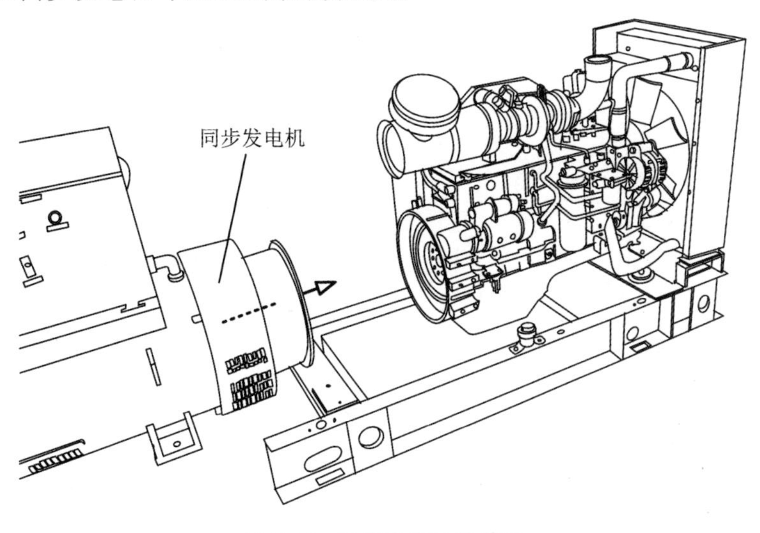

图 5-46　同步发电机的装配

提示与警示

(1)对于单轴承硬连接的同步发电机(联轴器为钢片式)，应按以下步骤进行。

① 借助吊具慢慢地安装同步发电机，直至拧入同步发电机与飞轮壳的连接螺栓，此时连接螺栓起定位作用，先不要拧紧。

② 用盘车工具转动曲轴，调整钢片联轴器安装孔使其与飞轮安装孔对正，拧入钢片联轴器固定螺栓，检查钢片外圆是否完全嵌入飞轮安装面，然后交叉、对称地拧紧至 45 N·m。

③ 交叉、对称地拧紧同步发电机与飞轮壳的连接螺栓至 45 N·m。

④ 拧入同步发电机底部支承螺栓并交叉、对称地拧紧至 45 N·m。

⑤ 安装同步发电机保护罩，拧紧固定螺栓至 24 N·m。

⑥ 接上同步发电机与机座之间的接地线。

(2)同步发电机为重体件，拆卸时人员要协同一致、配合熟练，吊装移动时注意人身和器件的防护。

/思考题/

1. 简述柴油机装配的技术要求。
2. 列举三个以上需要按照记号装回原来位置的零件。
3. 简述正时齿轮啮合齿隙和曲轴轴向间隙的测量方法。

第6章

柴油机的维护

柴油机的良好维护是维持柴油机稳定运行，使其始终处于良好技术状态的重要保障和前提条件。柴油机的维护按实施周期分为日维护、周维护、月维护和年维护四种。

在制订维护计划时，除必须遵照相关制度和随机技术资料的规定外，还应根据柴油机的技术状况和使用环境条件，灵活掌握各项维护的实施周期。

6.1 柴油机日维护

柴油机的日维护是在柴油机每日运行(8 小时左右)停机后要进行的工作。如果每日工作时间较短，可按累计工作 8 小时计，由值班员负责实施，不影响执行任务。日维护项目如表 6-1 所示。

表 6-1 日维护项目

维护类别	序号	维护项目	对应章节
日维护	1	检查和补充机油	6.1.1
	2	检查和补充冷却液	6.1.2
	3	检查和补充柴油	6.1.3
	4	排出油水分离器中的水分	6.1.4
	5	查看、清洁、紧固柴油机	6.1.5

日维护过程中，若发现机件故障或系统状态异常，应对其进行检修予以解决。

6.1.1 检查和补充机油

(1)柴油机关机约 30 分钟后(待机油温度下降为常温)进行检查。

(2)取出机油尺,查看机油尺上残留的机油,目测机油颜色(透明度),手摸机油感受其黏度,判断机油是否变质,随后用抹布擦净机油尺上的机油。

(3)机油尺插到底,取出机油尺读取液位高度,检查是否在正常液位范围(“H”标线与“L”标线之间,如图 6-1 所示)。

(4)做好液位高度记录,并与以前记录进行比较,判断有无液位突然上升或下降。

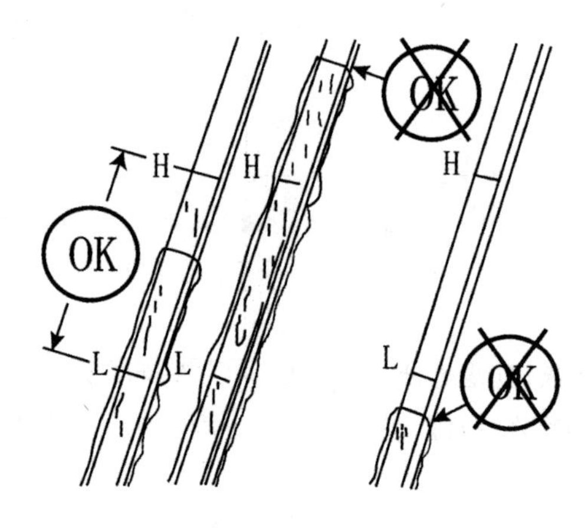

图 6-1 机油尺液位高度图

提示与警示

(1)上述检查的前提是柴油机处于水平位置,若柴油机停放于斜坡上或有倾斜角度时,机油尺测量的机油液位不能反映真实机油量,仅供参考。

(2)柴油机关机后立即检查机油液位,会因机油回流不及时导致机油液位检查不准确,但能感受高温状态下机油的黏度和质量,为综合判定机油质量好坏提供依据。

(3)切勿在机油油面低于“L”标线或高于“H”标线的情形下运行柴油机。

知识链接

(1)6CTA8.3G2 柴油机机油标准容量:18.9 L。

(2)添加机油容量(“L”标线至“H”标线):3.8 L。

(3)机油牌号由英文字母和数字构成，包含质量等级和黏度等级，具体含义如图 6-2 所示。

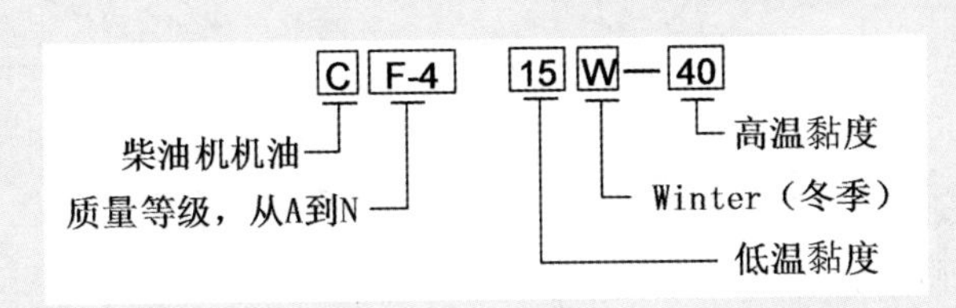

图 6-2　机油牌号

质量等级：采用 API 标准分类，C 代表柴油机用油，C 后边的字母从 A 开始，到 N 结束，越往后，机油质量越好。

黏度等级：根据使用环境温度的不同，制定的黏度级别。“W”为 WINTER 首字母，代表冬季。“W”之前为低温黏度，“W”之后为高温黏度。

① 低温黏度：该数字衡量了机油的低温流动性。数字减去 35 ℃，即机油低温流动性满足柴油机在此温度以上正常起动。数字越低，低温起动越容易。

② 高温黏度：该数字代表机油在 100 ℃时的黏度标准。数字越高，黏度越高，密封越好；数字越小，黏度越低，节省燃油。

机油黏度等级和适用的温度范围如表 6-2 所示。

表 6-2　机油黏度等级和适用温度范围

类别	黏度等级	适用温度范围/℃
机油	5W/30	−30～30
	5W/40	−30～40
	10W/30	−25～30
	10W/40	−25～40
	15W/40	−20～40
	20W/50	−15～50

6.1.2　检查和补充冷却液

(1)每日柴油机关机后，冷却液温度下降并接近常温时，检查冷却液液位。

(2)打开水箱盖检查冷却液的液面高度，缺液需及时补充。正常液面高度应与水箱注入颈口底部平齐，如图 6-3 所示。

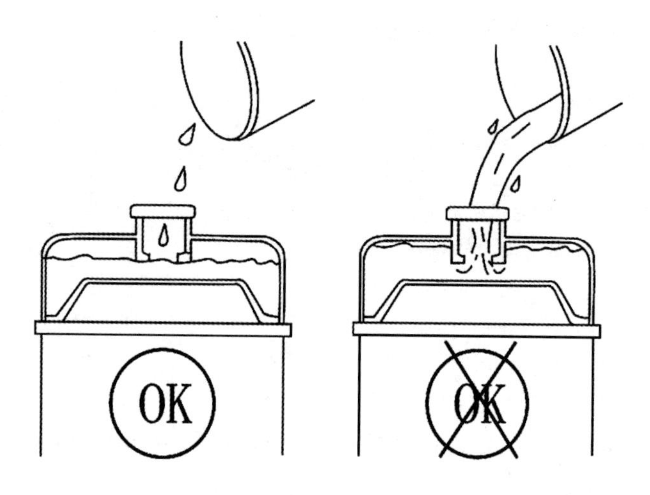

图 6-3　冷却液液位高度

警示

(1)严禁在冷却液温度超过 50 ℃时打开水箱盖,以免高温液体或蒸汽对人体造成伤害,如图 6-4 所示。

图 6-4　打开水箱盖

(2)日常维护补液应优先使用同款同型号防冻液,禁止使用自来水,更不能使用硬水(如井水、河水等)作为补充液(紧急情况除外)。确有急需可补充蒸馏水或纯净水。

(3)当冷却系统有泄漏时,禁止使用密封添加剂补漏,以免增大冷却系统的流通阻力,造成柴油机水温高。

知识链接

(1)防冻液的颜色有什么作用?

市场上防冻液有很多种颜色,如绿色、橙色、蓝色、红色等。防冻液本身是无色透明的液体,之所以做成鲜艳的颜色,是因为添加了着色剂,一个原因是为了便于泄漏检查,当柴油机疑似冷却系统发生泄漏时,根据泄漏液体的颜色可以方便地辨别出防冻液并检修冷却系统,另外一个作用就是避免被当成水而误食。因此,防冻液的颜色跟其性能、质量没有必然的联系,在选择产品时,颜色并不是选择的标准之一。

(2)不同品牌的防冻液是否可以混用?

市场上大部分的防冻液都是水基乙二醇型,这种类型的防冻液可以混合,而且与颜色无关。但某些类型的防冻液可能选用了不同的主原料,或者采用了不同的添加剂,为避免可能的化学反应或不良影响,一般避免同时添加不同品牌的防冻液。

如果柴油机原有已使用一段时间的防冻液已排放干净,这时重新加入不同品牌的新的防冻液,则是可以的。

6.1.3　检查和补充柴油

(1)每日关机后查看柴油液位。

(2)在柴油液位低于30%时应予以添加补充。

警示

(1)补充柴油的牌号(凝点)必须满足气候环境条件需要。

(2)柴油必须经过72小时沉淀后才能加注。

(3)加油的容器必须干净无杂质。

(4)不可用明火照明查看柴油液位。

知识链接

(1)柴油按凝点分级,轻柴油有5、0、−10、−20、−35、−50六个牌号。

(2)根据环境温度条件选用对应牌号的柴油:

温度在4 ℃以上时选用0#柴油;温度在−5 ℃～4 ℃时选用−10#柴油;温度在−14 ℃～−5 ℃时选用−20#柴油;温度在−29 ℃～−14 ℃时选用−35#柴油。

选用柴油的牌号如果高于上述温度，柴油机中的燃油系统就可能结蜡、结冰，堵塞油路，影响柴油机的正常工作。

6.1.4 排出油水分离器中的水分

(1)柴油机关机静置30分钟或更长时间后进行。

(2)拧出油水分离器下部泄放阀4整圈直至阀门降下1 cm，泄放油水分离器中的水和沉淀物，直至见到洁净的燃油为止，拧紧关闭泄放阀，如图6-5所示。

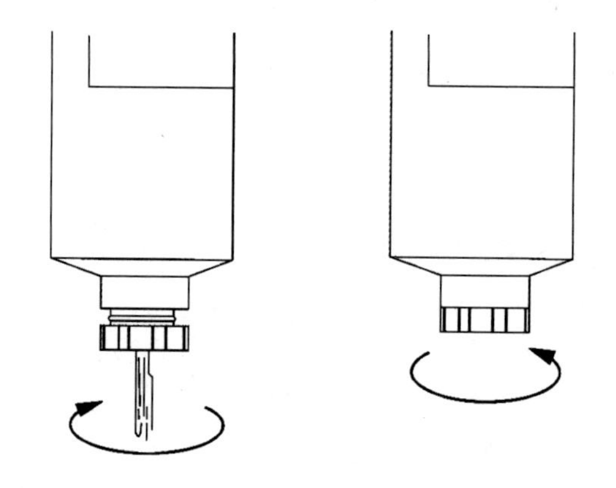

图6-5 泄放油水分离器中的水分

提示

(1)切勿过分拧紧泄放阀，过分拧紧会损坏螺纹。

(2)如果泄放量超过50 mL，需手动按压输油泵，将柴油注入油水分离器中。

(3)如发现泄放的水分较多，应检查柴油箱，找出原因。

6.1.5 查看、清洁、紧固柴油机

每日关机后待柴油机温度降至常温后进行下列操作：

(1)查看并清洁柴油机(机组)和工作舱、室。

(2)查看并紧固相关连接螺钉、连接导线、插拔头等连接件。

(3)查看并记录柴油机(机组)各运行参数指示是否正常。

(4)查看并记录柴油机静置和运行特征有无异常,如“三漏”、明显冒烟异常、转速异常、声音异常等。

6.2　柴油机周维护

柴油机周维护是在柴油机每累计工作 100 小时左右,由技术骨干组织班组人员负责实施,维护时间通常安排为 4 小时。

除完成日维护项目外,周维护还需完成增加的项目内容,如表 6-3 所示。

表 6-3　周维护项目

维护类别	序号	维护项目	对应章节
周维护	1	检查空气滤清器和进气系统	6.2.1
	2	蓄电池的维护	6.2.2
	3	传动皮带的查看与鉴定	6.2.3
	4	冷却风扇的查看与鉴定	6.2.4

周维护过程中,若发现机件故障或系统状态异常,应及时检修解决。

6.2.1　检查空气滤清器和进气系统

(1)查看空滤进气阻力显示器的显示信号,即便显示不为红色,也可根据柴油机的工作环境和累计时数,酌情进行清洁维护(空气滤清器外壳印刷有参考维护周期:累计工作 50～250 小时,对空气滤清器进行维护;维护 3～6 次后视情更换新滤芯)。

(2)维护时,用蘸有酒精的维护布清洁滤清器外壳,用木棍轻敲滤芯端面以去掉浮尘,然后用气压低于 0.5 MPa 的压缩空气,从滤芯内部向外部去除滤芯上的灰尘。最后在滤芯内部放一盏灯,从外部观察滤芯有无破损,若有破损则应更换滤芯。

(3)安装时注意滤芯的开口应朝内,按下进气阻力指示器的复位按钮。

(4)检查进气系统是否有破裂的软管、松动的管夹或刺孔,如图 6-6 所示,确保进气系统干净和无漏气现象。

图 6-6 检查进气系统

提示与警示

(1)进气阻力指示器的相关内容可参看“2.3.3 进排气系统”。

(2)当进气阻力指示器显示红色时,应在维护滤芯后按下复位钮,使其显示绿色。

(3)严禁使用油、水等液体清洗纸质滤芯,如果滤芯有破损,应当更换。

(4)切勿不装空气滤清器滤芯运行柴油机,以免杂质、磨料进入气缸,导致柴油机磨损加剧、寿命缩短。

(5)纸质滤芯装入时应水平贴合空气滤清器内进气道,与进气道同心,不可倾斜,以免漏气。

(6)滤芯倾斜会造成固定杆偏斜,使空气滤清器盖板不能正确安装。

6.2.2 蓄电池的维护

(1)清洁蓄电池表面浮尘、油渍和桩头硫化物、氧化物,清通各单格液盖的通气孔。

(2)检测蓄电池每个单格的电解液液位,应在蓄电池外壳上标示的最高液位线(max)和最低液位线(min)之间,或用玻璃管、透明塑料管、细木条等检查液面高度是否高于极板 10～15 mm 之间,如图 6-7 所示。蓄电池各单格的电解液液面高度相近,如电解液液位不足或液位高度相差较大,应添加蒸馏水予以调整。

(3)清理极桩氧化物、硫化物,打磨桩头、导线接头、垫片等接触面,并紧固桩头接线。

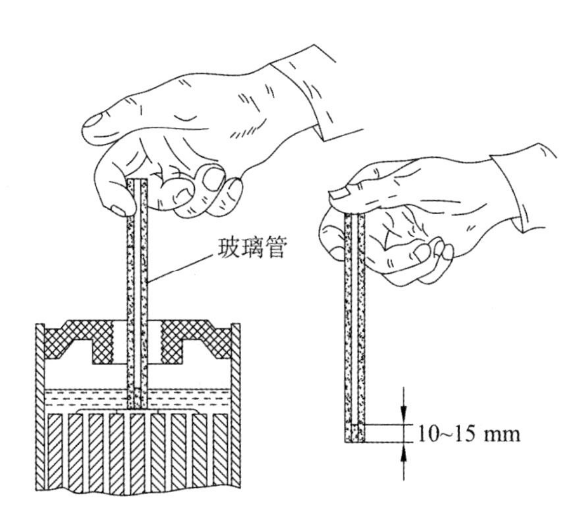

图 6-7　液面高度的检查

提示与警示

(1)注意保持蓄电池表面干燥,使用干抹布清洁蓄电池,避免油、水短路正负极柱引发危险。

(2)禁止在蓄电池上放置杂物和工具。

(3)禁用金属棒检查电解液液面高度。

(4)缺液通常只补充蒸馏水。

(5)如果柴油机长时间未起动,应定期使用外置充电器对蓄电池进行补充电。

(6)免维护蓄电池不需要查看通气孔和电解液液位。

知识链接

(1)外置充电器对蓄电池(24 V)如何补充电?

恒流充电:充电电流为 0.1×电池标称容量,端电压达到 28.8 V 后,再充电 5 小时左右。

恒压充电:充电电压 32 V±0.1 V,允许最大充电电流为 0.2×电容标称容量,充电 16 小时。

现在市场上有智能充电器产品,可以智能判断蓄电池容量进行补充电。

(2)柴油机自带充电发电机长时间充电,会对蓄电池过充电吗?

柴油机自带充电发电机的充电电压为+28 V,而蓄电池(24 V)充满电时端电压为+32 V,所以充电发电机不会对蓄电池过充电。

6.2.3 传动皮带的查看与鉴定

肉眼查看传动皮带的磨损情况，有无表面裂口、落皮和深度裂缝现象。若传动皮带出现表面裂口、局部落皮或横向裂纹（皮带宽度方向），可继续使用。若出现横向和纵向（皮带长度方向）交叉裂纹，则必须更换。

传动皮带出现横向裂缝（皮带宽度方向），是可以接受的；传动皮带出现横向裂缝和纵向裂缝（皮带长度方向）交叉，是不可接受的，如图 6-8 所示。

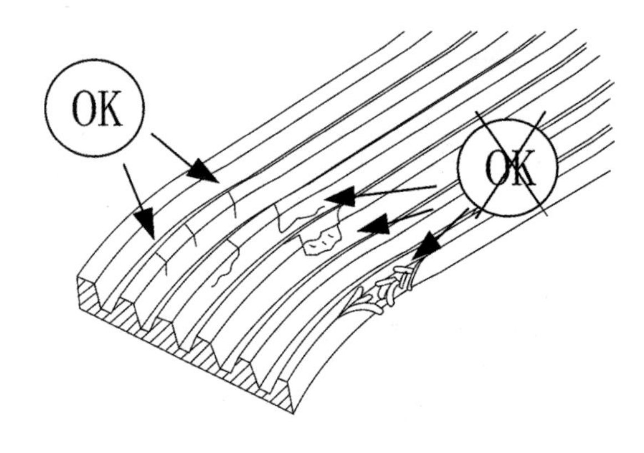

图 6-8 检查传动皮带

提示

（1）皮带裂纹有累积效应，平时只做记录，通常结合月维护、年维护工作集中处理（除非磨损严重或皮带断裂影响柴油机工作可靠性时马上更换）。

（2）更换皮带时，必须更换相同型号规格的皮带，以免皮带过松或过紧影响柴油机正常工作，更换操作方法详见 3.2.8 小节。

6.2.4 冷却风扇的查看与鉴定

（1）查看风扇有无裂缝，铆钉是否松脱，扇叶是否变形，如图 6-9 所示。

（2）手摸检查风扇是否固定牢靠，扇叶是否晃动。

（3）确有故障，做好记录，及时报告。

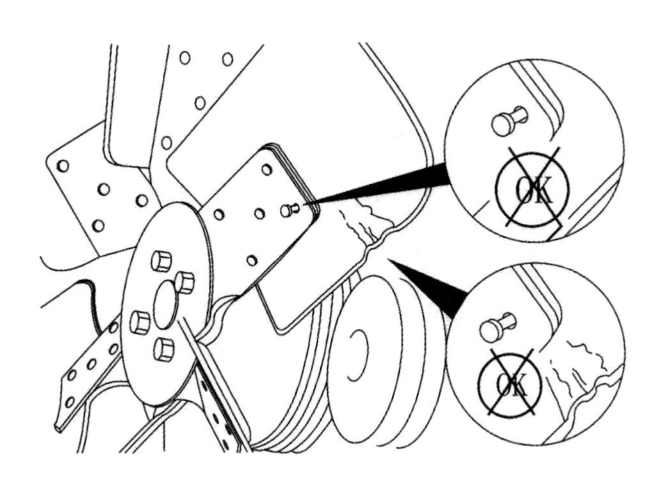

图6-9　检查风扇皮带

警示

(1)风扇扇叶故障是柴油机和人员的重大安全隐患，当有异响时应及时检查和报告。

(2)严禁生拉硬撬风扇叶片，以防叶片变形、松动，从而引起动平衡被破坏，导致事故发生。

(3)严禁以扳动风扇叶片的方式替代盘车工具驱动曲轴旋转。

6.3　柴油机月维护

柴油机月维护是在柴油机每累计工作250～400小时，由基层单位分管技勤工作的领导或技师组织班组人员实施的，维护时间通常安排为8小时左右。除完成日维护和周维护项目外，月维护还需增加完成如表6-4所示的项目内容。

表6-4　月维护项目

维护类别	序号	维护项目	对应章节
月维护	1	检查传动皮带张力	6.3.1
	2	检查水箱及连接管路	6.3.2
月维护	3	检查曲轴箱呼吸器管	6.3.3
	4	检查冷却液	6.3.4
	5	检查蓄电池电解液比重、容量并充电	6.3.5

续表

维护类别	序号	维护项目	对应章节
月维护	6	更换机油及机油滤清器	6.3.6
	7	更换冷却液滤清器	6.3.7
	8	更换柴油滤清器	6.3.8
	9	柴油箱排污	6.3.9

月维护过程中，将平时记录的遗留问题一并处理，若发现机件故障或系统状态异常，应对其进行检修。

6.3.1 检查传动皮带张力

(1)使用康明斯皮带张力计 ST-1293，如图 6-10 所示，传动皮带张力正常范围为 360～490 N。

(2)在没有皮带张力计的情况下，也可以用手按压皮带的最长跨距处测量皮带挠度，见图 5-36。

图 6-10　皮带张力计

提示与警示

(1)如果皮带张力过小，需检查皮带张紧轮工作是否正常，并更换新皮带。

(2)传动皮带禁止接触油类或腐蚀性液体，防止皮带打滑和提前损坏。

6.3.2　检查水箱及连接管路

(1)检查连接水管有无破裂、老化变形、松脱,如图6-11所示,视情进行更换。

(2)检查水箱有无磨损、脏堵、散热片坍塌、渗漏等情况,视情进行维修或更换。

(3)检查水箱盖内密封垫是否破损、老化变形,视情进行更换。

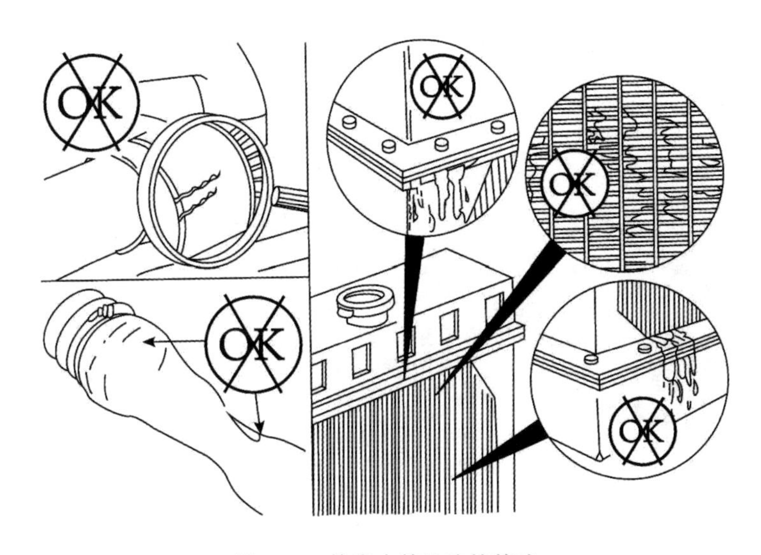

图6-11　检查水箱及连接管路

提示与警示

(1)水管接头因腐蚀不平导致漏水时,可刮除锈渍,然后缠绕防水胶带,再与水管连接。

(2)禁止使用高压水枪对水箱散热片进行冲洗,以免造成散热片坍塌。

(3)水箱散热芯扁铜管(位于外侧有操作空间)裂纹漏水时,可放水后用锡焊修补;微漏时,可在清洁打磨裂口后用补漏化工胶粘补。

6.3.3　检查曲轴箱呼吸器管

(1)目测检查曲轴箱呼吸器管是否有堵塞、裂缝或其他损坏,如图6-12所示,如有损坏,则进行更换。

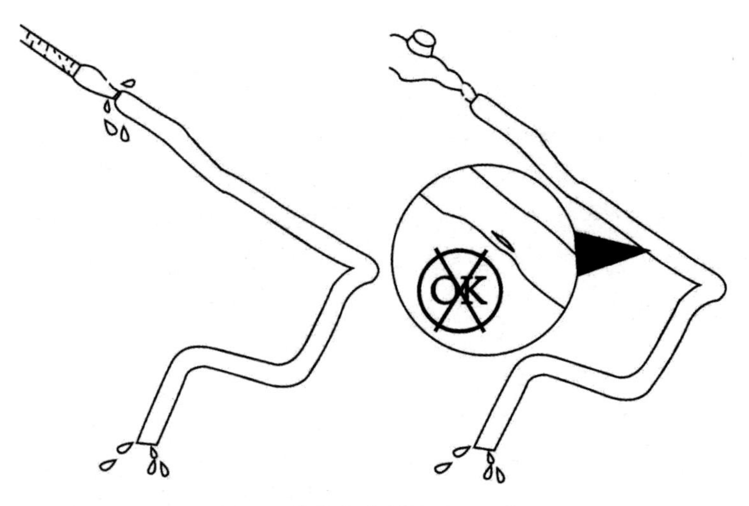

图 6-12　检查曲轴箱呼吸器管

(2)如果曲轴箱呼吸器管内有明显脏污,应清洗曲轴箱呼吸器滤芯和软管,并用压缩空气吹干。

6.3.4　检查冷却液

(1)检查冷却液是否清澈,杂质是否过多,黏度是否正常,若变质应视情更换。

(2)检查防锈剂 DCA4 的浓度。

使用 DCA4 浓度测试包,如图 6-13 所示,对冷却液 DCA4 浓度进行检查,将测试纸与标准试纸进行比对,得出 DCA4 浓度值,视情添加适量的 DCA4 溶液。

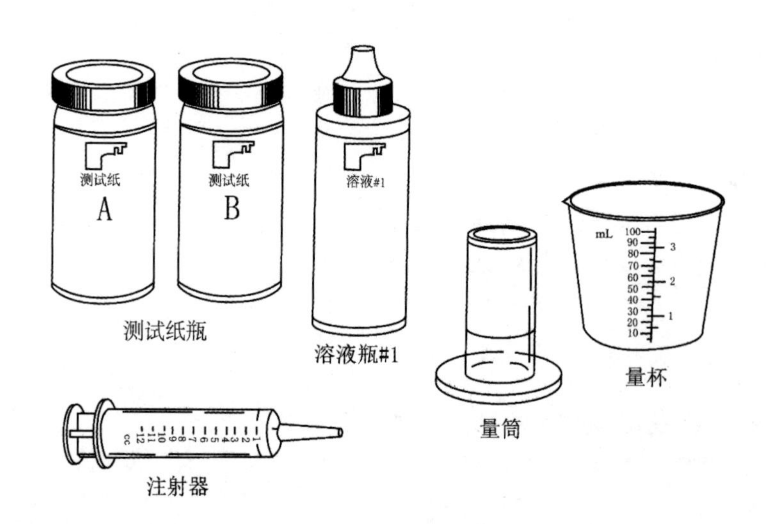

图 6-13　DCA4 浓度测试包

提示与警示

(1)如果冷却液发黑或明显含锈,应清洁冷却系统(详见 6.4.2 小节)并更换冷却液。

(2)如果冷却液液面上出现大量油滴,则柴油机出现油水混合,需立即对柴油机润滑系统和冷却系统进行维修,排除故障后更换冷却液和机油。

(3)DCA4 浓度不足会导致冷却系统部件腐蚀和损坏,DCA4 浓度过高会导致冷却液"胶化",堵塞冷却管路和导致柴油机过热。

(4)如果更换冷却液,应同时更换冷却液滤清器。

知识链接

DCA4 的正常浓度范围是 0.3～0.8 个单位(每升,下同)。针对检测出的 DCA4 浓度,应采取以下对应措施:

(1)当每升冷却液 DCA4 含量超过 0.8 个单位时,无须更换含有 DCA4 的冷却液滤清器,也不必添加 DCA4 溶液。只在每次进行维护(更换机油)时,测试冷却液中 DCA4 的含量,直到 DCA4 的浓度降到 0.8 个单位以下。冷却液 DCA4 含量大于 1 个单位时,需更换冷却液。

(2)当每升冷却液 DCA4 含量在 0.3～0.8 个单位时,按正常维护周期更换含有 DCA4 的冷却液滤清器。

(3)当每升冷却液 DCA4 含量低于 0.3 个单位时,更换含有 DCA4 的冷却液滤清器,并往冷却液中添加 DCA4,直至 DCA4 浓度在正常范围内为止。

6.3.5 检查蓄电池电解液比重、容量并充电

1.电解液比重的检查

使用专用比重计,先捏压橡皮球,然后将比重计的吸管插入电解液,再放松橡皮球,待电解液吸入玻璃管至浮子浮起后,取出玻璃管,读取液面所对应的浮子的刻度数值,即为比重值,如图 6-14 所示。

冬季电解液比重应为 1.270 或 1.280,夏季应为 1.240。若不符合要求,可加入蒸馏水或电解液进行调整。不同地区和气温条件下的电解液比重如表 6-5 所示。

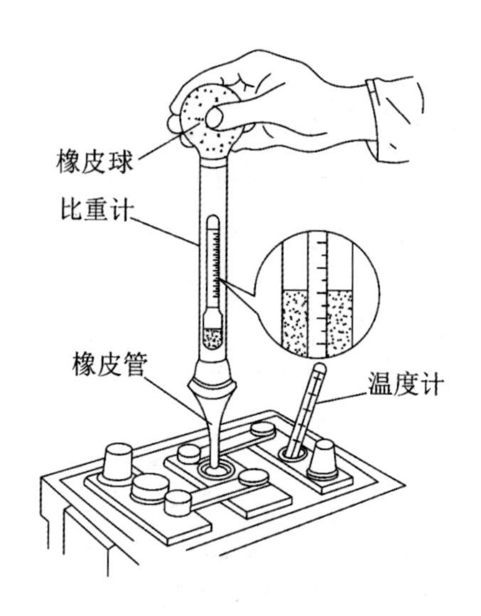

图 6-14　电解液比重的检查

表 6-5　不同地区和气温条件下的电解液比重

地区(按冬季的气温条件划分)	全充蓄电池 15 ℃时的电解液比重	
	冬季	夏季
低于－40 ℃的地区	1.310	1.250
高于－40 ℃的地区	1.290	1.250
高于－30 ℃的地区	1.280	1.250
高于－20 ℃的地区	1.270	1.240
高于 0 ℃的地区	1.240	1.240

2.蓄电池容量的检查

为全面检查蓄电池的技术状态，一般在充电后使用容量测试仪检查蓄电池的容量。检查时将容量测试仪的触针紧压在蓄电池正、负极桩头上，指针在 5 秒内保持稳定的读数即为容量值，如图 6-15 所示。当指针处于蓄电池对应刻度盘的绿色范围时，表示蓄电池正常，否则表示蓄电池容量不足，需补充充电，若充电失败，再酌情排故或更换。

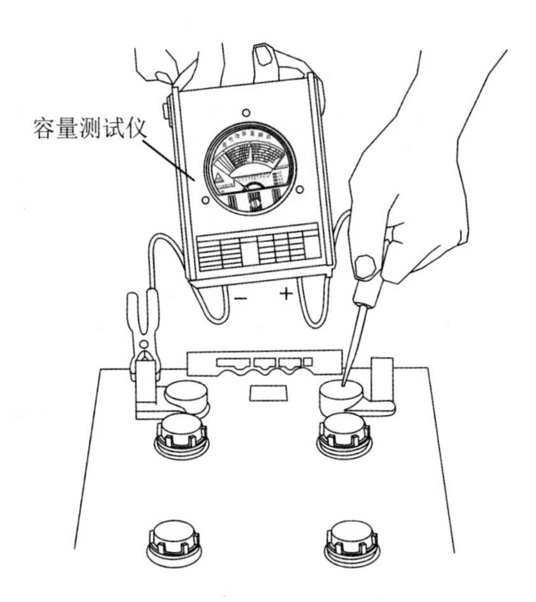

图 6-15　容量的检查

提示与警示

(1)检测电解液比重不应在大量放电后或刚加入蒸馏水后立即进行,应等待 15 分钟后进行。

(2)仅在冬季或寒冷地区确有必须提高电解液的比重时,才加注比重大的电解液作调整。

(3)仅在确定因过度充电硫酸被蒸发,电解液比重下降显著,才加注比重适宜的电解液作调整。

(4)仅在确定各单格电解液的比重严重不平衡时,需加注适宜比重的电解液作调整。

(5)如果在蓄电池电解液液面发现有油渍漂浮或电解液浑浊,应倒出所有电解液,并加入蒸馏水清洗,然后重新加入电解液。

(6)电解液液面过高时,可能从通气孔溢出而腐蚀极柱,造成极柱接触不良或早期损坏。

(7)禁止向蓄电池中添加自来水。

(8)容量测试仪是基于放电状态下的检测,故两触针接触蓄电池极桩的时间越短越好。

知识链接

(1)低温环境下蓄电池容量下降,怎么样才能提升蓄电池容量?

一般情况下,可选用低温蓄电池,以抵制低温对蓄电池的影响。对于普通蓄电池,可适当提高其电解液比重,或将蓄电池放置于热水中(热水深度不高于蓄电池外壳高度的 2/3)提高电解液温度,以提升蓄电池容量。

(2)蓄电池中能添加自来水、矿泉水或纯净水吗?

自来水和矿泉水中都含有金属离子,会与硫酸发生不可逆的化学反应,造成硫酸总量减少,同时形成的硫酸盐附着在极板上,占用极板可用面积,使充放电速度降低,蓄电池容量降低。

纯净水不是真正纯净的,其中也含有多种微量元素,同样会对蓄电池造成不良影响。

6.3.6 更换机油及机油滤清器

机滤的更换
动画演示

(1)运行柴油机直至水温达到 60 ℃,关闭柴油机。

(2)使用 17 mm 扳手卸下油底壳放油塞,泄放机油,见图 3-1。

(3)使用专用扳手卸下机油滤清器和 O 形密封圈,并清洁滤清器座,如图 6-16 所示。

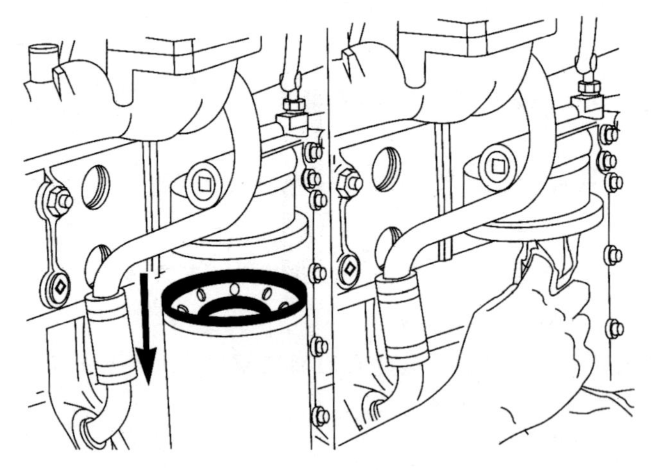

图 6-16 拆卸机油滤清器

(4)视情清洗油底壳和机油集滤器。

(5)安装新的机油滤清器,如图 6-17 所示。

① 往新的机油滤清器中倒入清洁的机油,机油液面距 O 形密封圈 5～10 mm 时停止,如图 6-17(a)所示。

② 在机油滤清器 O 形密封圈表面涂抹薄层机油，如图 6-17(b)所示。

③ 安装新的机油滤清器，直至 O 形密封圈与滤清器座相接触，如图 6-17(c)所示。

④ 记住机油滤清器和滤清器座的相对位置，按滤清器表面说明，拧紧 1/2～3/4 圈，如图 6-17(d)所示。

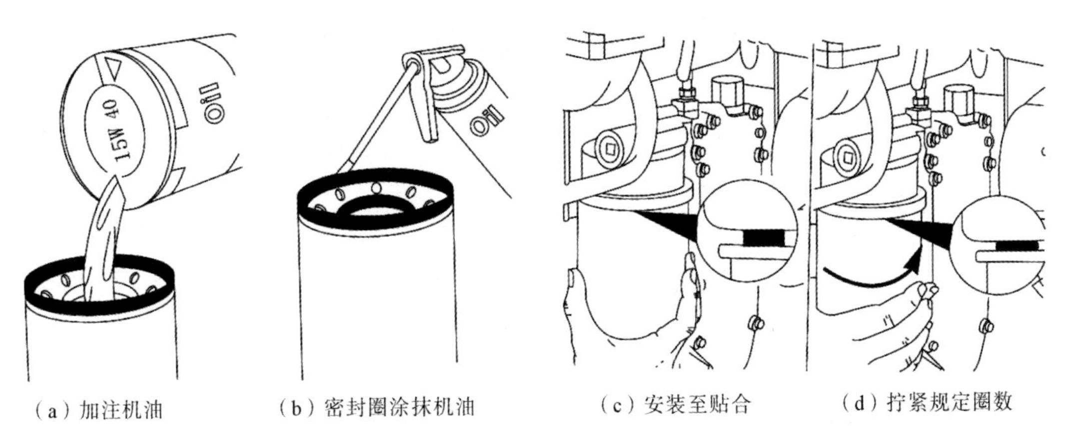

(a) 加注机油　(b) 密封圈涂抹机油　(c) 安装至贴合　(d) 拧紧规定圈数

图 6-17　安装机油滤清器

(6)检查和清洁油底壳放油塞螺纹和密封表面，安装油底壳放油塞，扭矩值 80 N·m，如图 6-18 所示。

图 6-18　检查和安装放油塞

(7)从柴油机机油注入口注入清洁的机油，如图 6-19 所示，添加机油至适当的油面(一般添加到机油尺“H”(高)标记)，或定量添加，康明斯 C 系列柴油机润滑系统标准容量为 23.8 L。

(8)以怠速运行柴油机，检查机油滤清器和放油塞有无泄漏，如图 6-20 所示。

(9)柴油机停机，约等待 5 分钟后，让机油回流至油底壳，再次检查油面高度，见图 6-1。

(10)根据需要添加机油，直至机油油面回到机油标尺“H”标记。

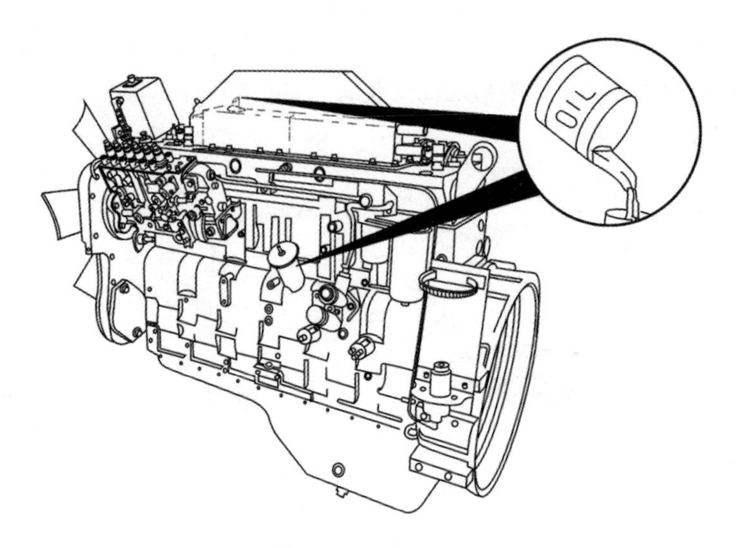

图 6-19 添加机油

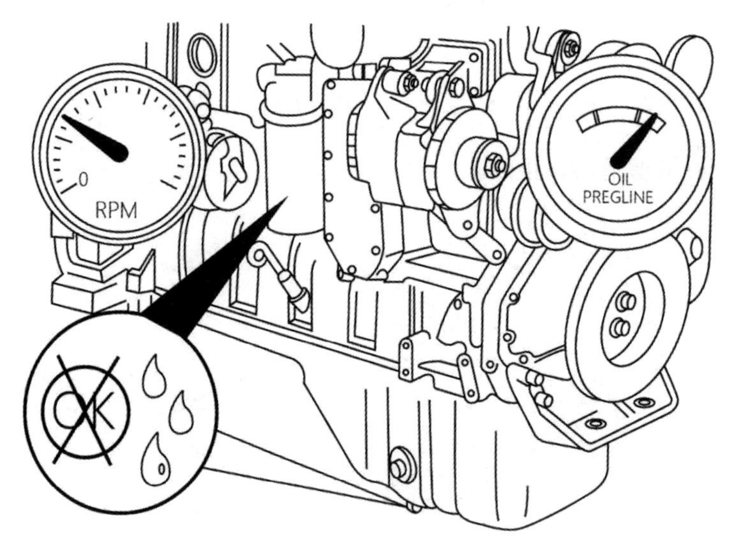

图 6-20 检查机油滤清器有无泄漏

提示与警示

(1)机油和机油滤清器的更换周期一般为每 3 个月或累计工作 250 h。

(2)泄放机油一般在柴油机刚停机之后(水温 60 ℃以上),此时杂质悬浮在机油中,泄放机油时将杂质一并排出,如图 6-21 所示。

(3)卸下机油滤清器后,滤清器盖上的 O 形密封圈也需要更换。

(4)LF3000 型机油滤清器有两个 O 形密封圈,对两个 O 形密封圈都应涂抹机油。

(5)O 形密封圈吸油后会膨胀,过度拧紧会损伤滤清器座的螺纹。

(6)新的机油滤清器 O 形密封圈涂抹机油后,必须在 15 分钟内按要求安装完毕。

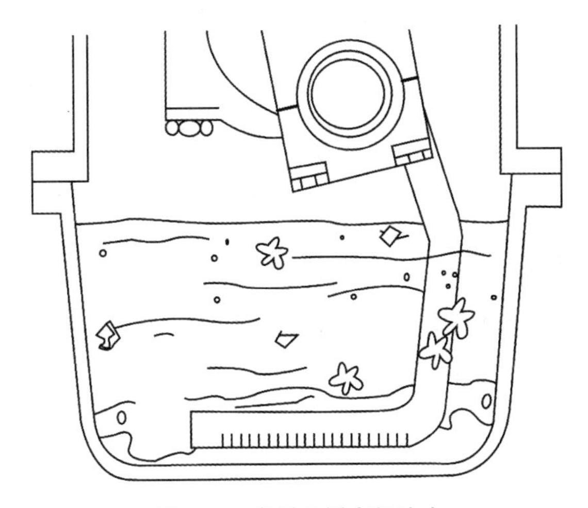

图 6-21　杂质悬浮在机油中

6.3.7　更换冷却液滤清器

(1)关闭冷却液滤清器截止阀。

(2)使用专用扳手拆卸冷却液滤清器,见图 3-27,并清洁冷却液滤清器座。

(3)安装新的冷却液滤清器,如图 6-22 所示。

① 在冷却液滤清器 O 形密封圈的密封面上涂抹干净的机油。

② 顺指针转动滤清器至 O 形密封圈与滤清器座刚好接触。

③ 记住滤清器与滤清器座的相对位置,然后按滤清器表面安装说明,拧紧 1/2～3/4 圈。

④ 打开冷却液滤清器截止阀。

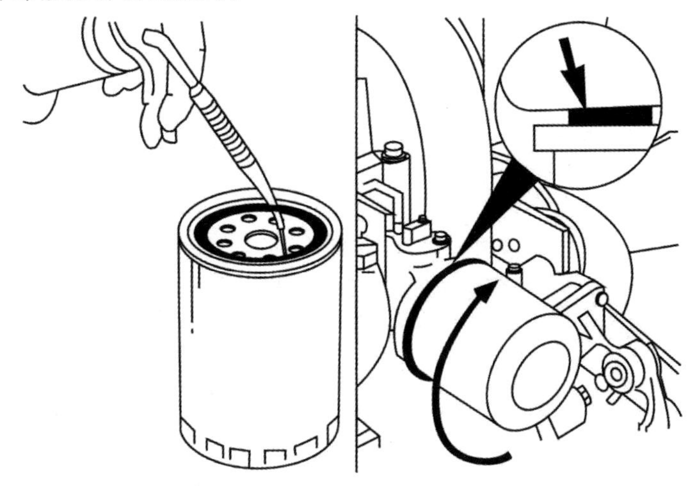

图 6-22　安装冷却液滤清器

提示与警示

(1)冷却液滤清器的更换周期一般为每 3 个月或累计工作 250 h。

(2)O 形密封圈吸油后会膨胀，过度拧紧会损伤滤清器座的螺纹。

(3)更换冷却液时，应同时更换冷却液滤清器。

(4)有些机型无冷却液滤清器，定期检查冷却液 DCA4 浓度即可。

(5)当冷却液 DCA4 浓度较高时(0.8～1 个单位每升)，需关闭冷却液滤清器截止阀，直至 DCA4 浓度降低(0.3～0.8 个单位每升)后再次打开截止阀。

6.3.8 更换柴油滤清器

(1)清洁柴油滤清器盖周围的区域。

(2)使用专用扳手卸下柴油滤清器。

(3)清洁柴油滤清器座的密封垫表面，更换 O 形密封圈，如图 6-23 所示。

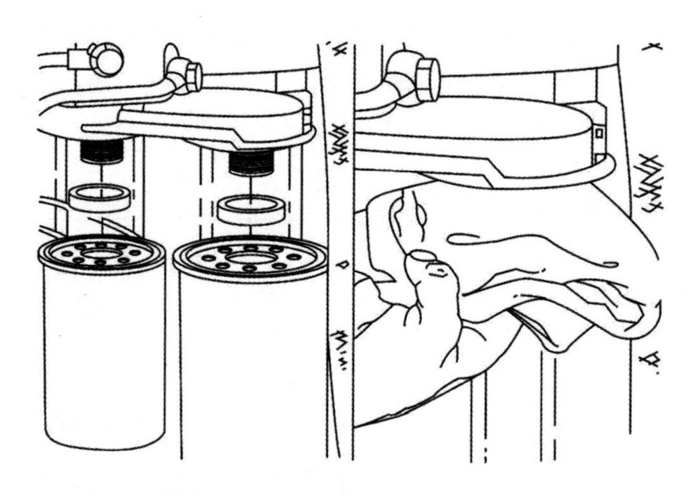

图 6-23 清洁并更换密封圈

(4)用洁净柴油注入新的柴油滤清器，如图 6-24(a)所示。

(5)用洁净的机油润滑 O 形密封圈，如图 6-24(b)所示。

(6)用手旋转安装柴油滤清器，旋转至密封圈与滤清器座刚好接触时停止，如图 6-24(c)所示。

(7)记住柴油滤清器与滤清器座的相对位置，按照滤清器表面的安装说明，拧紧柴油滤清器 1/2～3/4 圈，如图 6-24(d)所示。

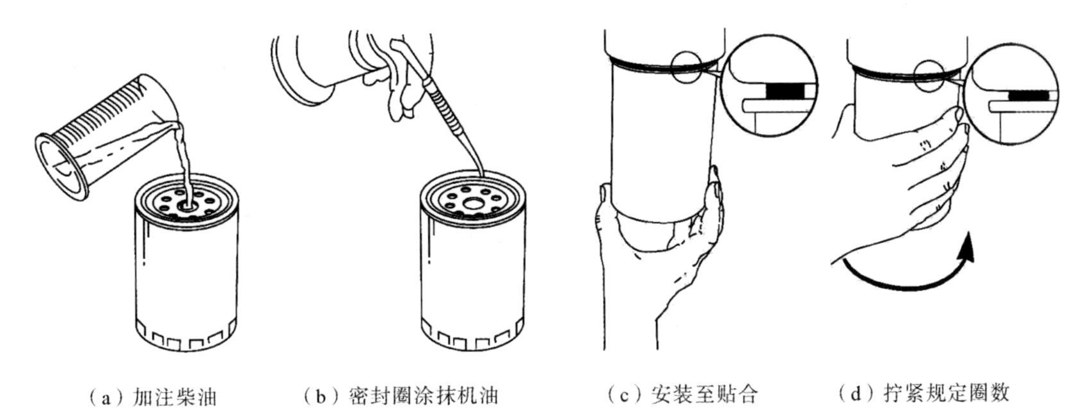

（a）加注柴油　（b）密封圈涂抹机油　（c）安装至贴合　（d）拧紧规定圈数

图 6-24　安装柴油滤清器

提示与警示

(1)柴油滤清器的更换周期一般为每 6 个月或累计工作 500 h。

(2)O 形密封圈吸油后会膨胀,过度拧紧会损伤滤清器座的螺纹。

(3)柴油滤清器一旦拆卸,便需更换柴油滤清器及其 O 形密封圈,否则会漏油。

(4)当柴油中水分和杂质较多时,应视情缩短柴油滤清器更换周期。

6.3.9　柴油箱排污

打开柴油箱排污阀,排出柴油箱底部的水分和杂质,视情加注清洁的柴油清洗,直至流出同样清洁的柴油为止。

6.4　柴油机年维护

柴油机年维护是在柴油机每累计工作 1200～2000 小时,由上级主管部门工程师牵头组织基层单位技术骨干实施,维护时间通常安排为 6 天左右。

除完成日维护、周维护和月维护项目外,年维护还需增加完成如表 6-6 所示的项目内容,并对平时记录的遗留问题彻底解决,全面恢复柴油机的技术性能状态。

表 6-6　年维护项目

维护类别	序号	维护项目	对应章节
年维护	1	清洁柴油箱	6.4.1
	2	清洁冷却系统	6.4.2

续表

维护类别	序号	维护项目	对应章节
年维护	3	清洗润滑油路	6.4.3
	4	视情更换防冻液	6.4.4
	5	调校喷油泵	6.4.5
	6	调校喷油器	6.4.6
	7	检查供油正时	6.4.7
	8	调整气门间隙	6.4.8
	9	检查维护充电发电机	6.4.9
	10	检查维护起动机	6.4.10
	11	检查减振器	6.4.11
	12	视情更换气门组件	6.4.12
	13	视情更换活塞环	6.4.13
	14	视情更换连杆轴瓦	6.4.14

6.4.1 清洁柴油箱

(1)放出柴油箱内清洁柴油。

(2)打开排污阀,排出柴油箱底部的沉淀物。

(3)对柴油箱内部、油管接头、阀门等进行清洁。

(4)清洗完毕后,注入清洁柴油。

提示

无排污阀的柴油箱,应视情况缩短清洗周期。

6.4.2 清洁冷却系统

(1)打开水箱盖和放水开关,放出冷却液至清洁容器内。

(2)使用碳酸钠和水混合成清洗剂,每 23 L 水加入 500 g 碳酸钠(或使用市场上同类弱酸性或中性清洗剂),注入冷却系统。加完清洗剂后,不盖水箱盖,如图 6-25 所示。

图 6-25　添加清洗剂

(3)起动柴油机额定转速运行，当清洗剂的温度在 80 ℃以上时，继续运行柴油机 5 分钟，然后关闭柴油机，泄放清洗剂，如图 6-26 所示。

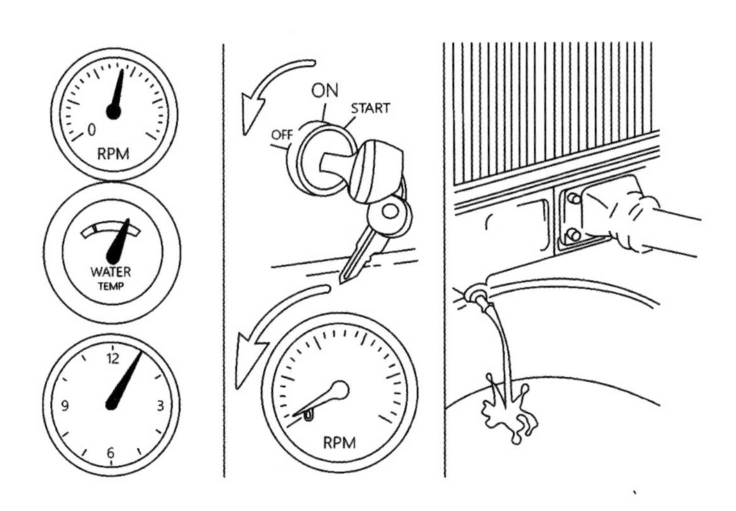

图 6-26　泄放清洗剂

(4)注入清水，不盖水箱盖，起动柴油机额定转速运行至水温 80 ℃以上，再运行 5 分钟后关闭柴油机和泄放清水。

(5)如果清洗后泄放的清水仍是脏的，应再次清洗冷却系统，直至清洗后泄放的清水变清澈。

(6)放出冷却系统残余水分，更换冷却液滤清器，然后注入冷却液。

提示与警示

(1)注入清洗剂时,应打开中冷器通气旋塞,直至液体流出,以便排出中冷器内的空气,如图 6-27 所示。

(2)在冷却系统清洗过程中,柴油机运行时不盖水箱盖。

(3)排放热水时,应注意做好防护措施,以防烫伤。

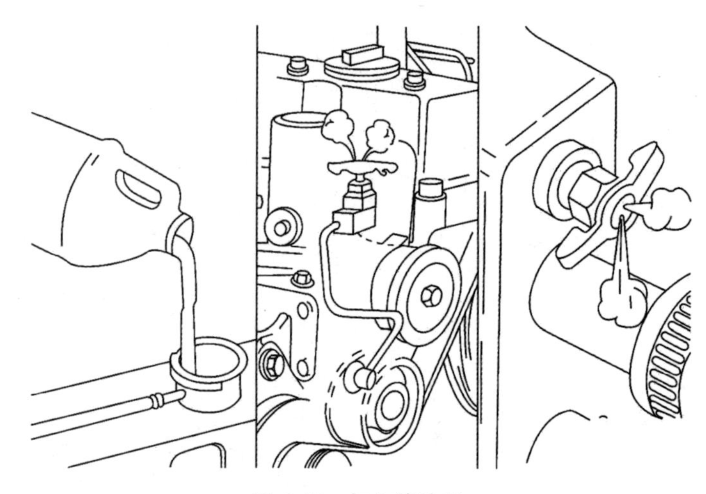

图 6-27　加入清洗剂

6.4.3　清洗润滑油路

(1)泄放旧机油,并更换机油滤清器。

(2)往机油加注口加入清洁机油和清洁柴油的混合液(体积比为 1∶1),直至机油标尺"H"标记。

(3)起动柴油机,怠速运行 5 分钟后关机,并放出机油和柴油的混合液。

(4)检查放出混合液的脏污程度,视情重复步骤(2)和(3)。

(5)再次更换新机油滤清器,并加注清洁机油至机油标尺"H"标记。

6.4.4　视情更换防冻液

(1)打开水箱盖,起动柴油机,额定转速运行。

(2)当柴油机水温达到80 ℃时,继续运行5分钟后停机,放出防冻液(也可在柴油机完成当日工作后进行)。

(3)按照6.4.2小节的要求,清洁冷却系统。

(4)按照6.3.7小节的要求,更换冷却液滤清器。

(5)注入新的防冻液至规定液面高度,见图6-3。

提示

(1)防冻液用久了容易变质,导致金属部件氧化腐蚀,降低散热效果,导致柴油机过热,抗冻和防水垢效果也会变差。

(2)尽量使用同品牌、同技术性能参数的防冻液更换。

6.4.5　调校喷油泵

详见“4.2.14 喷油泵和调速器的检查和调整”。

6.4.6　调校喷油器

详见“4.2.13 喷油器的检查和调整”。

6.4.7　检查供油正时

(1)使用盘车工具盘车,当柴油机正时销完全插入正时销孔内时停止盘车,见图4-38,再取出柴油机正时销。

(2)拧下喷油泵正时销护帽,取出喷油泵正时销,调换喷油泵正时销方向后(将较长的一端朝内)插入正时销孔,若能完全插入,则供油正时正确,见图4-38。也可用手电照射正时销孔,当发现喷油泵轴上的正时凹槽处于正时销孔的正中心时,供油正时正确。

(3)取出喷油泵正时销,再次调换喷油泵正时销方向后(将较短的一端朝内)插入正时销孔,拧紧正时销护帽。

提示与警示

(1)如果柴油机供油正时有轻微错位,可拧松喷油泵固定螺丝,扳动喷油泵体旋转进行微调供油正时。

(2)定时完毕应及时取出柴油机正时销至安全位置,以免柴油机运转时损坏正时销。

(3)定时完毕应将喷油泵正时销较短的一端朝内安装,以免柴油机运转时损坏喷油泵和正时销。

6.4.8 调整气门间隙

详见“5.2.15 气门间隙的调整”。

提示与警示

(1)检查和调整气门间隙时,柴油机必须处于冷态(冷却液温度低于 50 ℃)。

(2)应在确定第一缸压缩冲程上止点后及时取出柴油机正时销,以免飞轮转动造成正时销损坏。

6.4.9 检查维护充电发电机

(1)使用干抹布清洁充电发电机外壳,如有油污可蘸取汽油进行清洗。

(2)拆下充电发电机的后端盖,查看电刷磨损程度,视情进行更换。

(3)在有条件的情况下,使用压缩空气吹净充电发电机内部灰尘。

提示

(1)当充电失败指示灯闪亮时(柴油机额定转速),应对充电发电机进行检查维护。

(2)当充电电流表指针剧烈摆动时(柴油机额定转速),应对充电发电机进行检查维护。

6.4.10　检查维护起动机

(1)拧下防尘罩螺栓,拆下起动机防尘罩。

(2)拧下电刷连接螺栓,取出全部电刷。

(3)取出电机轴保护罩,拆下挡圈。

(4)拧下长螺栓,拆下调节垫圈和前端盖。

(5)检查换向器,如果表面有轻微烧蚀,可用细砂纸去除,若烧蚀严重则需更换或用磨车床修复。检查后,用毛刷清洁整流子,再用蘸有酒精的维护布擦净。

(6)检查和清洁前端盖,必要时测量相邻两个电刷架之间的绝缘阻值,应大于 0.5 MΩ,若过小,应查明原因并排除。

(7)检查电刷的高度和接触面,若高度不足原高度的 1/2,应更换同型号新电刷;若接触面不符合要求,可按图 6-28 所示方法,把细砂纸垫在换向器与电刷之间,砂面对电刷,沿换向器曲面上下拉动砂纸,使电刷磨出与换向器相同的弧面。

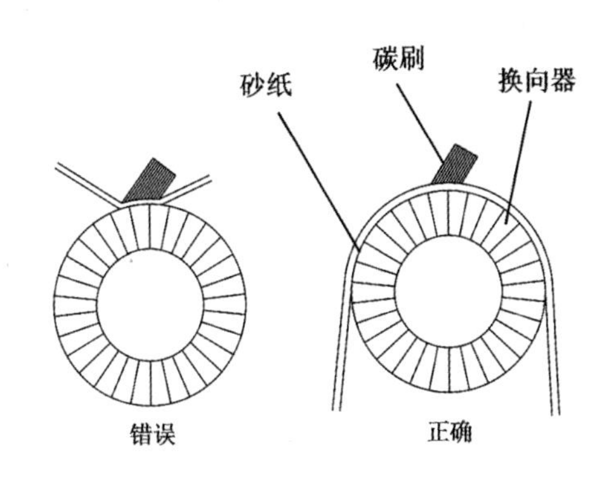

图 6-28　电刷的维护

(8)安装前,先检查并对正后端盖、离合器滑套止盖和电机壳上的安装孔。安装时,先放入一个调节垫圈,然后给电机轴涂抹润滑脂,再按照安装标记装上前端盖,拧入长螺栓并拧紧。依次装入第二个调节垫圈、挡圈、保护罩、电刷、O 形圈和防尘罩。注意保护罩内预先注入适量润滑脂。

6.4.11　检查减振器

(1)检查在减振器壳(B)和惯性部件(C)上的标志线(A),如图 6-29 所示。如果标志线与基准线错开 1.59 mm 以上,应更换减振器。

(2)检查减振器橡胶,如图 6-30 所示。如果一片片橡胶剥落或弹性部件低于金属表面 3.18 mm 以上,应更换减振器。

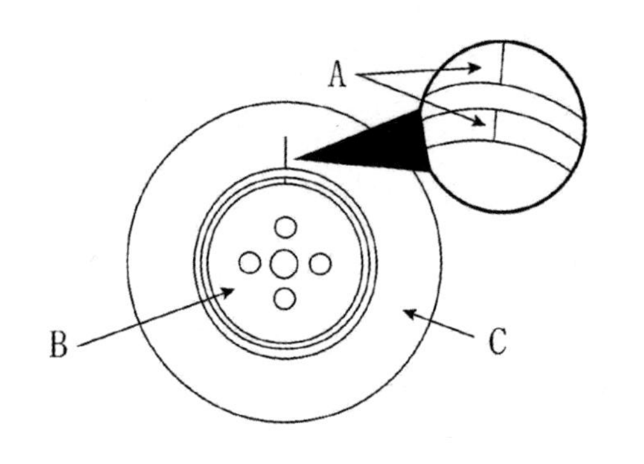

图 6-29　检查减振器标志线

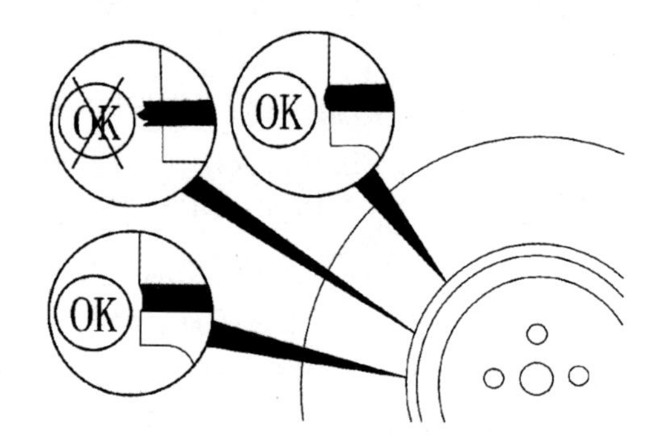

图 6-30　检查减振器橡胶

警示

减振器不可沾染油类液体,以免橡胶提前老化。

6.4.12　视情更换气门组件

详见“4.2.7 气门的检验和修配”“4.2.8 气门导管的检验和修配”“4.2.9 气门座的检验和修配”。

6.4.13　视情更换活塞环

详见“4.2.5 活塞环的检验”。

6.4.14　视情更换连杆轴瓦

详见“4.2.6 连杆轴瓦的检验”。

6.5 特殊环境条件下的使用与维护规范

柴油机除了按照日、周、月、年的周期进行常态一般性维护外，还必须根据其使用环境、条件的变化，针对性地采取特殊的使用和维护措施，以确保柴油机的使用效能处于良好状态。

6.5.1 高海拔环境下的使用与维护

海拔越高，空气越稀薄，气压越低(海拔 5300 m 高山上的气压仅为海平面气压的一半)，从而使柴油机的输出功率显著下降，燃油消耗量增加，此外，冷却液容易过早沸腾。为此，必须相应采取下列措施：

(1)检查散热器盖橡胶密封圈的弹性和完整性，确保冷却系统的密封性，避免防冻液的非正常消耗。

(2)适当调高防冻液的比重，以提高防冻液的沸点，减少其损耗。

(3)尽量采用增压柴油机或者提高柴油机与发电机的匹配比(K 值系数)。

(4)适当增大供油提前角。

(5)给电缆加装黑色塑料波纹管，以防御高原紫外线对电缆的破坏。

(6)缩短保养周期，如海拔 4000 m 时，保养周期减半。

(7)更换低温柴油、机油、防冻液。

(8)酌情加装冷却液或机油加热器，开机前进行预热。

(9)蓄电池更换为低温型或大容量蓄电池。

(10)注意掌握气温变化的规律，及时采取有效的保温防冻措施。

6.5.2 严寒环境下的使用与维护

在严寒条件下，尤其当气温低于−10 ℃时，最突出的问题是柴油机起动困难；冷却水和电解液容易结冰，以致冻裂机体、散热器和蓄电池等；还有就是机件磨损加剧。为此，必须相应地采取下列操作：

(1)气温在 0 ℃以下时，应注意柴油机保温。尽量让柴油机在有取暖设施的机房(车、室)内工作，为防止冷空气侵入和热量散失，应做好机房(车、室)的密闭。采取加温、保温措施时，要严防火灾和煤气中毒。

(2)柴油机必须使用防冻液,防冻液的凝点必须适应环境温度(如果迫不得已使用冷却水,必须在柴油机停止工作等水温度降至 50～60 ℃后将水放尽,并转动柴油机曲轴,排尽水泵内的存水,同时打开所有放水阀)。应加注成品正品防冻液,通常防冻液的成分和配比如表 6-7 所示。

表 6-7　乙二醇防冻液的配制比例

冰点/℃	乙二醇(容积)/(%)	水(容积)/(%)	密度/(10^3 kg/m^3)
−10	26.4	73.6	1.0340
−20	36.4	63.6	1.0506
−30	45.6	54.4	1.0627
−40	52.6	47.4	1.0713
−50	58.0	42.0	1.0780
−60	63.1	36.9	1.0833

(3)加强柴油机的预热。严寒地区工作的柴油机通常均设有自动预热装置,根据实际气温环境,在起动前,分别对进气、冷却液、机油进行预热。若靠人工预热,如用喷灯或火盆加热油底壳时,应特别注意安全和受热均匀,将机温加热到 18 ℃左右为宜。

(4)润滑油的牌号(黏度和质量等级)必须满足低温环境要求。

(5)柴油的牌号必须满足低温环境要求,并防止水分混入,以免结冰或沉淀物堵塞管道。

(6)柴油机的低温起动装置在进入冬季前应彻底检查维修好,保证正常使用。

(7)尽量使用低温蓄电池或适当提高蓄电池内电解液的比重,并保持蓄电池电量充足。

6.5.3　炎热环境下的使用与维护

在炎热条件下,柴油机的温度过高,机件磨损加剧,输出功率降低,发电机绝缘阻值下降,部分橡胶件、电气元件容易老化。为此,必须相应采取下列措施:

(1)采取防晒和通风散热措施,保证机房(车、室)内空气流通,以降低机房(车、室)内的气温,必要时还应添置散热、降温设备。

(2)严格控制机组在过载情况下的运转,经常检查水温、机油温度、机油压力,并要注意润滑情况及管路有无渗漏现象,发现问题及时处置。

(3)选用满足高温条件下使用的机油。

(4)及时清除散热器外部或散热片间的污垢、尘土,保持风扇皮带应有的紧度。

(5)避免曝晒引起蓄电池电解液膨胀溢出。必要时可打开加注电解液的孔盖,并在工作完成后及时盖好。

6.5.4　风沙条件下的使用与维护

风沙季节和风沙较重的地区，使用柴油机会使机件磨损加剧，电气元件接触不良。为此，必须相应采取下列措施：

(1)尽量将柴油机置于避风的地方，注意关闭门窗，及时清除吹入室内的尘土、沙粒。

(2)有条件的酌情更换1.5倍流量的加大空气滤清器滤芯，并缩短维护周期。

(3)方舱加装防沙网(20目/平方厘米)。

(4)柴油必须沉淀72小时后使用，并缩短柴油箱清洗周期。

(5)适当缩短更换机油的周期。不得在有风沙侵袭的地方拆洗机件和更换润滑油。

(6)加机油口、机油标尺孔、柴油箱口和加油用具必须严密覆盖。

(7)在风大、气候干燥的情况下，尤其应该注意防止发生火灾。

6.5.5　潮湿条件下的使用与维护

在多雨季节和沿海、岛屿、坑道、地下室等潮湿环境中，特别是在沿海地区高盐雾环境下，机件容易锈蚀，绝缘材料的性能降低，严重影响柴油机的使用寿命和可靠性。为此，必须相应采取下列措施：

(1)设法保持柴油机机房(车、室)内干燥。如有条件可用热风装置或电热器驱潮，必要时可开机驱潮。

(2)酌情对柴油机进行喷漆(防锈漆或三防漆)处理。

(3)电气接插件的线点进行灌胶(如GD414胶)，避免接插件接触面被腐蚀导致接触不良。

(4)缩短空气滤清器的维护周期，及时对空气滤清器的滤芯进行干燥处理。

(5)加强对容易受潮损坏部件的检查，经常保持机件表面的干燥，及时修补破损的防雨套(罩)，更换失效的防潮剂。

(6)经常检查电气件的绝缘性能，当充电发电机、起动机绝缘电阻明显下降时(最低不低于0.3兆欧)，必须及时烘干处理，使绝缘性能符合要求。

(7)柴油机金属件若有油漆脱落、起皮等现象应及时补漆或涂抹油脂保护。对已经生锈的机件，应及时除锈和补漆。

(8)经常检查露天停放柴油机外表的防护漆层、防锈油层的情况，及时进行补漆和涂油。

(9)备用的柴油机，应每隔15天左右开一次机，使各摩擦件表面布满润滑机油以达到防锈蚀作用。对备份器材、工具和仪表，应加强检查与维护。

/思考题/

1. 简述更换机油和机油滤清器的操作方法。
2. 简述康明斯 C 系列柴油机供油正时的检查方法。
3. 简述柴油机气门间隙的检查和调整方法。

第7章

柴油机常见故障的判断与排除

柴油机运行不可避免地会发生故障，特别是使用环境恶劣、人为操作失范，发生故障的概率就会大大增加。而一旦发生故障，柴油机定会呈现异常征兆和外部痕迹，那么，如何及时发现、感知故障征兆和痕迹，准确分析故障原因，判断故障部位，并有效排除故障，本章将就此作重点阐述，并列举几则康明斯系列柴油机常见故障及排除的典型案例，以期能起到示范借鉴的功效。

7.1 柴油机常用故障判断方法

现代柴油机故障诊断最先进的方法是集合专用的传感元件、仪器仪表设备自动识别判定。但受条件制约，也存在局限、不实用的问题。大量基层单位的技术人员是还必须靠人工经验诊断排故，而人工经验是靠不断摸索、练习，甚至试错积累而成。它来源于感官，形成于实践。

1. 目测法

目测柴油机运行的外部特征，如排气烟色是白烟、黑烟还是蓝烟；柴油机有无漏油、漏水、漏气的地方；仪表读数和机油颜色是否正常等。

柴油机正常运行，可燃混合气完全燃烧状态下，废气的正常颜色一般为淡灰色，负荷重时为深灰色，黑烟、白烟和蓝烟都是不正常的颜色。黑烟，说明可燃气体没有完全燃烧；白烟，说明柴油机过冷、柴油中有水或可燃气体没有点火燃烧；蓝烟，说明机油窜入燃烧室被烧掉了。

不过，现实故障也许并非这么单纯直接，有的连续冒烟，有的间断冒烟，有的低速冒烟，有的高速冒烟，有的空载冒烟，有的重载冒烟，有的烟色单一可见，有的浓烟混杂不清，这都需要我们采取其他方法和手段进一步判断鉴别。

2.听声法

"听声"判断故障也是一种天然的行为，但有一个前提条件，即技术人员必须熟悉柴油机在各种工况条件下正常运行的声音，把正常的声音"储存"起来，一旦有不正常的声音出现，故障大致范围就心中有数了。若缸体内出现"铛铛"的声响，且冷机和热机都一样伴随着冒黑烟，就应该考虑是否供油时间过早或供油量过大；若气门室发出"嗒嗒"的声响，并伴随气门室罩盖异常振动，则气门组件出故障的概率就很大；若曲轴箱内出现"咚咚"的声响，有时也伴随机油温度较高、油耗增加，就有理由怀疑曲轴轴瓦出了问题；若运动机件壳体内出现"吱吱"的声响，时而与转速有关，时而与温度有关，且局部温升加快，判断机件缺润滑油或轴承损坏应不会有太大出路。

有时故障不易定位，可借助穿心螺丝刀贴耳监听，也可通过转速快速变化来进一步甄别，凡此种种，都需要在实践中慢慢积累获取经验和技能。

3.触摸法

用手触摸感知柴油机的工作状态，助力故障判断，主要包括三个方面的经验做法：

(1)手感温度

手感温度的前提条件是对柴油机机件的工况条件和结构非常熟悉，它有三层要义需要灵活掌握：一是感知机件的工作温度是否适宜；二是感知机件的温升是否正常；三是感知机件的温差是否一致。如气缸体、中冷器、喷油器、水箱散热器上下水室、充电发电机、起动机等机件，正常适宜的工作温度是怎样的，温升变化是什么的，必须做到心中有数。另外，触摸也有个时机问题，如排气歧管的温度对比，增压器等机件的工作温度都只能在运行初期触试，否则会造成人员烫伤。所以，手感机件温度是个经验活，不能盲目跟样，要做到心明手动。

(2)手感压力

手感压力主要用在感知喷油泵高压油管的供油压力，如起动困难时，可通过触摸油管的脉动判断高压油是否已送至喷油器，低速或高速时，可通过供油脉动感知各缸供油量是否大致相同，为进一步定位喷油泵或喷油器故障提供依据。

(3)手感振动

手感振动主要用在感知柴油机机身、气门室罩盖、挂件水箱散热器等机件的振动情况，若出现不正常的振动或同类机件振幅相差较大，应进一步排查故障隐患。

(4)手感黏度

手感黏度主要是指用手搓捻感知机油的黏度和含杂质情况，为更换机油和滤清器提供依据。

4.断缸法

断缸法旨在快速阻断某缸工作，为故障定位提供依据。如柴油机功率不足，或冒黑烟严重，或敲缸声严重，究竟是整机问题造成的，还是个别缸问题所致，可通过断缸法进一步孤立判断，通常的判断方法是：将柴油机转速调整为额定转速并充分带载，分别快速切断各缸供油通路,观察转速表(频率表)的变化情况,若各缸的变化“贡献”一致(即转速变化一致),说明是整机有问题;若某一缸没变化或变化显著(与其他缸差距很大),说明该缸存在问题,待作进一步检查诊断。

5.比较验证法

比较验证是指对无确切把握,但高度疑似的故障机件或故障系统与正常件(不一定是新件)或正常系统作对比试用验证其好坏的方法。包含两个层面的功效:一是助单个器件的好坏判定。如柴油机功率不足、冒烟严重,初步判断是某缸喷油器工作不正常,此时,可接上备件或新件试用,若故障现象消失,说明原判断正确,反之,判断错误。二是助系统故障准确定位。如前述断缸法诊断故障,发现某缸“贡献大”不正常,需要进一步确定是喷油器还是喷油泵抑或是其他方面的问题,就可以通过换用喷油器作进一步定位,若换用喷油器后,故障现象消失,说明喷油器故障,反之,故障可能在喷油泵或其他方面,需作进一步比较判定。

柴油机故障既有显性的,也有隐性的;既有单一的,也有综合的。对于隐性综合故障的诊断往往需要集合上述方法,灵活运用、准确把握,更为重要的是需要我们平时多实践多积累,把积累的经验总结为方法,一旦碰到故障,能熟练有效地排除。

下面以柴油机工作时排气冒黑烟为例,说明故障的分析与排除步骤,如图 7-1 所示。

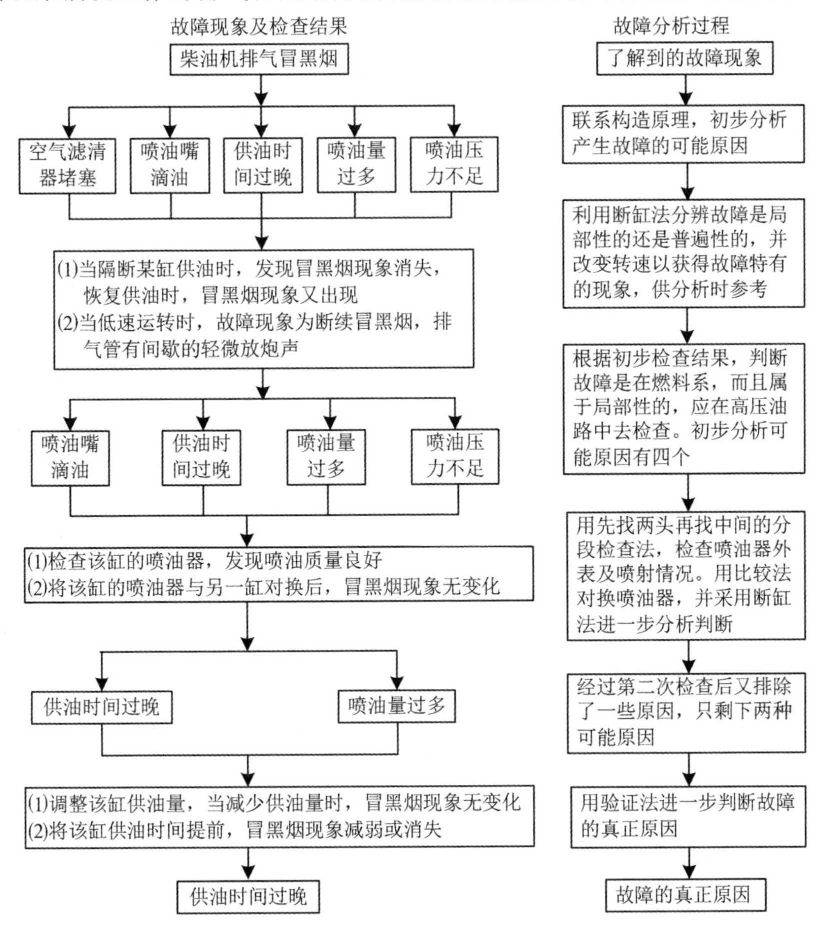

图 7-1 柴油机冒黑烟故障分析排除步骤

7.2 柴油机常见故障原因分析

柴油机的故障多种多样，既有功能失效的故障，也有性能偏离的故障；既有“硬”故障，也有“软”故障；既有显性故障，也有隐性故障。本节将以几则典型故障为先导稍作详细的原因分析，后续再以表格形式对故障原因作简要归纳，以点带面，可省篇幅。

1.起动困难

柴油机能够起动的基本条件是：必须保证起动运转的最低转速，压缩终了时应有一定的压力和温度，喷油器按时喷油而且应雾化良好。因此，柴油机起动困难应当从起动时曲轴的转速、气缸内的压缩状况和喷油的情况等方面去分析原因。

(1)起动转速太低

起动转速太低的原因主要有两个方面：一是转动曲轴的动力不足(指用起动机起动时起动机运转无力)；二是转动曲轴时受到较大的阻力。上述原因均会使曲轴无法达到保证起动应有的最低转速，从而造成柴油机起动困难。

① 动力不足。动力不足是指起动机运转无力。遇此情况，应检查起动电路导线的接触是否良好，起动机碳刷的磨损、碳刷弹簧的张力以及蓄电池的存电情况。

② 阻力过大。冬季由于气温很低，机油黏度变大，使机件相对运动的阻力增加，造成起动转速太低不易起动。因此，起动前应将机油预热或向气缸体的水套内加热水。

对有减压装置的柴油机，有时由于减压装置安装或调整不当，以致起动时不能消除气缸内的压缩，造成起动困难。此时，应先解决不能减压的故障。

(2)气缸内压缩不良

气缸内压缩不良，将导致压缩终了时气缸内的压力和温度均较低，柴油喷入后不易着火，因而使起动困难。

气缸内压缩不良主要是由气缸内漏气和进气不足两方面造成的。气缸内漏气又包括气缸漏气和气门漏气。为了判断故障所在，可从装电热塞或喷油器的孔中灌入少许机油，若柴油机容易起动，则说明是气缸漏气，否则就是气门漏气。

气缸漏气的原因，可能是气缸套、活塞、活塞环磨损，或者活塞环胶住、折断。此时转动曲轴，在加机油口可以听到有漏气的声音，工作时并有油烟冒出。若因气缸盖螺母未拧紧或气缸垫损坏，也会造成气缸漏气，当转动曲轴时，气缸盖与气缸体的接合处有泡沫跑出，严重时有漏气声，有时还漏水或漏油。

气门漏气的原因，可能是气门与气门导管胶住，气门与气门座磨损、烧蚀或积炭。在柴油机工作时，由于气门漏气，可能产生排气管放炮或进气管回火。检查方法：可以转动曲轴，如听到空气滤清器或排气管内有漏气声，即说明气门漏气。

进气不足主要是由于空气滤清器太脏或进气门间隙过大等原因造成。

(3)不喷油或喷油雾化不良

判断此故障的方法是：用盘车工具转动曲轴，听有无喷油声和喷油声是否清脆。

若无喷油声，则说明喷油器不喷油，最常见的故障是燃料供给系统中有了空气。检查的方法：可将柴油滤清器或喷油泵上的放气螺钉拧松(有输油泵时，可同时用手泵泵油)，如果有气泡冒出，即表示有空气。

空气排尽后继续转动曲轴，如仍无喷油声，则可能是喷油嘴针阀卡死不喷油或出油、泄油不呈喷射状，此时应将喷油器从气缸盖上拆下，再装到喷油泵上，进一步检查喷油情况，如不喷油或喷油雾化不良，则应拆下清洗、研磨或更换。

若转动曲轴时，有喷油声，但不清脆，则说明喷油雾化不良，其可能原因是喷油压力过低，喷油泵或喷油器的偶件严重磨损。此时应重新校准喷油压力，必要时更换柱塞偶件或喷油器偶件。

2.功率不足

功率不足原因看似笼统，但究其本质无外乎三种可能：一是空气供给不正常，二是燃油供给有问题，三是机件调整失当。

(1)空气供给原因

① 空气量不足。如因空气滤芯脏堵和涡轮增压器增压失效，导致进气不充分。

② 缸内气压不足。如因气缸与活塞环过度磨损，气门组件过度磨损和气缸垫失效，导致气缸漏气压缩不良。

(2)燃油供给原因

① 低压油供给不足。如柴油滤清器油路脏堵，输油泵工作失效，油路渗水、漏气，柴油牌号不适应环境要求、流动性变差等均会导致低压油压力不足，油量不够。

② 高压油供给不足。如喷油泵柱塞偶件、出油阀偶件、喷油器针阀偶件磨损均会导致供油量不足或供油规律发生变化，使缸内指示功率下降。

(3)机件调整失当

如气门间隙调整不当致换气不充分，喷油泵额定供油量调整不当致供油不充分，调速器调整不当致反应迟缓，喷油压力调整不当致柴油雾化质量不高，最终均导致柴油机功率不足。

3.转速不稳

柴油机转速不稳，其原因通常在燃料系。例如：调速器不灵活发生卡滞现象；燃料供给系统中有空气、水或供油不畅；个别气缸不工作或工作不正常；各缸供油量不均匀或各缸供油提前角不一致等。

首先检查调速器与喷油泵油量调节杆的连接及各传动部分是否灵活，然后检查燃料供给系统中是否有空气、水或堵塞现象。若以上原因均不存在，刚起动柴油机时用断缸法或摸排气温度判断，检查各缸工作是否正常，如发现有的气缸工作不正常，再进一步检查各缸的供油均匀度，供油时间是否一致，以及各缸喷油器工作是否良好。

4.排气冒烟

柴油机工作正常时，燃料能完全燃烧，排出的废气应是无色、浅灰色或淡蓝色。如果燃料不完全燃烧，柴油机就会不同程度地出现冒黑烟的故障现象，如果有机油或水分进入燃烧室参与燃烧，还会出现冒蓝烟和白烟的故障现象。特别是严重的冒烟故障，往往伴随着功率不足、油耗增加、积炭剧增等恶性后果，必须尽早排除，以免导致柴油机完全损坏。

冒黑烟故障的原因主要是：气缸内压缩不良、喷油量过大、喷油雾化不良、喷油嘴有滴漏、供油时间过迟等。首先运用断缸法来判定是个性问题还是共性问题，以便确定故障的大致部位。如果是某缸冒黑烟，就本着由简到繁、由表及里的原则对以上可能原因进行排查。如果是共性问题，则可能是供油时间过迟或供油量过大。这时可采用比较验证法先将供油时间适当提前，如黑烟消失，则说明故障原因是供油时间过迟，否则将供油量适当减小，再观察故障现象是否变化。

冒蓝烟的原因主要是：气缸与活塞环磨损严重窜油、气门杆与气门导管磨损严重窜动、增压器磨损窜油、曲轴箱机油面过高。应首先检查曲轴箱机油平面和增压器运行是否正常，再结合柴油机的运行履历，视情进行中修或年维护解决问题。

冒白烟的原因理论上是水进入了燃烧室参与燃烧后，产生的水蒸气被排出的现象。但实际上处于高温状态下运行的柴油机，有少量水分参与燃烧，水蒸气被排出是不可见的，较准确地说法是：燃料中水分含量较重，且柴油机处于低温和低速状态下运行时，会有可见的白烟现象，进入高速或带载运行后，有偶发“掉油”“游车”或排气管消声器发生“突突”的声响，遇此情况，应及时检查排除柴油滤清器和柴油箱中的水分。康明斯C系列柴油机每次开机前可通过油水分离器泄放阀排出水分，避免因水分渗入最终损坏喷油泵和喷油器等机件。

另一种情况是冷机起动或运行时，有部分柴油没有充分雾化参与燃烧被排出气缸，也是呈白色状态，不过随着机温上升，此冒白烟现象会自动消失，但如果柴油分子过重，排气管消声器始终呈“潮湿”状态，即使在高温状态运行，该“潮湿”现象也不会消失，往往还混杂有黑烟排出，遇此情况，应按冒黑烟的故障排除方法解决。

上述四则典型故障原因分析，是在引导我们构建科学排故思路和方法，实际工作中，只要我们充分熟悉柴油机结构原理，排故思路清晰，故障现象和故障原因可直接参照表7-1的罗列走向对号入座。

表 7-1　故障原因分析表

故障现象	产生故障的可能原因
起动困难 （起动机正常运转）	(1)燃料供给系统中有空气 (2)柴油滤清器阻塞 (3)柴油管路阻塞 (4)柴油中有水 (5)输油泵不供油或供油压力低 (6)喷油泵不泵油或泵油很少 (7)喷油器不喷油、喷油量少或喷油压力过低 (8)供油时间不对 (9)气缸压缩不良或漏气严重 (10)冬季时柴油的牌号不适应环境要求 (11)冬季时起动前预热不够 (12)起动传感和转速控制系统不工作
起动困难 （起动机运转无力或不运转）	(1)蓄电池电量不足或完全无电 (2)起动机电刷与整流子接触不良 (3)起动机电磁开关或起动继电器失效 (4)起动机接线错误或导线接触不良 (5)起动机损坏
突然停机 （无外部异常）	(1)柴油用尽 (2)燃料供给系统中进入空气 (3)柴油中有水 (4)柴油滤清器或柴油管路阻塞 (5)输油泵故障 (6)调速控制系统失效
突然停机 （异响，水温、油温骤升）	(1)缺水、拉缸、卡缸 (2)冷却系统失效导致拉缸、卡缸或熔缸 (3)缺机油导致烧瓦抱轴 (4)润滑系统失效导致烧瓦抱轴 (5)经常超负荷运行导致主机件疲劳屈服损坏 (6)维护保养不规范或维修质量差导致主机件损坏

续表

故障现象	产生故障的可能原因
功率不足	1.空气或燃料供给方面的原因 (1)空气滤清器脏堵 (2)燃料供给系统中进入空气 (3)柴油流动不畅通,供油不足 (4)喷油雾化不良 (5)喷油泵柱塞偶件、出油阀偶件磨损 (6)供油时间不对 (7)调速器失灵 (8)增压器工作失效 2.气缸压缩不良的原因 (1)气缸垫漏气 (2)喷油器孔漏气(或铜垫圈损坏) (3)活塞与气缸配合间隙过大 (4)活塞环密封失效 (5)气门密封失效 (6)气门间隙不正确 (7)气门组机件疲劳损坏 3.其他方面的原因 (1)冷却液温度太低 (2)柴油质量差或柴油牌号不适应环境要求 (3)高海拔地区氧气不足 (4)排气管消声器积炭过多,排气不畅
排气颜色不正常	1.排气冒黑烟的原因(总体可参考功率不足的原因) (1)燃油供给不满足要求 (2)空气供给不满足要求 (3)调速器调速反应迟缓 (4)供油时间太晚(供油提前角太小) (5)增压器故障 (6)气缸压缩不良 2.排气冒蓝烟的原因 (1)气缸磨损严重导致燃烧室窜入机油 (2)活塞环磨损或损坏导致功能失效窜机油 (3)气门组件磨损或损坏导致燃烧室窜入机油 (4)增压器漏机油窜入燃烧室 (5)油底壳内油面过高

续表

故障现象	产生故障的可能原因
排气颜色不正常	3. 排气冒白烟的原因(冷机或低速明显) (1)柴油中含有水分 (2)气缸套有裂纹而使冷却液渗入 (3)喷油器有滴漏油现象或喷油压力过低
转速不稳定(游车)	(1)各缸供油量不均匀或供油时间不一致 (2)电子调速器失效或参数待重新整定 (3)柴油中含水分较重,导致调速器执行器件运动卡滞失灵失准 (4)若装设机械调速器,调速系统运动部件连接件磨损严重,间隙过大 (5)喷油泵柱塞转动不灵活或油门拉杆齿隙过大
“飞车” (转速上升失控)	(1)调速器失效,喷油泵油门拉杆卡滞在最大供油量位置 (2)若装设机械调速器,调速机件损坏 (3)大量机油窜入燃烧室燃烧
水温过高 (或机温过高)	(1)散热器水箱缺水或水路中有气阻 (2)水泵工作失效或损坏 (3)水箱的散热片及扁形铜管间脏堵 (4)风扇皮带张力不够 (5)节温器失效 (6)水套及水箱内水垢过多 (7)负载过重 (8)供油时间太晚 (9)有运动机件润滑不良 (10)中冷器失效或脏堵 (11)机油冷却器失效或脏堵
机油压力过低	(1)油底壳内机油过少(低于油标尺下限),导致集滤器外露,有空气被吸入 (2)机油质量差或牌号不满足环境要求 (3)机油氧化严重或被柴油、水稀释 (4)机油滤清器堵塞 (5)机油泵工作失效、损坏或装配不符合要求 (6)机油冷却器堵塞 (7)机油管路堵塞或有漏油现象 (8)机油集滤器堵塞

续表

故障现象	产生故障的可能原因
机油压力过低	(9)曲轴主轴承、连杆轴承或凸轮轴轴承与轴颈的配合间隙过大(磨损造成) (10)限压阀漏油或调整不当(弹簧弹性减弱) (11)机油压力表的油管堵塞或表的指示有误差
油水混合	(1)气缸套封水圈失效(油底壳油面上升) (2)气缸套裂纹或穴蚀穿孔(油底壳油面上升或发生顶缸事故) (3)中冷器芯损坏(或发生顶缸事故) (4)机油冷却器芯损坏(冷却液中混机油或水箱内压升高) (5)气缸盖或气缸体裂纹,水路与油路互通(同上) (6)喷油器水套封水失效(油底壳油面上升或发生顶缸事故)
不充电	(1)充电发电机定子、转子绕组损坏 (2)充电发电机旋转整流元件损坏 (3)充电发电机转子轴损坏 (4)充电发电机调压控制模块损坏 (5)有刷充电发电机电刷和滑环磨损或损坏 (6)蓄电池损坏 (7)充电发电机转速过低 (8)充电电路断路和指示装置损坏

7.3 康明斯柴油机常见故障排除案例

案例一:气门间隙过大

1.故障现象

6BT5.9G1型柴油机,运行中伴有“嗒嗒”的响声,气门室罩盖振动异常,加载后略显功率不足,轻微冒黑烟。

2.故障定位，原因分析

起动柴油机进行检查，出现了“嗒嗒”声，在缸盖处响声特别明显。在停机过程中“嗒嗒”声更加明显。对气门进行检查时发现各缸气门间隙普遍过大，进气门达到了0.45 mm左右，而排气门在0.7 mm左右，超出了标准值(进气门标准间隙为(0.25±0.05) mm，排气门标准间隙为(0.5±0.05) mm)。

该柴油机出现故障的原因是在柴油机更换气缸垫后，没有按标准调整气门间隙.使气门间隙偏大。而试机时也没有进行复查，致使柴油机使用一段时间后气门间隙变得更大，产生“哒哒”的响声，同时造成气门开启程度过小，导致进气不足、排气不畅，柴油燃烧不充分，柴油机冒黑烟。

3.排除方法

按照规定重新调整气门间隙，装复气门室罩盖后试机，“嗒嗒”的响声消失，排气烟色正常。热机后再对气门间隙进行复查，运行试机。

案例二：空气滤清器堵塞

1.故障现象

6BT5.9G1型柴油机，空载时轻微冒黑烟，加载时功率不足，黑烟加重。

2.故障定位，原因分析

故障现象说明柴油机燃烧不完全。此故障出现在油路或气路部分。按照由易到难的顺序，先检查气路部分，发现进气阻力指示器指示红色，拆开空气滤清器时，发现滤芯外部积满了灰尘。

原因是柴油机在外执行演习任务时所处的环境较恶劣，风沙较多，没有及时进行维护，空气滤清器滤芯很快脏堵，导致进气不畅，进气阻力指示器指示红色，柴油燃烧不充分，运行时，柴油机冒黑烟，且加负载功率不足，冒黑烟现象变重。

3.排除方法

将滤芯清理干净后，恢复进气阻力指示器，再试机运行。

案例三：喷油器雾化不良

1.故障现象

6BT5.9G1型柴油机空载运行轻微冒黑烟，加负载后冒黑烟加重。

2. 故障定位，原因分析

故障现象基本同案例二，但加负载后冒黑烟加重，功率下降并不明显，观察进气阻力指示器指示正常。采用“断缸法”进行诊断，当断开喷油泵第3缸高压油管供油时，冒黑烟现象消失，说明故障在喷油泵第3分泵或喷油器，于是拆检第3缸喷油器，发现喷油器雾化不良。将针阀偶件清洗干净后仍然雾化不良，说明针阀偶件磨损。当空载时，由于供油量较小，故障现象不明显，加负载后，供油量增大，柴油机冒黑烟加重。

3. 排除方法

“断缸法”诊断定位，更换第3缸喷油器的针阀偶件，组装调试后试机运行。

案例四：6BT5.9G1 型喷油泵油量调节齿杆卡死

1. 故障现象

6BT5.9G1 型柴油机无法起动(起动机正常运转)。

2. 故障定位，原因分析

柴油机在起动过程中，起动机正常运转，电磁执行器工作，油门拉杆能正常动作，说明起动电气系统正常，故障在柴油机油路部分。检查低压油路正常，拆开喷油泵1缸高压油管起动时，出油阀紧座口无柴油喷出，说明喷油泵不供油，柱塞偶件处于回油位置。打开喷油泵侧盖板，再次起动时，发现油量调节齿圈开口一直偏向右边不动作，卡死在回油位置。

康明斯B系列柴油机正常停机时，电磁执行器的衔铁在其回位弹簧的作用下，通过油门拉杆将油量调节齿杆拉至停机位置，此时油量调节齿圈开口偏向右边。喷油泵柱塞处在停供油状态，柴油机停机。起动开始瞬间，又将通过电磁执行器带动油门拉杆和油量调节器齿杆、齿圈使柱塞回到最大供油量位置，确保柴油机的油能顺利起动。而该柴油机长期处于闲置状态，没有按要求定期进行试机，导致油量调节齿杆或齿圈或柱塞卡死在停机位置，致使柴油机无法起动。

3. 排除方法

将喷油泵分解清洗，再组装调试后试机运行。

案例五：6BT5.9G1 型柴油机低压油路漏气

1. 故障现象

6BT5.9G1 型柴油机在工作过程中自动停机，再起动失败。

2. 故障定位，原因分析

柴油机正常工作过程中自动停机，无法再起动，无其他外部特征如异响、浓烟、高温、蒸气等现象出现，大概率是“掉油”引起。拧松油路中排空气螺钉发现油路空气多，按压输油泵手动钮喷油排气，能排尽空气但耗时较长，说明油路中空气较多。再次起动能正常运行，但在工作一段时间后又自动停机，故障复现，松开排气螺钉，发现低压油路中又进入了空气，说明低压油路漏气。逐段查找发现，故障是因为柴油滤清器出油壳接头垫片磨损变形所致。上述故障具有代表性，故障点不局限于此，实际维护保养工作中，因低压油路如油管接头、螺钉、垫片经常被拆卸、紧固，磨损是常态，磨损后会导致密封不严、漏气、漏油，加之如果配置塑料管，还有老化的问题存在，破损、漏气、漏油也不足为怪。

3. 排除方法

排除油路空气，逐段查找故障点，更换新垫片或打磨平整垫片。

案例六：6CT 柴油机供油不正时

1. 故障现象

康明斯 6CTA8.3G2 型柴油机，P 型喷油泵因故障进行过分解、换件和试验台调校，技术参数正常，但装入柴油机上工作却出现柴油机动力不足、排气管排浓黑烟的现象。

2. 故障定位，原因分析

柴油机动力不足、排气管排浓黑烟，是柴油燃烧不完全的结果。

(1)排查空气供给、燃油供给、喷油器工作和气门工作均无问题，鉴于喷油泵进行过分解，更换过机件，重点应关注供油时间是否正常。

两个正时销同时插入演示动画

(2)按照两个正时销能同时插入的方法检查供油正时，两个正时销可同时到位(但并不代表新装的油泵供油时间正确)。

(3)就机按照溢油法检查康明斯 6CT 柴油机供油时间。排尽高、低压油路空气，将油门拉杆固定在供油位置。卸掉喷油泵第一分泵高压油管,正向盘飞轮,到齿轮室正时销能插入时,在飞轮壳观察孔作一标线,并在标线所正对的飞轮轮齿上作一记号。反向转动飞轮大概 40°CA,再缓慢正向盘飞轮,观察喷油泵第一分泵出油阀紧座口油面。当油面刚有轻微波动时停止盘车,在飞轮壳观察孔标线正对的飞轮齿上再作一记号,两次记号之间的齿数对应的曲轴转角就是实际供油提前角。经检测,实际供油提前角约为 10°CA,小于规定的 14.5°CA。故障原因即是在喷油泵装配时忽略或改变了喷油泵凸轮轴与调速器飞锤的装配位置关系,导致供油正时不正确。

3.排除方法

正确的装配方式是在油泵试验台上装配喷油泵时,应在第一分泵出油阀紧座口油面出现轻微波动时,再使凸轮轴顺转 7.25°CA,然后装配飞锤使其突耳与正时销配合,或顺转后使喷油泵凸轮轴上的缺口与正时销配合。若不注意装配角度,就会出现正时销能插入相应销孔但供油正时不正确的现象,可就机应急排除此故障。过程如下:康明斯 6CT 型柴油的供油提前角是 14.5°CA,飞轮共有 138 个齿,则 14.5°CA 对应 5.56 个齿。首先拆开第一分泵的高压油管接头,按工作方向转动飞轮,使喷油泵第一分泵处于刚开始供油的位置,打开正时齿轮室观察孔,拧下喷油泵正时齿轮锁紧螺母,用专用拉拔器将正时齿轮与喷油泵的凸轮轴脱开,注意不要让曲轴转动而改变喷油泵凸轮轴的角度。使第一缸活塞处于压缩冲程上止点,然后按反工作方向转动飞轮 5.56 个齿,即第一缸活塞在压缩冲程上止点前 14.5°CA 位置。装上正时齿轮与锁紧螺母,检查正时齿轮有适当齿隙。试机,排烟正常,故障排除。

需要说明的是:就机维修后,不能再通过正时销插入的方法来确定供油提前角,除非再次分解调校喷油泵以彻底解决。

原装的康明斯 6CT 柴油机的喷油泵正时销一经插入与飞锤突耳嵌合就表明喷油泵第一分泵处于供油起始时刻,即供油提前角已被锁定,其本质反映的是喷油泵凸轮轴与调速器飞锤的装配位置是唯一固定的。实际工作中,应避免主动或被动地改变其配合位置关系导致供油正时被破坏。

案例七:起动机碳刷磨损

1.故障现象

6BT5.9G1 型柴油机起动时,起动机能驱动柴油机运转,排气口有烟冒出,但转速低,柴油机始终无法正常起动。

2.故障定位,原因分析

首先应检查蓄电池电量是否充足。用蓄电池容量测试仪进行检测,结果显示蓄电池电量充足。接着对起动线路进行检查,未见异常,再拆检起动机,发现碳刷磨损过多且接触面上有较重的烧蚀痕迹。

故障原因是起动机长期得不到有效维护，碳刷磨损、烧蚀严重使得碳刷与整流子接触面过小，接触电阻增大，起动机无法获得足够的工作电流，最终导致起动机转速不够，柴油机无法起动。

3.排除方法

（1）清洁起动机定、转子绕组和整流子。

（2）更换新的碳刷，并磨合接触面。

起动机碳刷高度一般为20 mm左右，若小于原高度的1/2，则需更换，并保证接触面在75%以上。若接触面不符合要求，可用“0”号砂纸垫在整流子表面上，研磨电刷。

（3）检测碳刷弹簧的弹力，不足时要更换。

案例八：起动机电磁开关接触盘烧蚀

1.故障现象

6CTA8.3G2型柴油机起动时，起动机能驱动柴油机运转，但转速低，柴油机无法起动，且起动机与飞轮出现“粘连”，自动分离失效。

2.故障定位，原因分析

此故障最为明显的特征信号是起动不力，还存在驱动机构与飞轮不能自动脱开，这样很危险，必须迅速断开蓄电池电源，否则会造成蓄电池电源通过起动机大电流放电而损坏蓄电池和起动机，甚至会出现整机烧毁的重大事故。故障的直接原因是起动机电磁开关导电接触盘与接线柱端面磨损烧蚀严重，通电接触受热后熔合粘连，即使松开起动按钮，起动机仍不停运转。间接原因是蓄电池容量不足，起动电流小、转速低，柴油机无法正常起动，过程过长，柴油机转速低不足以“甩开”起动机驱动机构，电磁开关触点进一步热熔粘连。

首先应检查蓄电池电量是否充足。用蓄电池容量测试仪进行检测，结果显示蓄电池电量充足。再拆检起动机电磁开关，故障在导电接触盘与接线柱烧熔粘连。

正常起动时，按下起动按钮，电磁开关得电，接触盘与接线柱接触，蓄电池的大电流由电磁开关的蓄电池接线柱、接触盘、起动机接线柱送往起动机，起动机得到大电流后工作。柴油机起动后，松开起动按钮，电磁开关失电停止工作。同时，由于柴油机高速运转，在转速差的作用下，会甩开起动机的驱动机构，起动过程结束。

起动过程中，接触盘与接线柱在接触的一瞬间会有火花产生，会使接触盘与接线柱出现烧蚀现象，且随着起动频次的增多，烧蚀就会越来越严重，导致接触不良，蓄电池的大电流无法通过接触盘，起动机无法获得足够的工作电流，因此起动机转速不够，柴油机无法起动。

3. 排除方法

分解电磁开关，将接触盘和接线柱的烧蚀面修理平整或更换新件，恢复起动机，柴油机能正常起动。

案例九：起动继电器触点接触不良

1. 故障现象

6CTA8.3G2 型柴油机无法起动，起动机无反应。

2. 故障定位，原因分析

柴油机起动时起动机无反应，通常有以下原因：① 蓄电池严重亏电或损坏；② 起动电路接线开路或接头、柱头严重氧化，接触不良；③ 起动机损坏；④ 起动继电器损坏。

按先易后难原则，先用蓄电池容量测试仪检查蓄电池状态正常；再起动柴油机时听声音，电磁开关无吸合声，但能听到起动继电器发出轻微的吸合声；再起动，用万用表测量，蓄电池的电能到达起动继电器的一个触点接线端，但另一个触点接线端始终无法得电，故障就在于此。

故障原因是起动继电器的触点在长期使用过程中出现磨损或烧蚀，导致触点接触不良，虽然起动继电器线圈能正常工作，但触点吸合后无法正常导通，蓄电池的电无法通过起动继电器的触点到达起动机的电磁开关，起动机无法起动。

3. 排除方法

(1)检测蓄电池。

(2)检测起动电路。

(3)检测起动继电器并更换新件。

(4)也可用“短路法”判定是起动控制电路的问题还是起动机有故障。

案例十：机油压力传感器故障

1. 故障现象

6BT5.9G1 型柴油机，带负载约 1 小时后，自动停机，同时油压低，报警灯亮、电喇叭响。再次起动柴油机，当转速到额定转速后，故障复现。

2. 故障定位，原因分析

从现象看，故障是机油压力低所致。通常原因有：机油质量差、机油滤清器堵塞、机油泵不泵油、轴承间隙过大等。

按照从简到繁的原则，对润滑系统进行检查。由于该机机油已用了很长一段时间，按照要求更换了 CF 15W /40 型的康明斯专用机油，试机，带负载运行 0.5 小时左右，故障依旧，再次自动停机。停机后检查机油的黏度和柴油机上是否有机油泄漏，经检查，机油黏度合格、柴油机上也无机油泄漏。接着检查机油压力，由于该机是利用压/电转换的传感器模式（非机械式传感器）来检测显示机油压力的，为此，给柴油机上再外接安装一套机械直通式机油压力表，开机运行并密切监视机油压力。运行大约 1 小时后，再次自动停机，但观察外接的压力表指示发现油压正常，至此可以断定柴油机油压没有问题，问题就出在油压传感器上。

柴油机运行 1 小时左右后，柴油机稳定在高温状态下运行，传感器出现故障，说明传感器的温度特征已不能满足要求，特别是高温状态下，输出失真信号，导致误报警停机。

3. 排除方法

(1)更换新机油。

(2)外接机械式压力表，对比验证压/电式传感器。

(3)更换新传感器，开机运行。

/思考题/

扫码做习题

1. 柴油机常用的故障判断方法有哪些?
2. 分析柴油机出现起动困难故障的原因。
3. 分析柴油机出现排气冒黑烟故障的原因。

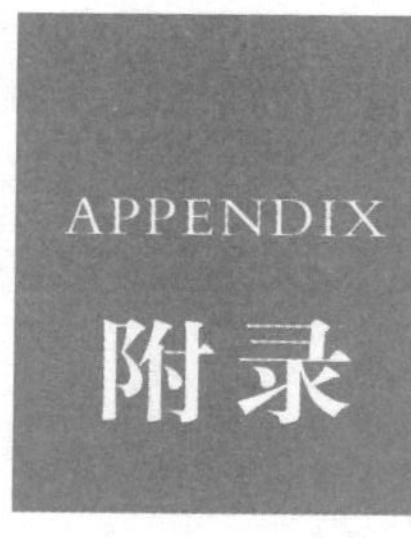

附录 A　部分柴油机的主要技术参数

表 A-1　部分柴油机的主要技术参数

项目 \ 数值 \ 机型	135 系列			105 系列		康明斯		斯太尔
	4135G	6135AG	12V135JZ	4105	6105	6BT5.9G2	6CTA8.3G2	WD415.24
气缸数	4	6	12	4	6	6	6	4
排列方式	直列	直列	V 型 75°夹角	直列	直列	直列	直列	直列
气缸直径/mm	135	135	135	105	105	102	114	126
活塞行程/mm	140	150	140	120	120	120	135	130
排量/L	8	12.9	24	4.33	6.49	5.883	8.27	9.726
压缩比	16.5	17	16	17	17	17.5	16.5	15.5

续表

项目 \ 数值 \ 机型	135 系列			105 系列		康明斯		斯太尔
	4135G	6135AG	12V135JZ	4105	6105	6BT5.9G2	6CTA8.3G2	WD415.24
气缸压缩压力/kPa(250 r/min)						＞2413		2600～2800
12 h 功率(kW)/转速(r/min)	58.8/1500	110.3/1500	279.5/1500	35.3/1500	53/1500	92/1500	163/1500	58/1500
12 h 功率时燃油消耗率/(g/(kW·h))	≤231.2	≤231.2	≤232.6	235.3	235.3	212	210	198
12 h 功率时机油消耗率/(g/(kW·h))	≤2.04	≤1.65	≤2.04	2.04	2.04	1.21		0.79
工作次序	1-3-4-2	1-5-3-6-2-4	1-12-5-8-3-10-6-7-2-11-4-9	1-5-3-6-2-4	1-5-3-6-2-4	1-5-3-6-2-4	1-5-3-6-2-4	1-3-4-2
曲轴型式	组合式	组合式	组合式	整体式	整体式	整体式	整体式	整体式
进气门早开(° CA)	20±6	20±6	20±6	14.5	14.5	10		2
进气门晚关(° CA)	48±6	48±6	48±6	45.5	45.5	30		26
排气门早开(° CA)	48±6	48±6	48±6	45.5	45.5	58		49
排气门晚关(° CA)	20±6	20±6	20±6	14.5	14.5	10		5
冷态进气门间隙/mm	0.25～0.30	0.25～0.35	0.30～0.35	0.25～0.35	0.25～0.35	0.25	0.30	0.30
冷态排气门间隙/mm	0.30～0.35	0.30～0.35	0.35～0.40	0.25～0.35	0.25～0.35	0.50	0.61	0.40
存气间隙/mm	0.85～1.7	1～1.9	0.85～1.7	0.90～1.20	0.90～1.20	0.84～1.27		
喷油泵结构型式	B 型柱塞泵	B 型柱塞泵	B 型柱塞泵	Ⅰ号柱塞泵	Ⅰ号柱塞泵	A 型柱塞泵	P，MW 柱塞泵	PW2000 柱塞泵

续表

项目 \ 数值 \ 机型	135 系列			105 系列		康明斯		斯太尔
	4135G	6135AG	12V135JZ	4105	6105	6BT5.9G2	6CTA8.3G2	WD415.24
供油提前角/(°CA)	24～27	26～29	24～26	18±1	18±1	20	14.5	11±1
额定转速下 200 次供油量/mL	21.5±0.5	25.5±0.5	33±0.5	13	13	21.5	26	
怠速下 200 次供油量/mL	6～8	7～10	7～10					
喷油压力/(kg f/cm^2)	175^{+10}	175^{+10}	190^{+10}	200^{+5}	200^{+5}	245～253	300 或 205	300^{+8}
调速器型式	机械式全程	机械式全程	机械式全程	机械式全程	机械式全程	电子调速	电子调速	RQV-K
标定转速时机油压力/kPa	250～350	250～350	300～350	245～392	245～392	≥207	≥207	怠速≥100 kPa
机油温度/℃	≤95	≤95	65～85	75～90	75～90			
机油容量/L	25.2	28.7	57.4	13	27	16.4	18.9	19
冷却液温度/℃	≤95	≤95	≤95					
冷却液容量/L	34	44	84			23	12.3+ 水箱	40
节温器开启-全开温度/℃	70-83	70-83	70-83	72-84	72-84	83-95	81-95	80-95
内燃机总重量/kg	870	1160	1700	400^{+20}	500^{+20}	410	635～658	695±30
大修期/h	8000～10000	8000～10000	8000～10000	3000～4000	3000～4000			
气缸套椭圆度/mm	≤0.025	≤0.015	≤0.015	≤0.0125	≤0.0125	≤0.038	0.08	
气缸套圆锥度/mm	≤0.025	≤0.015	≤0.015	≤0.0125	≤0.0125	≤0.076		
连杆弯曲度/mm	≤0.05	≤0.05	≤0.05	≤0.03	≤0.03	≤0.15		
连杆扭曲度/mm	≤0.05	≤0.05	≤0.05	≤0.03	≤0.03	≤0.30		

续表

机型 / 数值 / 项目	135 系列			105 系列		康明斯		斯太尔
	4135G	6135AG	12V135JZ	4105	6105	6BT5.9G2	6CTA8.3G2	WD415.24
活塞椭圆度/mm	≤0.50	≤0.50	≤0.50	≤0.02	≤0.02	≤0.35±0.030		
活塞圆锥度/mm	≤0.12	≤0.12	≤0.12	≤0.02	≤0.02			
主轴颈圆度/mm						≤0.025		≤0.01
连杆轴颈圆度/mm						≤0.025		≤0.01
曲轴同心度/mm	≤0.08	≤0.14	≤0.14	≤0.03	≤0.03	≤0.15		≤0.30

附录 B　部分柴油机主要零件的配合间隙

表 B-1　135 系列柴油机主要零件的配合间隙

序号	名称	标准尺寸/mm	配合性质	配合公差/mm	磨损极限/mm
1	连杆轴颈	$\phi 95^{-0.060}_{-0.080}$	间隙	0.080～0.151	0.25
	连杆大头轴承孔	$\phi 95^{+0.071}_{+0.020}$			
2	连杆大头端面(4、6 缸)	$65^{-0.095}_{-0.195}$	轴向间隙	0.195～0.495	0.70
	曲轴连杆轴颈开档(4、6 缸)	$65^{+0.300}_{+0.100}$			
	连杆大头端面(12 缸)	$2\times45^{-0.075}_{-0.160}$	轴向间隙	0.270～0.670	0.90
	曲轴连杆轴颈开档(12 缸)	$90^{+0.350}_{+0.120}$			
3	连杆小头衬套	$\phi 55^{+0.100}_{+0.080}$	过盈	－0.100～－0.050	
	连杆小头孔	$\phi 55^{+0.030}_{0}$			
	连杆小头衬套(x135AG、6135JZ、6135AZG、12V135JZ)	$\phi 58^{+0.100}_{+0.080}$	过盈	－0.100～－0.050	
	连杆小头孔(x135AG、6135JZ、6135AZG、12V135JZ)	$\phi 58^{+0.030}_{0}$			
4	活塞销	$\phi 48^{0}_{-0.010}$	间隙	0.035～0.060	0.15
	连杆小头衬套孔	$\phi 48^{+0.050}_{-0.035}$			
	活塞销(6135AG、6135JZ、6135AZG、12V135JZ)	$\phi 52^{0}_{-0.012}$	间隙	0.035～0.062	0.15
	连杆小头衬套孔(x135AG、6135JZ、6135AZG、12V135JZ)	$\phi 52^{+0.050}_{-0.035}$			
5	滚子轴承外圈	$\phi 280^{0}_{-0.035}$	过渡	－0.060～0.015	
	机体主轴承孔	$\phi 280^{-0.02}_{-0.06}$			
6	曲轴主轴颈	$\phi 180^{+0.080}_{+0.060}$	过盈	－0.105～－0.060	
	滚子轴承内圈孔	$\phi 180^{0}_{-0.025}$			

续表

序号	名称	标准尺寸/mm	配合性质	配合公差/mm	磨损极限/mm
7	4G70021361 主轴承滚道配合间隙		径向间隙	0.145～0.195	
			装配后径向间隙	0.05～0.12	
8	曲轴推力面与推力轴承面		轴向间隙	0.130～0.370	0.70
9	曲轴前轴	$\phi\ 72_{-0.060}^{-0.030}$	间隙	0.250～0.320	0.45
	前后推力轴承孔	$\phi\ 72_{+0.220}^{+0.260}$			
10	输出法兰	$\phi\ 225_{-0.030}^{0}$	间隙	0.450～0.580	
	飞轮壳封油孔	$\phi\ 225_{+0.450}^{+0.550}$			
11	凸轮轴承	$\phi\ 66_{+0.045}^{+0.125}$	过盈	－0.125～－0.015	
	机体轴承孔	$\phi\ 66_{0}^{+0.030}$			
12	凸轮轴颈(4、6 缸)	$\phi\ 60_{-0.080}^{-0.050}$	间隙	0.050～0.110	0.25
	凸轮轴承孔(4、6 缸)	$\phi\ 60_{0}^{+0.030}$			
	凸轮轴颈(12 缸)	$\phi\ 60_{-0.080}^{-0.050}$	间隙	0.070～0.130	0.25
	凸轮轴承孔(12 缸)	$\phi\ 60_{+0.020}^{+0.050}$			
13	凸轮轴第一档轴颈	$\phi\ 42_{-0.050}^{-0.025}$	间隙	0.060～0.110	0.25
	推力轴承孔	$\phi\ 42_{+0.035}^{+0.060}$			
14	凸轮轴推力面(4、6 缸)		轴向间隙	0.195～0.645	1.00
	推力轴承面(4、6 缸)				
	凸轮轴推力面(12 缸)		轴向间隙	0.195～0.545	0.80
	推力轴承面(12 缸)				
15	活塞销	$\phi\ 48_{-0.010}^{0}$	过渡	－0.014～0.008	
	活塞销孔	$\phi\ 48_{-0.0014}^{-0.002}$			
	活塞销（x135AG、6135JZ、6135AZG、12V135JZ)	$\phi\ 52_{-0.012}^{0}$	过渡	－0.017～0.010	
	活塞销孔（x135AG、6135JZ、6135AZG、12V135JZ)	$\phi\ 52_{-0.017}^{-0.002}$			

续表

序号	名称	标准尺寸/mm	配合性质	配合公差/mm	磨损极限/mm
16	活塞裙上部	$\phi 134.64^{0}_{-0.027}$	间隙	0.360～0.427	0.75
	气缸套	$\phi 135^{+0.040}_{0}$			
	活塞裙上部（x135AG、6135JZ、6135AZG、12V135JZ）	$\phi 134.82^{0}_{-0.027}$	间隙	0.270～0.337	0.75
	气缸套（x135AG、6135JZ、6135AZG、12V135JZ）	$\phi 135^{+0.040}_{0}$			
17	活塞裙下部	$\phi 134.76^{0}_{-0.027}$	间隙	0.240～0.307	0.75
	气缸套	$\phi 135^{+0.040}_{0}$			
	活塞裙下部（x135AG、6135JZ、6135AZG、12V135JZ）	$\phi 134.82^{0}_{-0.027}$	间隙	0.180～0.247	0.60
	气缸套（x135AG、6135JZ、6135AZG、12V135JZ）	$\phi 135^{+0.040}_{0}$			
18	第一道气环	$3^{0}_{-0.015}$	轴向间隙	0.100～0.135	0.25
	环槽	$3^{+0.120}_{+0.100}$			
19	第二道气环	$3^{0}_{-0.015}$	轴向间隙	0.080～0.115	0.22
	环槽	$3^{+0.100}_{+0.080}$			
20	第三道气环	$3^{0}_{-0.015}$	轴向间隙	0.070～0.105	0.20
	环槽	$3^{+0.090}_{+0.070}$			
21	油环	$6^{0}_{-0.018}$	轴向间隙	0.060～0.098	0.18
	环槽	$6^{+0.080}_{+0.060}$			
22	第一道气环（镀铬环）		开口间隙	0.600～0.800	2.00
23	第二、三道气环		开口间隙	0.500～0.700	2.00
24	油环		开口间隙	0.400～0.600	2.00
25	气缸套上部定位肩胛	$\phi 155^{-0.043}_{-0.083}$	间隙	0.043～0.146	
	机体上部定位孔	$\phi 155^{+0.063}_{0}$			

续表

序号	名称	标准尺寸/mm	配合性质	配合公差/mm	磨损极限/mm
26	气缸套下部定位肩胛	$\phi\,154_{-0.083}^{-0.043}$	间隙	0.043～0.146	
	机体下部定位孔	$\phi\,154_{0}^{+0.063}$			
27	推杆套筒(4、6缸)	$\phi\,40_{-0.085}^{-0.050}$	间隙	0.050～0.124	0.25
	机体(4、6缸)	$\phi\,40_{0}^{+0.039}$			
	推杆套筒(12缸)	$\phi\,38_{-0.085}^{-0.050}$	间隙	0.050～0.124	0.25
	机体(12缸)	$\phi\,38_{0}^{+0.039}$			
28	排气门座	$\phi\,54_{+0.075}^{+0.105}$	过盈	－0.105～－0.045	
	气缸盖	$\phi\,54_{0}^{+0.030}$			
29	进气门座	$\phi\,62_{+0.075}^{+0.105}$	过盈	－0.105～－0.045	
	气缸盖	$\phi\,62_{0}^{+0.030}$			
30	气门导管	$\phi\,19_{+0.030}^{+0.060}$	过盈	－0.060～－0.007	
	气缸盖	$\phi\,19_{0}^{+0.023}$			
31	进气门杆	$\phi\,12_{-0.061}^{-0.042}$	间隙	0.057～0.101	0.20
	气门导管	$\phi\,12_{+0.015}^{+0.040}$			
32	排气门杆	$\phi\,12_{-0.069}^{-0.050}$	间隙	0.065～0.109	0.20
	气门导管	$\phi\,12_{+0.015}^{+0.040}$			
33	摇臂轴	$\phi\,26.8_{-0.06}^{-0.04}$	间隙	0.030～0.087	0.20
	摇臂	$\phi\,26.8_{-0.01}^{+0.027}$			
34	齿轮式机油泵主动轴	$\phi\,18_{-0.018}^{-0.006}$	间隙	0.036～0.078	0.15
	衬套	$\phi\,18_{+0.030}^{+0.060}$			
35	机油泵被动轴	$\phi\,18_{-0.055}^{-0.030}$	间隙	0.030～0.082	0.15
	被动齿轮孔	$\phi\,18_{0}^{+0.027}$			
36	机油泵齿轮端面与盖板		轴向间隙	0.050～0.115	可调整

续表

序号	名称	标准尺寸/mm	配合性质	配合公差/mm	磨损极限/mm
37	机油泵体	$\phi\ 48_{+0.075}^{+0.160}$	间隙	0.150～0.275	0.40
	齿轮	$\phi\ 48_{-0.115}^{-0.075}$			
38	机油泵齿轮与机油泵传动齿轮		齿隙	0.12～0.35	可调整
39	淡水泵叶轮与水泵体		轴向间隙	0.330～1.770	
40	淡水泵叶轮与水泵喇叭口(直列型橡胶带传动)		轴向间隙	0.060～0.800	可调整
	淡水泵叶轮与水泵喇叭口(直列型齿轮传动)		轴向间隙	0.200～1.000	可调整
	淡水泵叶轮与水泵喇叭口(V型)		轴向间隙	0.200～0.800	可调整
41	曲轴齿轮与定时惰齿轮		齿隙	0.08～0.350	0.50
42	定时惰齿轮与喷油泵传动齿轮		齿隙	0.08～0.350	0.50
43	凸轮轴齿轮与定时惰齿轮		齿隙	0.08～0.350	0.50
44	机油滤清器转子上轴承	$\phi\ 12_{0}^{+0.018}$	间隙	0.450～0.094	0.20
	轴	$\phi\ 12_{-0.075}^{-0.045}$			
45	机油滤清器转子下轴承	$\phi\ 15_{0}^{+0.018}$	间隙	0.450～0.094	0.20
	轴	$\phi\ 15_{-0.075}^{-0.045}$			
涡轮增压器部分					
46	压气机叶轮(进口处)与壳体		径向间隙	040～0.61	
47	涡轮压气机转子轴向移动量			0.15～0.20	
48	涡轮端,压气机端弹力密封环与环槽之间轴向间隙			0.10～0.22	
49	弹力密封环在座孔中闭合间隙			0.15～0.25	
50	中间壳轴承孔径(涡轮端)	$\phi\ 26_{0}^{+0.013}$			26.025
51	中间壳轴承孔径(压气机端)	$\phi\ 26_{0}^{+0.013}$			26.025
52	浮动轴承内径	$\phi\ 18_{+0.05}^{+0.06}$			18.08

续表

序号	名称	标准尺寸/mm	配合性质	配合公差/mm	磨损极限/mm
53	浮动轴承外径	$\phi\ 26_{-0.13}^{-0.12}$			25.85
54	浮动轴承长度	$12_{-0.05}^{0}$			11.92
55	推力片厚度	$2.5_{-0.02}^{0}$			2.47
56	推力轴承厚度	$5.5_{-0.03}^{0}$			5.43
57	涡轮转子轴颈(轴承部位)	$\phi\ 18_{-0.08}^{0}$			17.985
58	涡轮、压气机端轴封环槽宽度	$4.1_{0}^{+0.08}$			4.25
59	弹力气封环厚度	$2_{-0.02}^{0}$			1.95
60	压气机端气封板密封环座孔径	$\phi\ 26_{0}^{+0.033}$			26.05
61	涡轮端中间壳密封环座孔径	$\phi\ 26_{0}^{+0.013}$			26.05

表 B-2　105 系列柴油机主要零件的配合间隙

序号	名称	标准尺寸/mm	配合性质	配合公差/mm	磨损极限/mm
1	气缸套	$\phi 105_{0}^{+0.035}$	间隙	0.155～0.220	0.70
	活塞裙下部	$\phi 100_{-0.185}^{-0.155}$			
2	环槽高	$3_{+0.07}^{+0.09}$	端面间隙	0.07～0.11	0.30
	第一道气环高	$3_{-0.02}^{0}$			
3	环槽高	$3_{+0.04}^{+0.06}$	端面间隙	0.04～0.08	0.20
	第二、三道气环高	$3_{-0.02}^{0}$			
4	环槽高	$6_{+0.04}^{+0.06}$	端面间隙	0.04～0.075	0.20
	油环高	$6_{-0.015}^{0}$			
5	活塞环开口		闭合间隙	0.30～0.50	3.00
6	连杆大头轴承孔	$\phi 70_{+0.070}^{+0.118}$	间隙	0.07～0.137	0.30
	曲柄销轴颈	$\phi 70_{-0.019}^{0}$			
7	主轴承孔	$\phi 80_{+0.075}^{+0.135}$	间隙	0.075～0.154	0.30
	曲轴主轴颈	$\phi 80_{-0.019}^{0}$			
8	活塞销座孔	$\phi 38_{-0.010}^{+0.002}$	过渡	－0.010～0.010	0.05
	活塞销	$\phi 38_{-0.008}^{0}$			
9	连杆衬套孔	$\phi 38_{+0.020}^{+0.035}$	间隙	0.020～0.043	0.10
	活塞销	$\phi 38_{-0.008}^{0}$			
10	曲轴止推片		轴向间隙	0.10～0.26	0.60
	主轴承止推垫片端面				
11	凸轮轴衬套孔	$\phi 50_{0}^{+0.039}$	间隙	0.05～0.114	0.30
	凸轮轴颈	$\phi 50_{-0.075}^{-0.050}$			
12	凸轮轴止推面	$\phi 4.2_{-0.05}^{+0.15}$	轴向间隙	0.10～0.40	
	凸轮轴止推板端面	$\phi 4_{-0.05}^{+0.05}$			

续表

序号	名称	标准尺寸/mm	配合性质	配合公差/mm	磨损极限/mm
13	机体气门挺柱孔	$\phi 18_{0}^{+0.027}$	间隙	0.016～0.061	0.30
	气门挺柱	$\phi 18_{-0.034}^{-0.016}$			
14	气缸盖排气门座孔	$\phi 45_{0}^{+0.025}$	过盈	－0.14～－0.095	
	排气门座	$\phi 45_{+0.12}^{+0.14}$			
15	气缸盖进气门座孔	$\phi 44_{0}^{+0.025}$	过盈	－0.14～－0.095	
	进气门座	$\phi 44_{+0.12}^{+0.14}$			
16	气门导管	$\phi 9_{0}^{+0.027}$	间隙	0.035～0.087	0.30
	进气门	$\phi 9_{-0.060}^{-0.035}$			
17	气门导管	$\phi 9_{0}^{+0.027}$	间隙	0.055～0.102	0.30
	排气门	$\phi 9_{-0.075}^{-0.055}$			
18	气缸盖气门导管孔	$\phi 14_{0}^{+0.018}$	过盈	－0.046～－0.010	
	气门导管	$\phi 14_{+0.028}^{+0.046}$			
19	气门摇臂衬套孔	$\phi 18_{0}^{+0.027}$	间隙	0.016～0.070	0.20
	气门摇臂轴	$\phi 18_{-0.043}^{-0.016}$			
20	正时惰齿轮孔	$\phi 38_{0}^{+0.025}$	间隙	0.25～0.75	0.20
	正时惰齿轮座	$\phi 38_{-0.050}^{-0.025}$			
21	机油泵内外转子端面		端面间隙	0.100～0.163	
	机油泵盖				
22	水泵叶轮端面		端面间隙	0.10～0.46	
	水泵壳				
23	气缸余隙高度		间隙	0.90～1.20	
24	排气门下沉深度			0.90～1.25	2.5
	进气门凸出高度				－0.6
25	齿轮间的间隙		齿侧间隙	0.12～0.35	0.50
26	喷油嘴凸出缸盖底平面的高度			3.6～4.0	

表 B-3　康明斯 B 系列柴油机主要零件的配合间隙

序号	名称	标准尺寸/mm	配合性质	配合公差/mm	磨损极限/mm
1	气缸孔直径	ϕ102.02±0.02	间隙	0.101～0.179	
	活塞裙部直径	ϕ101.88±0.019			
2	气门导管孔直径	ϕ 8.029±0.010	间隙	0.039～0.079	
	进排气门杆直径	$\phi 7.98^{+0.000}_{-0.020}$			
3	缸体挺杆体孔直径	ϕ16.015±0.015	间隙	0.02～0.065	
	挺杆体外径(最大)	$\phi 16^{-0.020}_{-0.035}$			
4	缸体上前凸轮轴衬套孔直径	ϕ57.24±0.018	过盈	－0.178～－0.102	
	凸轮轴衬套外径	ϕ57.38±0.020			
5	凸轮轴第一轴颈直径	ϕ54.000±0.013	间隙	0.094～0.146	
	凸轮轴衬套孔直径	ϕ54.12±0.013			
6	凸轮轴其余轴颈直径	ϕ54.000±0.013	间隙	0.076～0.152	
	缸体上其余凸轮轴孔直径	ϕ54.114±0.025			
7	凸轮轴台肩尺寸(止推)	9.73±0.03	间隙	0.10～0.36	
	凸轮轴止推片厚度	9.5±0.10			
8	凸轮轴安装齿轮轴直径	$\phi 41.593^{-0.000}_{-0.018}$	过盈	0～0.043	
	凸轮轴齿轮安装孔直径	$\phi 41.5^{+0.025}_{-0.000}$		－0.093～－0.05	
9	缸体曲轴主轴承孔直径	ϕ88.000±0.018	间隙	0.041～0.119	
	曲轴主轴承瓦厚度	2.456～2.464			
	曲轴主轴颈直径	ϕ83.000±0.013			
10	曲轴安装齿轮轴直径	$\phi 64.000^{+0.006}_{-0.012}$	过盈	－0.054～－0.096	
	曲轴齿轮安装孔直径	$\phi 63.91^{+0.024}_{-0.000}$			
11	连杆轴承孔直径	ϕ73.000±0.013	间隙	0.038～0.116	
	连杆轴瓦厚度	1.955～1.968			

续表

序号	名称	标准尺寸 /mm	配合性质	配合公差 /mm	磨损极限 /mm
11	连杆轴颈直径	ϕ 69.000±0.013			
12	曲轴的连杆轴颈开档宽度	39.000±0.050	间隙	0.1～0.30	
	连杆大头宽度	ϕ 38.80±0.05			
13	连杆小头衬套孔直径	ϕ 40.06±0.007	间隙	0.0498～0.0702	
	活塞销直径	ϕ 40.000±0.0032			
14	活塞销座直径	ϕ $40.009^{+0.005}_{-0.003}$	间隙	0.0028～0.0172	
	活塞销直径	ϕ 40.000±0.0032			
15	曲轴止推面开档宽度	$37.5^{+0.076}_{-0.025}$	间隙	0.10～0.30	
	曲轴止推瓦宽度(外开档)	37.31±0.038			
	曲轴止推瓦内开档宽度	32.3265±0.0445			
16	第二道活塞环(中压缩环)高度	$2.35^{-0.010}_{-0.035}$	间隙	0.085～0.130	
	第二道活塞环槽高度	2.435±0.010			
17	油环高度	$4.00^{+0.000}_{-0.025}$	间隙	0.04～0.085	
	油环槽高度	4.05±0.01			
18	梯形环(上压缩环)高度	2.69	间隙	0.095～0.11 5	
	第一环槽	ϕ $2.605^{-0.010}_{-0.030}$			
19	摇臂轴孔直径	ϕ 19.013±0.013	间隙	0.025～0.063	
	摇臂轴外径	ϕ 18.969±0.006			
20	增压器机油回油管外径	ϕ $22.42^{+0.11}_{-0.00}$	过渡	0.01～－0.01	
	缸体机油回油管孔径	ϕ 22.35±0.08			
21	曲轴轴向间隙			0.10～0.30	
22	惰轮与机油泵主动齿轮齿侧间隙			0.08～0.33	
23	惰轮的轴向间隙			0.02～0.28	

续表

序号	名称	标准尺寸/mm	配合性质	配合公差/mm	磨损极限/mm
24	机油泵主动齿轮轴向间隙			0.04～0.09	
25	齿轮室底平面与缸体底平面的不平度			±0.13	
26	凸轮轴轴向间隙			0.13～0.34	
27	凸轮轴齿轮齿侧间隙			0.08～0.33	
28	活塞配缸间隙			0.101～0.179	
29	第一道活塞环开口间隙			0.40～0.70	
30	第二道活塞环开口间隙			0.25～0.55	
31	油环开口间隙			0.25～0.55	
32	连杆大头轴间间隙			0.10～0.30	
33	活塞凸出量			0.33～0.66(增压)	
34	后油封座底平面与缸体底平面的不平度			±0.2	
35	气门间隙(冷态)			进气 0.25±0.05 排气 0.50±0.05	
36	气门锥面密封带宽度			进气 1.51～1.81 排气 1.86～2.22	
37	进排气门端面低于气缸盖底平面的距离			1.58±0.26	
38	燃油泵齿轮侧间隙			0.08～0.33	
39	曲轴齿轮键凸出高度			7.8	
40	飞轮壳内圆跳动量			0.2 最大	
41	飞轮壳平面跳动量			0.2 最大	
42	气缸压缩压力(发动机转速250 r/min)			＞ 2413 kPa	

表 B-4　康明斯 C 系列柴油机主要零件的装配修复技术规格

序号	零部件/总成	细分/备注	公制
发动机装配技术规格			
1	气缸套凸出量	注意：应使用零件号为 No.3822503 的气缸套卡子组件来使气缸套在气缸孔中落座。拆下卡子后再检查气缸套凸出量	0.025～0.122 mm
2	气缸套与气缸体之间的间隙		≥0.229 mm
3	气缸套椭圆度		≤0.080 mm
4	气缸体上部气缸孔内径	发动机系列号在 44706126CDC、21123436DEP、30417120BZ1 之前	132.900～132.990 mm
		发动机系列号为 44706126 CDC、21123436DEP、30417120BZ1 或之后	130.000～130.990 mm
5	气缸套上部过盈配合外径	如果发动机系列号在 44706126 CDC、21123436DEP、30417120BZ1 之前时	132.938～132.958 mm
		如果发动机系列号在 44706126 CDC、21123436DEP、30417120BZ1 或其之后时	130.938～130.958 mm
6	曲轴轴向间隙	新曲轴	0.127～0.330 mm
		使用过的曲轴	≥0.533 mm
7	新活塞环开口间隙	顶部活塞环	0.35～0.60 mm
		中间活塞环	0.35～0.65 mm
		机油控制环	0.30～0.60 mm
8	连杆轴承侧向间隙		0.100～0.330 mm
9	机油泵驱动齿轮齿隙		0.08～0.33 mm
10	机油泵情齿轮齿隙		0.08～0.33 mm
11	凸轮轴齿轮齿隙		0.08～0.33 mm
13	凸轮轴轴向间隙		0.12～0.46 mm
13	飞轮孔径向跳动 总千分表读数		≥0.127 mm

续表

序号	零部件/总成	细分/备注	公制
14	飞轮表面跳动总千分表读数	飞轮半径 203 mm	≤0.203 mm
		飞轮半径 254 mm	≤0.254 mm
		飞轮半径 305 mm	≤0.305 mm
		飞轮半径 356 mm	≤0.356 mm
		飞轮半径 406 mm	≤0.406 mm
15	气门调整间隙	进气门	0.30 mm
		排气门	0.61 mm
发动机装配技术规格			
16	减振器表面直线度	(晃动)总千分表读数	≤0.28 mm
17	减振器偏心度	总千分表读数	≤0.28 mm
气缸体修复技术规格			
18	气缸体上表面平面度	一端到另一端	≤0.075 mm
		一侧到另一侧	≤0.075 mm
19	气缸体上部气缸套孔内径		130.900～130.990 mm
20	从气缸体上表面算起气缸体阶梯的深度		122.930～123.000 mm
21	气缸体上表面至主轴承孔的高度		309.40～309.60 mm
22	气缸体上表面至主轴承孔中心线的高度		361.90～362.10 mm
23	主轴承孔直径	带新轴承时	98.079～98.125 mm
		不带轴承时	104.982～105.018 mm
24	凸轮轴孔直径	不带衬套时	≥64.01 mm
		装上衬套时	≤60.12 mm
25	气门挺柱孔直径		16.00～16.05 mm
26	气缸套内径		114.000～114.040 mm
27	气缸套椭圆度		≤0.08 mm
28	气缸套锥度		≤0.08 mm
29	气缸套落座区域的深度		123.026～123.052 mm
30	气缸套外径(上部过盈配合)		130.938～130.958 mm
31	活塞销孔内径		45.006～45.025 mm

续表

序号	零部件/总成	细分/备注	公制
气缸体修复技术规格			
32	活塞销外径	注意：如果活塞销的椭圆度 > 0.03 mm，应予以报废	44.993～45.003 mm
33	活塞裙部外径		113.814～113.886 mm
34	上部活塞环槽楔形磨损	用千分尺测量	≤113.938 mm
35	中间活塞环槽楔形磨损	用千分尺测量	≤114.323 mm
36	机油控制环侧面间隙		0.020～0.130 mm
37	曲轴油封环槽磨量		≤0.025 mm
38	曲轴连杆轴颈	外径	75.962～76.013 mm
		椭圆度	≤0.050 mm
		锥度	≤0.013 mm
39	曲轴主轴颈	外径	97.962～98.013 mm
		椭圆度	≤0.050 mm
		锥度	≤0.013 mm
40	曲轴止推面宽度(标准值)		42.975～43.076 mm
41	曲轴后端油封突缘外径		129.975～130.025 mm
42	曲轴减振器导向区域外径		23.924～24.000 mm
43	曲轴齿轮轴颈外径		75.987～76.006 mm
44	曲轴轴向间隙	新曲轴	0.127～0.330 mm
		使用过的曲轴	≤0.533 mm
45	曲轴齿轮孔内径		75.898～75.923 mm
46	曲轴齿轮的安装	淬火齿轮温度	≤149 ℃
		淬火齿轮时间	45 min～6 h
		钢齿轮温度	177 ℃
		钢齿轮时间	45 min～6 h
47	标准主轴承厚度(使用过的轴承)		3.446～3.454 mm
48	带塑料间隙规时的主轴承间隙		0.066～0.134 mm
49	止推轴承突缘厚度		3.517～3.567 mm

续表

序号	零部件/总成	细分/备注	公制
气缸体修复技术规格			
50	连杆活塞销孔内径	带衬套	45.023～45.060 mm
		不带衬套	48.988～49.012 mm
51	连杆曲轴孔内径(带轴承)		76.046～76.104 mm
52	连杆轴承间隙 (带塑料间隙规)		0.033～0.117 mm
53	连杆轴承侧面间隙		0.100～0.330 mm
54	连杆轴承厚度(标准值)		2.428～2.471 mm
55	连杆长度		215.975～216.025 mm
56	连杆弯曲(平行度)	不带衬套	≤0.20 mm
		带衬套	≤0.15 mm
57	连杆扭曲度	不带衬套	≤0.50 mm
		带衬套	≤0.30 mm
58	凸轮轴孔直径 (注意:如果其中有一个衬套超过了规定值,则所有的衬套都必须加以更换)	带衬套	≤60.12 mm
		不带衬套	≤64.01 mm
59	凸轮轴轴颈外径		59.962～60.013 mm
60	凸轮轴凸起部分直径	进气门凸轮	51.774～52.251 mm
		排气门凸轮	51.596～52.073 mm
		输油泵凸轮	41.310～41.829 mm
62	凸轮轴轴头 (齿轮安装表面)外径		41.562～41.580 mm
63	凸轮轴止推垫板厚度		9.340～9.580 mm
64	凸轮轴齿轮孔内径		41.480～41.505 mm
65	凸轮轴齿轮的安装	淬火齿轮温度	≤149 ℃
		淬火齿轮时间	45 min～6 h
		钢齿轮温度	≤177 ℃
		钢齿轮时间	45 min～6 h
66	减振器表面直线度	(晃动)总千分表读数	≤0.28 mm
67	减振器同轴度	总千分表读数	≤0.28 mm

续表

序号	零部件/总成	细分/备注	公制
气缸体修复技术规格			
68	减振器厚度	在距外径 3.18 mm 并且相互错开 90°的四个点上测量减振器的厚度。四个测量点中的任意两点的差值一定不能超过 0.25 mm	
69	后端盖曲轴油封孔内径		149.96～150.04 mm
气缸盖修复技术规格			
70	气缸盖螺栓自由长度	短螺栓	≤81.5 mm
		长螺栓	≤162.6 mm
71	气缸盖平面度	一端到另一端	≤0.200 mm
		一侧到另一侧	≤0.076 mm
		局部平面度(51 mm 区域内)	≤0.0254 mm
72	气缸盖厚度	新气缸盖	115.75～116.25 mm
		加工过的气缸盖	≥114.75 mm
73	喷油器嘴尖部凸出量		3.0～4.0 mm
74	气门导管内径(安装后)	新气门导管	9.539～9.559 mm
		使用过的气门导管	≤9.591 mm
75	气门导管高度(安装后)	进气门导管	20.65～21.16 mm
		排气门导管	22.50～23.01 mm
76	气门导管孔内径		15.931～15.971 mm
77	气门导管(新导管)外径		15.988～16.000 mm
78	气门座与气门导管的同轴度(360°)		≤0.05 mm
79	气门在气缸盖中的下沉量	排气门	1.09～1.62 mm
		进气门	0.59～1.12 mm
80	气门座圈孔内径(标准座圈)	进气门座圈孔	≤53.930 mm
		排气门座圈孔	≤47.027 mm
81	气门座圈孔深度(标准座圈)	进气门座圈孔	≤12.20 mm
		排气门座圈孔	≤9.83 mm
82	气门密封面的角度	进气门	30°
		排气门	45°
83	气门座宽度极限		1.50～2.00 mm

续表

序号	零部件/总成	细分/备注	公制
		气缸盖修复技术规格	
84	气门座真空度(10 s内可接受的泄漏速率)	新气门座	508～635 mmHg
		使用过的气门座	457～254 mmHg
85	新气门弹簧自由高度	(7-1/2圈)标准进气门弹簧和排气门弹簧	65.66 mm
		排气门双弹簧之外弹簧	77.47 mm
		排气门双弹簧之内弹簧	72.64 mm
		气门旋转器弹簧	62.05 mm
86	新气门弹簧工作高度	气门旋转器弹簧	48.79 mm
		所有其他弹簧	50.80 mm
87	新弹簧在装配高度时的弹簧力	外弹簧	689N
		内弹簧	71N
		组合簧	710.1～811.1 N
		所有其他弹簧	464.5～513.5 N
		使用过的标准进、排气门弹簧	≥450.0N
88	新气门弹簧在气门开启时的高度	气门旋转器弹簧、进气门弹簧和排气门弹簧	35.89 mm
		所有其他弹簧	37.99 mm
89	新弹簧在气门开启高度时的弹簧力	标准进、排气门弹簧	959.5～1080.5 N
		标准进、排气门弹簧(使用过的)	≥940.0 N
		排气门双弹簧之外弹簧	1023 N
		排气门双弹簧之内弹簧	111 N
		排气门双弹簧之组合簧	1084～1184 N
		进、排气门旋转器弹簧	995～1095 N
90	气门杆外径		9.46～9.50 mm
91	气门头外径处的厚度	排气门	≥2.22 mm
		进气门	≤3.01 mm
		飞轮与飞轮壳技术规格	
92	飞轮壳定位螺钉安装深度	(湿式应用场合)	0.00～3.00 mm
93	飞轮齿圈的安装	温度	177 ℃
		时间	30 min～6 h

续表

序号	零部件/总成	细分/备注	公制
		摇臂总成修复技术规格	
94	摇臂孔内径		22.256～22.301 mm
95	摇臂轴外径		22.199～22.231 mm
		气门挺柱修复技术规格	
96	气门挺柱杆外径		15.925～15.980 mm
97	气门挺柱外观极限	检查球窝杆和表面是否有过度磨损、裂纹或损坏之处	正常磨损
			异常磨损(不要再使用)
98	气门挺柱凹陷		0.025 mm
99	气门挺柱表面 (1)单个凹坑的直径≤2 mm (2)不允许有相连的凹坑,有则作为单个凹坑处理 (3)所有凹坑的直径加在一起≤6 mm,或不应大于挺柱表面的 4% (4)气门挺柱磨损面的边缘不允许有凹坑		
		燃油系统技术规格	
100	输油泵进油阻力 6C、6CT、6CTA、C8.3		≤100 mmHg
101	在额定转速时输油泵出油压力 6C、6CT、6CTA、C8.3	大流量时	≥172 kPa
		小流量时	≥83 kPa
102	喷油泵在额定转速时的进油压力	大流量时	≥140 kPa
		小流量时	≥48 kPa
103	喷油泵回油管阻力		≤518 mmHg
104	燃油滤清器阻力流过燃油滤清器后的压降		≤35 kPa
105	燃油回油管阻力		≤70 kPa
106	喷油泵油门杆转折点		3.18～6.35 mm
107	燃油截止电磁阀的调整	Synchro-start 推杆行程间隙	≤4.00 mm
		Synchro-start 推杆行程长度	≤25.4 mm
		Trombetta 推杆行程间隙	≤4.00 mm
		Trombetta 推杆行程长度	≤33.3 mm
		RQVK 调速器	66.9 mm

续表

序号	零部件/总成	细分/备注	公制
		润滑系统技术规格	
108	机油节温器	全开时的温度	≤116 ℃
		最大开启行程	≥45.9 mm
109	机油盘机油容量（所有发动机）	低油位时	15.1 L
		高油位时	18.9 L
110	系统总容量	6C8.3	23.6 L
		6CT8.3	23.8 L
111	机油冷却器变形量		≤0.8 mm
112	机油冷却器芯压力测试	压力	483 kPa
		温度	82 ℃
113	机油压力调节阀弹簧自由长度	13 圈	86.63 mm
114	弹簧在 53.98 mm 时的负荷	调压阀开启	190 N
115	弹簧在 60.33 mm 时的负荷	装配后	153 N
116	机油泵转子尖部间隙		0.025～0.178 mm
117	机油泵配流盘间隙		0.025～0.127 mm
118	机油泵体孔间隙		0.127～0.381 mm
119	机油泵驱动齿轮齿隙		0.08～0.33 mm
120	机油泵惰齿轮齿隙		0.08～0.33 mm
		冷却系统技术规格	
121	风扇轮毂装配后的高度		124.85～125.65 mm
122	风扇轮毂轴承安装力		≥9000 N
123	风扇轮毂轴轴向间隙		≤0.15 mm
124	散热器盖压力测试	104 ℃	≥103 kPa
		99 ℃	≥48 kPa
125	节温器工作温度	初开温度	81～83 ℃
		全开温度	≤95 ℃
126	最大开启行程		≤41.5 mm

续表

序号	零部件/总成	细分/备注	公制
		进气系统技术规格	
128	进气阻力	自然吸气式	≥508 mmHg
		涡轮增压式	≤635 mmHg
129	涡轮增压器轴径向间隙（一侧到另一侧）	修复涡轮增压器的技术规格和说明见“H1 涡轮增压器大修手册”	0.21～0.46 mm
130	涡轮增压器轴轴向间隙（一端到另一端）		0.03～0.08 mm
131	废气稳压阀执行机构的校准	空气压力	165～179 kPa
		执行杆移动量	0.33～1.3 mm
		排气系统技术规格	
132	排气阻力	工业用机型	≤76 mmHg
		经 EPA 检定的机型	114 mmHg
		经 EPA 检定的带催化转换器的机型	152 mmHg
133	排气歧管平面度		≤0.20 mm
		电气系统技术规格	
134	传动皮带	发动机上有自动皮带张紧器，不需要调整	360～490 N
135	蓄电池	27 ℃时的比重	充电状态
		1.260~ 1.280	100%
		1.230~ 1.250	75%
		1.200~ 1.220	50%
		1.170~ 1.190	25%
		1.110~ 1.130	放完电

表 B-5　斯太尔 WD415 系列柴油机主要零件的配合间隙

序号	名称	标准尺寸 /mm	配合性质	配合公差 /mm	磨损极限 /mm
1	主轴瓦内径	$\phi 100^{+0.141}_{+0.095}$	间隙	0.095～0.163	0.17
	主轴颈直径	$\phi 100^{0}_{-0.022}$			
2	主轴承座直径	$\phi 108^{+0.022}_{0}$	过盈	－0.147~ －0.103	
	主轴瓦外径	$\phi 108^{+0.147}_{+0.125}$			
3	主轴瓦厚度	3.985～3.970			
4	曲轴轴向间隙	$46^{+0.05}_{0}$	间隙	0.102～0.305	0.35
		$46^{-0.102}_{-0.255}$			
5	连杆轴瓦内径	$\phi 82^{+0.105}_{+0.059}$	间隙	0.059～0.127	0.35
	曲柄销直径	$\phi 82^{0}_{-0.022}$			
6	曲柄宽度	$\phi\ 46^{+0.1}_{0}$	间隙	0.15～0.35	0.50
	连杆大头开档	$\phi\ 46^{-0.15}_{-0.25}$			
7	连杆大头	$\phi 88^{+0.022}_{0}$	过盈	－0.118~ －0.083	
	连杆瓦	$\phi 82^{+0.118}_{+0.105}$			
8	连杆瓦厚度	2.97～2.979			
9	连杆小头孔直径	$\phi 55^{+0.03}_{0}$	过盈	－0.145~ －0.065	
	衬套外径	$\phi 55^{+0.145}_{+0.095}$			
10	连杆衬套内径	$\phi 50^{+0.055}_{+0.040}$	间隙	0.040～0.061	0.10
	活塞销直径	$\phi 50^{0}_{-0.006}$			
11	活塞销座直径	$\phi 50^{+0.009}_{+0.002}$	间隙	0.002～0.015	0.025
	活塞销直径	$\phi 50^{0}_{-0.006}$			
12	连杆衬套厚度	$^{+0.08}_{-0.05}$			
13	气缸套内径	$\phi 126^{+0.025}_{0}$	间隙	0.15	0.35
	活塞裙部外径	$\phi 125.87$			
14	第一道气环开口值	0.30～0.50			1.0

续表

序号	名称	标准尺寸/mm	配合性质	配合公差/mm	磨损极限/mm
15	第二道气环厚	$3_{-0.022}^{-0.01}$	间隙	0.07～0.102	0.28
	环槽高度	$3_{+0.06}^{+0.08}$			
16	油环厚	$\phi\ 4_{-0.025}^{-0.01}$	间隙	0.04～0.085	0.26
	环槽高度	$\phi\ 4_{+0.03}^{+0.06}$			
17	第二道气环开口值	0.40～0.60			1.0
18	油环开口值	0.35～0.55			1.0
19	机体缸套孔直径	$\phi\ 130_{0}^{+0.025}$	过渡	－0.01～0.027	
	气缸套外径	$\phi\ 130_{-0.002}^{+0.01}$			
20	机体止口孔直径	$\phi\ 136.5_{0}^{+0.10}$	间隙	0.12～0.36	
	缸套法兰直径	$\phi\ 136.5_{-0.26}^{-0.12}$			
21	凸轮轴孔直径	$\phi\ 65_{0}^{+0.030}$	过盈	－0.107~ －0.057	
	衬套外径	$\phi\ 65_{+0.087}^{+0.107}$			
22	挺筒孔直径	$\phi\ 38_{0}^{+0.039}$	间隙	0.025～0.089	0.15
	挺筒外径	$\phi\ 38_{-0.050}^{-0.025}$			
23	凸轮轴轴承内径	$\phi\ 60_{+0.01}^{+0.06}$	间隙	0.04～0.12	0.20
	轴颈直径	$\phi\ 60_{-0.06}^{-0.03}$			
24	气门导管内径	$\phi\ 11_{0}^{+0.018}$	间隙	0.02～0.048	0.15
	进气门杆直径	$\phi\ 10.975_{-0.005}^{+0.005}$			
25	气门导管内径	$\phi\ 11_{0}^{+0.018}$	间隙	0.025～0.053	0.10
	排气门杆直径	$\phi\ 10.97_{-0.005}^{+0.005}$			
26	气缸盖气门座孔直径	$\phi\ 56_{0}^{+0.030}$	过盈	－0.085~ －0.036	
	进气门座外径	$\phi\ 56_{+0.066}^{+0.085}$			
27	气缸盖气门座孔直径	$\phi\ 53_{0}^{+0.030}$	过盈	－0.085~ －0.036	
	排气门座外径	$\phi\ 53_{+0.066}^{+0.085}$			

续表

序号	名称	标准尺寸 /mm	配合性质	配合公差 /mm	磨损极限 /mm
28	进气门下沉量		凹入	0.75～1.17	1.8
29	排气门下沉量		凹入	1.08～1.48	1.8
30	摇臂轴孔直径	$\phi\ 24_{-0.028}^{-0.007}$	间隙	0.012～0.066	
	轴直径	$\phi\ 24_{-0.073}^{-0.040}$			
31	喷油嘴突出缸盖面		凸出	3.2～4.05	
32	机油泵齿轮轴孔直径	$\phi\ 28_{-0.061}^{-0.041}$	过盈	－0.061~ －0.028	
	轴直径	$\phi\ 28_{-0.013}^{0}$			
33	机油泵盖轴孔直径	$\phi\ 28_{+0.040}^{+0.073}$	间隙	0.040～0.086	0.10
	轴直径	$\phi\ 28_{-0.013}^{0}$			
34	机油泵壳宽	$\phi\ 45_{+0.002}^{+0.027}$	间隙	0.072～0.122	0.20
	齿轮齿宽	$\phi\ 44.98_{-0.075}^{-0.050}$			
35	机油泵齿轮侧隙		间隙	0.098～0.16	
36	水泵皮带轮轴孔直径	$\phi\ 30_{-0.044}^{-0.031}$	过盈	－0.059~ －0.033	
	水泵轴直径	$\phi\ 30_{+0.002}^{+0.015}$			
37	平衡箱轴瓦内径	$\phi\ 40_{+0.04}^{+0.079}$	间隙	0.04～0.095	0.15
	平衡轴颈直径	$\phi\ 40_{-0.016}^{0}$			
38	平衡轴轴向间隙	$44_{0}^{+0.05}$	间隙	0.12～0.292	0.33
		$44_{-0.242}^{-0.12}$			

附录C　部分柴油机主要螺栓、螺母的拧紧力矩和拧紧方法

表 C-1　135 系列柴油机主要螺栓、螺母的拧紧力矩和拧紧方法

序号	名称	螺纹规格	拧紧力矩/(N·m)	拧紧方法
1	旋入机体内的气缸盖螺栓	特 GM16	39～49	
2	气缸盖螺母	M16×1.5	245～265	按规定顺序分 2～3 次拧紧
3	曲拐连接螺栓	M18×1.5	226～255	按规定顺序分 2～3 次拧紧
4	连杆螺栓	M18×1.5	255～274	分 2～3 次交替拧紧
5	飞轮螺栓	M18×1.5	235～255	分 2～3 次交替拧紧
6	传动齿轮锁紧螺母	M27×1.5	255～274	
7	喷油泵出油阀紧座	M22×1.5	39～68	
8	喷油器紧帽	M20×1.5	59～78	
9	喷油器双头螺栓	GM10	20～25	
10	增压器自锁螺母	M12×1.25	39～44	
11	一般用螺栓、螺母	M6	10～15	
12	一般用螺栓、螺母	M8	15～25	
13	一般用螺栓、螺母	M10	39～49	
14	一般用螺栓、螺母	M12	59～78	
15	一般用螺栓、螺母	M14	78～137	
16	一般用螺栓、螺母	M16	146～195	

对于较早出厂的 135 机型,拧紧力矩有所不同,区别处如下:

序号	名称	螺纹规格	拧紧力矩/(N·m)	拧紧方法
1	气缸盖螺栓	M16×1.5	216～245	按规定顺序分 2～3 次拧紧
2	曲拐拧紧力矩	M18×1.5	直列:177～206 12 V:226～255	按规定顺序分 2～3 次拧紧
3	连杆螺钉(有锁紧铁丝)	M18×1.5	177～196	分 2～3 次交替拧紧
4	飞轮螺栓	M18×1.5	直列:177～226 12 V:226～255	分 2～3 次交替拧紧

表 C-2　105 系列柴油机主要螺栓、螺母的拧紧力矩和拧紧方法

序号	名称	螺纹规格	拧紧力矩/(N·m)	拧紧方法
1	旋入机体内的气缸盖螺栓	M12	50～60	
2	气缸盖螺母	M12×1.25	120～130	按规定顺序分 2～3 次拧紧
3	主轴承螺栓	M16	170～180	
4	主轴承螺母	M16×1.5	170～180	按规定顺序分 2～3 次拧紧
5	连杆螺栓	M14×1.5	140	分 2～3 次交替拧紧
6	凸轮轴轴头螺栓	M12×1.25	120	
7	飞轮壳紧固螺栓	M12	120	
8	飞轮螺栓	M14×1.5	140	分 2～3 次交替拧紧
9	机油泵安装螺栓	M10(2、4 缸)	60	
		M8(6 缸)	50	
10	喷油泵轴头螺母	M12(2 缸)	120	
		M14×1.5 (4、6 缸)	140	
11	水泵轴头螺母	M12×1.25	55～70	
12	曲轴轴头螺栓	M22×1.5	220～240	
		M24×2	300～320	

表 C-3　康明斯 B 系列柴油机主要螺栓、螺母的拧紧力矩和拧紧方法

序号	名称	备注	拧紧力矩/(N·m)或拧紧方法
1	主轴承螺栓	第 1 步	50±6
		第 2 步	80±6
		第 3 步	拧转 60°±5°
2	机油泵螺栓	第 1 步	8～14
		第 2 步	24±3
3	齿轮室螺栓		27±3
4	凸轮轴止推片螺栓		24±3
5	连杆螺栓	第 1 步	60±5
		第 2 步	拧转 60°±5°
6	1/8″主油道螺塞		8±1
7	后油封座螺栓		10±1
8	机油收集器螺栓		24±3
9	油底壳螺栓		24±3
10	凸轮轴止推片螺栓		24±3
11	正时销座螺栓		5±1
12	油底壳放油螺塞		75±7
13	油底壳加热螺塞		75±7
14	后油封座螺栓		10±1
15	飞轮壳螺栓		60±6
16	飞轮螺栓	第 1 步	60±5
		第 2 步	137±7
17	输油泵螺栓		24±3
18	燃油滤清器螺母		32±3
19	推杆室盖螺栓		24±3
20	燃油泵齿轮螺母		65±6
21	燃油泵支架螺栓		24±3
22	燃油泵固定螺母		24±3
23	齿轮室盖螺栓		24±3
24	扭振减振器螺栓		125±5
25	喷油器		60±5

续表

序号	名称	备注	拧紧力矩/(N·m)或拧紧方法
26	缸盖螺栓中、短，长	第 1 步	80
		第 2 步	全部拧松
		第 3 步	短、中螺栓 90 N·m，长螺栓 120 N·m
		第 4 步	所有螺栓拧转 90°
27	摇臂支座螺栓		24±3
28	气门调整螺母		24±3
29	气门室罩盖螺母		24±3
30	调压阀堵塞		80±8
31	机油冷却器盖螺栓		24±3
32	水泵进水管螺栓		43±4
33	水泵螺栓		24±3
34	节温器座安装螺栓		24±3
35	发电机支架螺栓		24±3
36	风扇皮带轮支架螺栓		24±3
37	风扇支架螺栓		24±3
38	皮带张紧轮中心螺栓		43±3
39	皮带张紧轮支架螺栓		24±3
40	滤清器的输油管螺栓		24±3
41	高压油管螺母		25±3
42	燃油回油管琵形螺栓		8±1
43	进气管盖板螺栓		24±3
44	加机油管盖板螺栓		43±4
45	排气歧管螺栓		43±4
46	增压器螺栓		43±4
47	起动机螺栓		43±4
48	后吊耳螺栓		77±7
49	燃油输油管琶形接头螺栓		24±3
50	放气螺栓		8±1
51	燃油泵放气管琶形接头螺栓		20±2
52	燃油回油管 T 型接头锁紧螺母		7.5

续表

序号	名称	备注	拧紧力矩/(N·m)或拧紧方法
53	高压油管夹子螺栓		3±1
54	机油标尺支架螺栓		24±3
55	燃油滤清器座接头		4±1
56	燃油滤清器座螺母		32±3
57	增压器机油进油管接头		15±2
58	增压器涡壳螺栓		11±2
59	V 型带卡箍螺栓		13.5±2
60	水温表传感器		33±3
61	除气螺塞		33±3
62	机油压力传感器		8±1
63	发动机前悬置螺栓		77±7
64	发动机后悬置螺栓		63±3
65	发电机皮带轮		80±8
66	输油管螺母(到输油泵)		25±3
67	输油管螺母(到燃油泵)		25±3

表 C-4　康明斯 C 系列柴油机主要螺栓、螺母的拧紧力矩和拧紧方法

序号	名称	备注	拧紧力矩/(N·m)或拧紧方法
发动机装配拧紧力矩			
1	气缸套卡子		68
2	主轴承盖螺栓	第 1 步	50
		第 2 步	119
		第 3 步	176
3	连杆螺母	第 1 步	40
		第 2 步	80
		第 3 步	120
4	齿轮室安装螺栓	M8	24
		M12	60
5	机油泵安装螺栓		24
6	水泵安装螺栓		24
7	机油泵吸油管至气缸体的螺栓	A	9
8	支架至气缸体的螺栓	B	9
9	支架至吸油管的螺栓	C	9
10	机油盘安装螺栓	按一定顺序拧紧螺栓：先从机油盘中部开始拧紧，再交替地向两端扩展	24
11	机油盘放油螺塞		80
12	正时销 TorxTM 螺栓		8
13	飞轮壳安装螺栓		77
14	飞轮壳检修孔盖板螺栓		24
15	飞轮安装螺栓		140
16	起动电机安装螺栓		77
17	冷却液加热器		12
18	机油冷却器安装螺栓		24
19	机油冷却器盖安装螺栓		24

续表

序号	名称	备注	拧紧力矩/(N·m)或拧紧方法
发动机装配拧紧力矩			
20	气缸盖安装螺栓	第 1 步	所有螺栓 70 N·m
	注意:拧紧顺序为从气缸盖的中部开始拧起并交替地向两端扩展。	第 2 步	仅长螺栓 145 N·m
		第 3 步	所有螺栓拧转 90°
21	摇臂固定卡子螺栓		55
22	摇臂调整螺钉锁紧螺母		24
23	气门室罩螺栓	拧紧顺序为:从气门室罩的中部开始拧起并交替地向两端扩展	24
24	曲轴箱呼吸器管支架螺栓	A	24
		B	43
25	喷油嘴卡箍螺栓		24
26	燃油回油歧管琵琶形接头	喷油器	9
27	发动机吊耳螺栓		77
28	进气歧管盖板螺栓		24
29	中冷器装配螺栓		24
30	中冷器进水管螺栓		6
31	排气歧管安装螺栓		43
32	涡轮增压器安装螺柱		10
33	涡轮增压器安装螺母		45
34	涡轮增压器回油管安装螺栓		24
35	涡轮增压器回油管软管卡箍		5
36	涡轮增压器涡轮机壳螺栓		20
37	涡轮增压器压气机壳卡箍	V 型箍圈螺母	8
		执行机构支架撑螺栓	13

续表

序号	名称	备注	拧紧力矩/(N·m)或拧紧方法
发动机装配拧紧力矩			
38	涡轮增压器供油软管	接头	24
		软管连接处	35
39	涡轮增压器排气出口	箍圈	8
		螺栓	43
40	涡轮增压器空气跨接软管卡箍		5
41	冷却液出口连接管螺栓		24
42	冷却液通气管接头		8
43	冷却液放气阀		5
44	冷却液通气管		8
45	冷却液入口连接软管卡箍		5
46	交流发电机安装支架螺栓		24
47	水泵安装螺栓		24
48	交流发电机安装螺栓	A	43
		B	24
		C	80
49	皮带张紧器安装支架		24
50	皮带张紧器安装螺栓		43
51	风扇轮毂安装螺栓		24
52	喷油泵	安装螺母	44
		螺柱	用手拧紧
53	喷油泵正时销检修螺塞		15
54	喷油泵驱动齿轮螺母	A 型泵	92
		MW 型泵	104
		P 型泵	195
55	喷油泵琵琶形供油接头		32
56	燃油滤清器座连接器		11
57	燃油滤清器连接器螺母		32
58	燃油滤清器	按制造厂家的要术进行安装	
59	高压油管接头		24

续表

序号	名称	备注	拧紧力矩/(N·m)或拧紧方法
发动机装配拧紧力矩			
60	高压油管支架	支架螺栓	24
		隔振器螺栓	6
61	齿轮室盖螺栓		24
62	减振器		200
63	皮带轮至减振器		77
64	风扇轮毂皮带轮安装螺栓		45
65	发动机前支承架安装螺栓		112
		不带支承时	60
66	输油泵安装螺栓		24
67	输油泵油管接头		24
68	喷油泵电磁阀安装螺栓		9
气缸体拧紧力矩			
1	气缸体管堵头螺塞(拧入铸铁中)	1/16 英寸	10
		1/8 英寸	15
		1/4 英寸	25
		3/8 英寸	35
		1/2 英寸	55
		3/4 英寸	75
		1 英寸	95
2	气缸体一主轴承盖螺栓	第 1 步	50
		第 2 步	119
		第 3 步	176
3	连杆螺栓螺母	第 1 步	40
		第 2 步	80
		第 3 步	120
飞轮与飞轮壳拧紧力矩			
1	飞轮壳检修孔盖板螺栓		24
2	飞轮壳安装螺栓		77
3	飞轮安装螺栓		140

续表

序号	名称	备注	拧紧力矩/(N·m)或拧紧方法
燃油系统拧紧力矩			
1	空气燃油控制机构(AFC)	琵琶形接头	24
		螺纹接头	8
2	燃油滤清器	按照制造厂家的要求进行安装	
3	喷油泵密封垫圈	Bosch 密封垫圈 A	32
		Bosch 密封垫圈 C	15
		Nippondenso 密封垫圈 A	24
		Nippondenso 密封垫圈 B	14
		Nippondenso 密封垫圈 C	27
		Nippondenso 密封垫圈 D	70
		Nippondenso 密封垫圈(放气螺钉)E	5
4	燃油滤清器座连接器		4
5	燃油滤清器连接器螺母		32
6	燃油滤清器座琵琶形接头		24
7	喷油泵电磁阀安装螺栓		9
8	喷油泵进油管琵琶形接头		32
9	喷油泵	安装螺母	44
		螺柱	用手拧紧
10	喷油泵下部支承架	喷油泵至支承架的 M8 螺栓	24
		支承架至气缸体的 M10 螺栓	45
11	上支架		24

续表

序号	名称	备注	拧紧力矩/(N·m)或拧紧方法
燃油系统拧紧力矩			
12	喷油泵驱动齿轮螺母	A 型泵	92
		MW 型泵	104
		P 型泵	195
13	喷油泵正时销检修螺塞		15
14	燃油截止电磁阀安装支架螺栓		10
15	输油泵接头	出油口接头	30
		进油口接头	30
		手油泵	30
16	输油泵油管接头		24
17	输油泵安装螺栓		24
18	高压油管接头		24
19	高压油管支承架	支架螺栓	24
		隔振器螺栓	6
20	喷油器开启压力	(1)打开阀门 (2)操纵喷射测试器杆，每秒钟一行程 (3)读取喷射开始时的压力	
21	泄漏测试	(1)打开阀门 (2)操纵喷射测试器杆，使压力保持在开启压力以下的 20 bar (3)在 20 s 之内喷油器尖部应无滴漏现象	
22	喷油嘴卡子螺栓		24
23	喷油嘴琵琶形接头		9

续表

<table>
<tr><th>序号</th><th>名称</th><th>备注</th><th>拧紧力矩/(N·m)或拧紧方法</th></tr>
<tr><td colspan="4">润滑系统拧紧力矩</td></tr>
<tr><td rowspan="2">1</td><td rowspan="2">曲轴箱呼吸器管支架</td><td>M8(气门室罩)</td><td>24</td></tr>
<tr><td>M12(气缸盖)</td><td>80</td></tr>
<tr><td>2</td><td>机油冷却器盖板安装螺栓</td><td></td><td>24</td></tr>
<tr><td>3</td><td>机油冷却器盖安装螺栓</td><td></td><td>24</td></tr>
<tr><td rowspan="4">4</td><td rowspan="4">机油冷却器盖管堵头螺塞</td><td>(1)上中</td><td>10</td></tr>
<tr><td>(2)上后</td><td>10</td></tr>
<tr><td>(3)上前</td><td>36</td></tr>
<tr><td>(4)下部</td><td>45</td></tr>
<tr><td>5</td><td>机油压力调节阀螺塞</td><td></td><td>80</td></tr>
<tr><td>6</td><td>机油放油螺塞</td><td></td><td>80</td></tr>
<tr><td>7</td><td>机油盘安装螺栓</td><td>按顺序拧紧螺栓;先从机油盘的中部开始拧紧,再交替地向两端扩展</td><td>24</td></tr>
<tr><td rowspan="3">8</td><td rowspan="3">机油泵吸油管支架</td><td>吸油管至气缸体</td><td>9</td></tr>
<tr><td>支架至气缸体</td><td>9</td></tr>
<tr><td>支架至吸油管</td><td>9</td></tr>
<tr><td>9</td><td>机油泵安装螺栓</td><td></td><td>24</td></tr>
<tr><td>10</td><td>机油节温器</td><td></td><td>50</td></tr>
<tr><td colspan="4">冷却系统拧紧力矩</td></tr>
<tr><td>1</td><td>皮带张紧器安装螺栓</td><td></td><td>43</td></tr>
<tr><td>2</td><td>风扇轮毂安装螺栓</td><td></td><td>24</td></tr>
<tr><td>3</td><td>风扇轮毂皮带轮安装螺栓</td><td></td><td>45</td></tr>
<tr><td>4</td><td>冷却液入口软管卡箍</td><td></td><td>5</td></tr>
<tr><td>5</td><td>节温器座安装螺栓</td><td></td><td>24</td></tr>
<tr><td>6</td><td>水泵安装螺栓</td><td></td><td>24</td></tr>
<tr><td>7</td><td>冷却液出口连接管</td><td></td><td>24</td></tr>
<tr><td colspan="4">进气系统拧紧力矩</td></tr>
<tr><td>1</td><td>涡轮增压器安装螺母</td><td></td><td>45</td></tr>
</table>

续表

序号	名称	备注	拧紧力矩/(N·m)或拧紧方法
进气系统拧紧力矩			
2	涡轮增压器回油管安装螺栓		24
3	涡轮增压器空气跨接软管卡箍		5
4	涡轮增压器回油管软管卡箍		5
5	涡轮增压器涡轮机壳螺栓		20
6	涡轮增压器压气机壳螺母		8
7	涡轮增压器油软管连接管		15
8	涡轮增压器排气弯头卡箍螺母		8
9	涡轮增压器安装螺柱	使用两个螺母锁在一起	10
排气系统拧紧力矩			
1	排气歧管安装螺栓	法兰头螺栓	43
		六角头螺栓	43
电气系统拧紧力矩			
1	皮带张紧器螺栓		44
2	交流发电机安装	M10 螺栓	77
	下支架	M8 螺栓	24
		M10 螺栓	44
3	起动电机安装螺栓		77
4	冷却液加热器		12
5	温度传感器	安装—铸铁	50
		安装—铝	30
6	机油加热器芯		120
7	机油压力开关	安装—铸铁	16
		安装—铝	10

表 C-5　斯太尔 WD415 系列柴油机主要螺栓、螺母的拧紧力矩和拧紧方法

序号	名称	螺纹规格	备注	拧紧力矩/(N・m)或拧紧方法
1	主轴承螺栓	M18	第 1 步	50
			第 2 步	250_{0}^{+25}
2	连杆螺栓	M14×1.5	第 1 步	120
			第 2 步	拧转 90°±5°
3	气缸盖螺栓	M10	第 1 步	主螺栓、副螺母拧紧至 30_{0}^{+20}
			第 2 步	12×2= 24 个主螺栓拧紧至 200_{0}^{+10}
			第 3 步	7×3= 21 个副螺母拧紧至 90_{0}^{+10}
			第 4 步	主螺栓拧转 90°
			第 5 步	副螺母拧转 90°
			第 6 步	主螺栓拧转 90°
			第 7 步	副螺母拧转 90°
4	飞轮螺栓	M14×1.5	第 1 步	60_{0}^{+20}
			第 2 步	拧转 2×(90°±5°)
5	飞轮壳螺栓	M12	第 1 步	40_{0}^{+20}
			第 2 步	拧转 120°±5°
6	机油泵惰轮轴螺栓	M10		60_{0}^{+5}
7	凸轮轴齿轮螺栓	M8		32
8	正时惰轮轴螺栓	M10	第 1 步	60±5
			第 2 步	拧转 90°±5°
9	曲轴皮带轮压紧螺栓	M10		60_{0}^{+5}
10	喷油器压板用压紧螺母	M8		15
11	排气管螺栓	M10		50～70
12	摇臂座螺栓	M12		100_{0}^{+10}
13	喷油泵齿轮压紧螺母	M18×1.5		350

续表

序号	名称	螺纹规格	备注	拧紧力矩/(N·m)或拧紧方法
14	张紧轮紧固螺栓	M16		195
15	油泵传动轴轴承盖板紧固螺栓	M8		25
16	油泵传动轴轴承夹紧螺母	M35×1.5		150
17	平衡箱轴承盖螺栓	M12		120
18	平衡箱紧固螺栓	M14		180
19	大齿轮紧固螺栓	M10		50±5
20	角度调节板拉近螺栓	M14×1.5		190
21	联轴器弹性连接片连接螺栓	M12		130

附录D　常用密封垫片性能及选用原则

表 D-1　常用密封垫片性能、用途及使用部位

形式	种类	材料	适用范围		
			压力/MPa	温度/℃	介质
非金属密封垫	纸垫片	软木纸	弹性好，耐油类腐蚀，一般用作油底壳和齿轮室盖垫片		
		青壳纸	光滑，防油类渗透性较好，可作零部件结合部位、轴承端盖等垫片，或用来调整零件的配合间隙		
		黄壳纸	质粗而脆，渗透性较好，吸附性强，一般用于黄油润滑的轴承盖垫片或内燃机侧盖板垫片		
		刚壳纸	有光泽，性质坚实耐高压高温，防油类渗透性较好，一般用于油、水及空气管路连接处		
	橡胶垫片	天然橡胶	$1.33\times10^{-10}\sim0.6$	－60～100	水、海水、空气、惰性气体、盐类水溶液、稀盐酸、稀硫酸等
		普通橡胶板		－40～60	空气、水、制动液等
	夹布橡胶垫片	夹布橡胶	≈0.6	－30～60	海水、淡水、空气、润滑油和燃料油等
	皮垫片	牛皮或浸油、蜡，合成橡胶，合成树脂		－60～100	水、油、空气等
	软聚氯乙烯垫片	软聚氯乙烯板	≤1.6	＜60	酸碱稀溶液及氨，具有氧化性的蒸汽及气体
	聚四氟乙烯垫片	聚四氟乙烯板	≤3.0	－180～250	浓酸、碱、溶剂、油类

续表

形式	种类	材料	适用范围		
			压力/MPa	温度/℃	介质
非金属密封垫	橡胶石棉垫片	高压橡胶石棉板 中压橡胶石棉板 低压橡胶石棉板	≤6.0 ≤4.0 ≤1.5	≤450 ≤350 ≤200	空气、压缩空气、蒸汽、氨、水、海水、冷凝水、液态氨、≤98%硫酸、≤35%盐酸、盐类、硝氨液、硫氨液、甲胺液、烧碱、氟利昂、氢氰酸、卡普隆生产介质、聚苯乙烯生产介质
		耐油橡胶石棉板	≤4.0	≤400	油品(汽、柴、煤、重油等),油气,溶剂(包括丙烷、丙酮、苯、酚、醛、异丙醇),浓度小于30%的尿素,氢气,硫化催化剂,润滑油,碱类
	聚四氟乙烯包垫片	聚四氟乙烯薄膜包橡胶石棉板或橡胶板	≤3.0	−180～250	浓酸、碱、溶剂、油类
组合密封垫	夹金属丝(网)石棉垫	铜(钢或不锈钢)丝和石棉交织而成			内燃机用
	缠绕垫片	金属:紫铜、铝、08(15)钢、2Cr13、0Cr13、1Cr13、1Cr18Ni9Ti 非金属:石棉、聚四氟乙烯、陶瓷纤维等	≤6.4	≈600	蒸汽、氢气、压缩空气、天然气、油品、溶剂、重油、丙烯、烧碱、酸、碱、液化气、水

续表

<table>
<tr><th rowspan="2">形式</th><th rowspan="2">种类</th><th rowspan="2">材料</th><th colspan="3">适用范围</th></tr>
<tr><th>压力/MPa</th><th>温度/℃</th><th>介质</th></tr>
<tr><td rowspan="2">组合密封垫</td><td>金属包平垫片</td><td rowspan="2">金属：紫铜、软钢、铝、不锈钢、合金钢
非金属：石棉板、棉胶石棉板、聚四氟乙烯板、陶瓷纤维</td><td rowspan="2">≤6.4</td><td rowspan="2">≈600</td><td>蒸汽、氢气、压缩空气、天然气、油品、溶剂、重油、丙烯、烧碱、酸、碱、液化气、水</td></tr>
<tr><td>波形金属垫片</td><td></td></tr>
<tr><td rowspan="5">金属密封垫</td><td>金属平垫片</td><td>紫铜、铝、铅、软钢、不锈钢、合金钢</td><td>$1.33\times10^{-10}\sim20$</td><td>≈600</td><td>蒸汽、氢气、压缩空气、天然气、油品、溶剂、重油、丙烯、烧碱、酸、碱、液化气、水</td></tr>
<tr><td>金属齿形垫片</td><td>08(10)钢、铝、合金钢、1Cr13(0Cr13)</td><td>≥4.0</td><td>≈600</td><td>蒸汽、氢气、压缩空气、天然气、油品、溶剂、重油、丙烯、烧碱、酸、碱、液化气、水</td></tr>
<tr><td>金属八角垫</td><td rowspan="3">10钢、1Cr13、合金钢、不锈钢等</td><td rowspan="3">≥6.4</td><td rowspan="3">≈600</td><td rowspan="3">蒸汽、氢气、压缩空气、天然气、油品、溶剂、重油、丙烯、烧碱、酸、碱、液化气、水</td></tr>
<tr><td>金属透镜垫</td></tr>
<tr><td>金属椭圆垫</td></tr>
</table>

1. 密封垫的选用原则

对于要求不高的场合可凭经验选用，不合适时再更换。但对那些要求严格的场合，如压力爆发、可燃气体温度高、有腐蚀性的流动介质、流速高且有一定压力和温度的管道等，则应根据工作压力、工作温度、流动介质腐蚀性以及零件结合面的状态和形状来选用。

一般来说，常温低压条件下选用非金属软密封垫，中压高温时选用金属与非金属组合的密封垫或金属密封垫；在温度和压力较大波动条件下，应选用弹性好的或自紧式密封层；在低温、腐蚀性介质或真空条件下，应选用具有特殊性能的密封垫。

2.选用密封垫的影响因素

零件技术状况及工作条件、密封垫材料及密封性能等对合理选用密封垫有一定影响。

(1)零件结合面状态。零件结合面状态不同,要求使用的密封垫也不同。例如:光滑的零件结合面,一般应选用低压、软质和较薄的密封垫;高压工作条件下、零件强度足够时应选用厚而软的密封垫,不宜采用金属密封垫。因为这时要求的压紧力过大,导致螺栓较大的变形、零件压紧力减小,反而使密封垫有效性下降。只有在零件结合面狭窄而光滑的情况下可使用金属密封垫,因为此时在相同螺栓拧紧力的情况下密封垫有较大的压紧力,可以保持足够的密封度。

(2)零件结合面粗糙度。该因素对密封效果影响很大,特别是当采用非软质密封垫时。这是因为零件结合面粗糙度大是造成泄漏的主要原因之一。软质密封垫对零件结合面粗糙度要求较低,这是因为它容易变形,能堵住两零件结合面微凸体相互接触而形成的泄漏通道,从而保证了良好的密封效果。

(3)零件结合面与密封层的硬度差。使用密封垫的目的是使密封垫产生弹性或塑性变形,以填补零件结合面的微小凹凸不平,阻止流动介质的泄漏发生。因此应使密封垫硬度低于零件硬度,二者相差越大,实现密封就越容易。例如,当使用金属密封垫时,为了保证良好的密封效果,应尽可能选用较软的材料,使金属密封垫硬度比零件硬度高40HRS以上为宜。

(4)黑色金属零件结合面应选用铜质金属密封垫,而不能采用铝质金属密封垫,以免黑色金属零件遭受电腐蚀损坏。

附录E 常用平面密封胶的性能和用途

表 E-1 常用平面密封胶的性能和用途

产品型号	产品应用描述	包装	颜色	挤出率(g/min)黏度	表面脱黏(全固时间)	硬度(肖氏)	延伸率/(%)
207	RTV,脱肟固化聚硅氧烷密封剂,粘附性和耐候性能非常优异	85 gm 300 mL	透明 白色	—	—	—	—
587	RTV,脱肟固化,柔性好,高延伸率,耐润滑油性好,最大填充间隙 6 mm	85 gm 370 g	金属蓝	250/600	10~ 50 min	A26/40	≥350
595	RTV,脱酸固化,耐候性、耐介质性好,最大填充间隙达 6 mm	300 mL	透明	≥100	2 h	A≥20	≥350
596	RTV,脱酸固化,耐高温,最大填充间隙达 6 mm	85 gm 300 mL	红	≥250	1 h	A≥18	≥300
598	RTV,脱肟固化,耐润滑油性能优异,专用于内燃机部件的密封,最大填充间隙达 6 mm	85 gm 370 gm	金属黑	220/550	≤25 min	A26/40	≥325
5699	RTV,脱肟固化,耐润滑油、机油、齿轮油,低气味,无腐蚀,低延伸率,即时密封,易于涂布,可用于刚性法兰总成,最大填充间隙达 6 mm	95 gm 370 gm	灰	≥200	≤30 min	A45/75	≥100

续表

产品型号	产品应用描述	包装	颜色	挤出率(g/min)黏度	表面脱黏(全固时间)	硬度(肖氏)	延伸率/(%)
5900	RTV,脱肟固化,柔性好,高黏度,即时密封,耐润滑油、机油、变速箱油性能优异,无腐蚀,最大填充间隙达 6 mm	370 mL	黑	20/25	7/24 min	A35	≥400
510	厌氧型,耐流体及溶剂性能优良,耐高温(204 ℃),刚性胶层。用于刚性结构紧密配合的法兰件,最大填充间隙 0.25 mm	50 mL 300 mL	粉红	200000/ 750000	72 h	—	—
515	厌氧型,柔性胶层,耐流体,无腐蚀。能形成柔性垫片,用于刚性法兰,允许法兰在工作时有微小的位移,最大填充间隙为 0.25 mm	50 mL 300 mL	荧光 紫黑	150000/ 375000	24 h	—	—
518	厌氧型,柔韧性好,耐流体,无腐蚀,可用于柔性金属法兰装配,包括铝的表面,方便拆卸和清洗	50 mL 300 mL	荧光红	500000/ 1000000	24 h	—	—

附录F　常用结构胶的性能、用途及使用部位

表 F-1　常用结构胶的性能、用途及使用部位

产品型号	产品应用描述	包装	颜色	最大填充间隙/mm	黏度/cP	固化速度(初固/全固)
319	通用型，低黏度，流动性好，快速固化，具有耐溶剂性，适用于粘接刚性材料金属和金属、玻璃或塑料、配用促进剂 7649	50 mL 1 L	透明、琥珀色	0.25	1500/4000	1 min/12 h
324	坚固，柔韧，耐冲击，高强度，是大间隙填充式的理想用胶。它能提供环氧树脂的强度，瞬干胶的固化速度，优异的耐溶剂性，粘接表平材料时，配用促进剂 7075	50 mL 1 L	透明、琥珀色	0.5	11000/24000	5 min/24 h
326	适用于粘接刚性材料，如将铁氧体粘到电机的电镀金属件或扬声器零件上，也适于粘接金属和玻璃。能提供环氧树脂的强度和瞬干胶的固化速度，耐溶剂性好，配用促进剂 7649	50 mL 1 L	透明、琥珀色至淡黄	0.5 mm	14000/22000	1 min/24 h
330	非混合高黏度胶，柔韧性好，通用型产品，耐剥离和冲击强度高，快速固化，高强度。可粘接除软橡胶意外的所有材料，包括金属、木材、铁氧体、陶瓷及塑料，配用促进剂 7387	50 mL 315 mL	透明、琥珀色	0.5	67500	5 min/24 h

续表

产品型号	产品应用描述	包装	颜色	最大填充间隙/mm	黏度/cP	固化速度(初固/全固)
H3300	高黏度，触变性双组分MMA，适用于快速油面修补或粘接	50 mL 400 mL	淡黄	10	A：85000/125000	6 min/24 h
392	快速固化柔性结构性丙烯酸类胶粘剂，适合磁铁与铁体粘接，需要与7387一并使用	1 L	半透明	0.5	6500/17500	1 min/24 h

附录G 常用环氧树脂的性能和特点

表G-1 常用环氧树脂的性能和特点

产品型号	特点	颜色	黏度（25 ℃）	适用时间	混合比例（容量）	剥离强度/(PIW)	剪切强度/（PIS）	玻璃转化温度/℃	硬度肖氏D级
E-00CL	快速固定 流动性 低气味	清澈透明	混合后-低 树脂:93000 cP 硬化剂:2700 cP	3~ 5 min	1∶1	1~ 5	2000/ 4000	20	80
E-05CL	坚韧 低气味 高剥离强度	清澈透明	混合后-低 树脂:7900 cP 硬化剂:2800 cP	3~ 5 min	1∶1	5~ 30	2000/ 4000	10	55
E-30CL	玻璃粘结剂 低黏度 抗冲击	清澈透明	混合后-低 树脂:10500 cP 硬化剂:2200 cP	30 min	2∶1	5~ 30	2000/ 4000	70	85
E-20HP	坚韧 高剥离强度 高剪切强度	米白	混合后-中等 树脂:65000 cP 硬化剂:7000 cP	20 min	2∶1	20~ 70	3000/ 5000	60	80
E-60HP	坚韧 高剥离强度 高剪切强度	米白	混合后-中等 树脂:67500 cP 硬化剂:7000 cP	60 min	2∶1	20~ 70	3000/ 5000	70	80
E-120HP	高强度， 非塌陷性， 适用于 航空装置	琥珀	混合后-高 树脂:41500 cP 硬化剂:2800 cP	120 min	2∶1	20~ 50	3000/ 6000	90	85
E-214HP	高强度， 耐高温， 非塌陷	灰色	石膏 150000 cP	热固化	单组份	30~ 70	3000/ 6000	120	85

REFERENCES

参考文献

[1]张友荣.柴油机维护与修理[M].空军预警学院,2014.

[2]姚晓山.内燃机构造与原理[M].空军预警学院,2018.

[3]张卫东.康明斯柴油机构造与常见故障分析[M].北京:机械工业出版社,2013.

[4]张友荣.康明斯发动机大修规程[M].空军雷达学院,2009.

[5]王凡.柴油机构造与维护[M].空军预警学院,2017.

[6]东风康明斯发动机有限公司.康明斯 C 系列发动机大修手册.

[7]李飞鹏.内燃机构造与原理[M].北京:中国铁道出版社,2003.

[8]东风康明斯发动机有限公司.东风康明斯 B 系列发动机结构原理和维修保养手册.

[9]上海柴油机股份有限公司.135 系列柴油机使用保养说明书.

[10]南昌柴油机有限责任公司.X105B 系列柴油机使用维护说明书,1995.

[11]中国重型汽车集团有限公司.WD415 系列柴油机使用说明书.